深度学习
TensorFlow
编程实战

袁梅宇◎编著

清华大学出版社

北京

内 容 简 介

本书讲述深度学习的基本原理，使用 TensorFlow 实现涉及的深度学习算法。通过理论学习和编程操作，使读者了解并掌握深度学习的原理和 TensorFlow 编程技能，拉近理论与实践的距离。全书共分为 10 章，主要内容包括 TensorFlow 介绍、TensorFlow 文件操作、BP 神经网络原理与实现、TensorFlow 基础编程、神经网络训练与优化、卷积神经网络原理、卷积神经网络示例、词嵌入模型、循环神经网络原理、循环神经网络示例。全书源码全部在 TensorFlow 1.13 版本上调试成功。

本书内容较全面、可操作性强，做到了理论与实践相结合。本书适合深度学习和 TensorFlow 编程人员作为入门和提高的技术参考书，也适合用作计算机专业高年级本科生和研究生的教材或教学参考书。

图书在版编目(CIP)数据

深度学习 TensorFlow 编程实战/袁梅宇编著. —北京：清华大学出版社，2020.8
ISBN 978-7-302-55970-2

Ⅰ. ①深… Ⅱ. ①袁 … Ⅲ. ①人工智能—算法 Ⅳ. ①TP18

中国版本图书馆 CIP 数据核字(2020)第 120495 号

责任编辑：魏　莹
装帧设计：杨玉兰
责任校对：李玉茹
责任印制：宋　林

出版发行：清华大学出版社
　　　　　网　　址：http://www.tup.com.cn, http://www.wqbook.com
　　　　　地　　址：北京清华大学学研大厦 A 座　　　邮　　编：100084
　　　　　社 总 机：010-62770175　　　　　　　　　邮　　购：010-62786544
　　　　　投稿与读者服务：010-62776969, c-service@tup.tsinghua.edu.cn
　　　　　质量反馈：010-62772015, zhiliang@tup.tsinghua.edu.cn
　　　　　课件下载：http://www.tup.com.cn, 010-62791865
印 装 者：三河市金元印装有限公司
经　　销：全国新华书店
开　　本：185mm×230mm　　印　张：18.25　　字　数：440 千字
版　　次：2020 年 8 月第 1 版　　　　　印　次：2020 年 8 月第 1 次印刷
定　　价：69.00 元

产品编号：084026-01

深度学习是机器学习中最激动人心的领域，深度学习算法工程师、图像视觉工程师和自然语言处理工程师逐渐成为报酬高的新兴职业，各行各业的公司都在寻求具备深度学习理论知识和 TensorFlow 编程技能的人才。只有具备深度学习相关理论和实践技能，才更有可能在上述新兴职业中获得成功，但是学习和掌握神经网络、卷积神经网络、循环神经网络等深度学习理论具有一定的难度，同时掌握 TensorFlow 等常用深度学习工具更显得困难重重，因此一本容易上手的深度学习入门书籍肯定会对初学者有很大帮助。本书就是专门为初学者精心编写的。

初学者学习深度学习理论与 TensorFlow 编程技术一般都会面临两大障碍。第一大障碍是深度学习理论基础。深度学习包含很多需要掌握的基本概念，如神经元、全连接、Dropout、Normalizing、权重初始化、优化算法、卷积神经网络、卷积层、池化层、残差网络、Inception网络、迁移学习、循环神经网络、LSTM、GRU、双向循环神经网络、词嵌入、Word2Vec、GloVe、注意力机制等，学习和理解这些概念需要花费大量的时间和精力，学习周期漫长。第二大障碍是编程实践。TensorFlow 是一个非常庞大的开源平台，拥有一个包含各种工具、库和社区资源的全面、灵活的生态系统。即便使用最为流行的 Python 接口，也有多种 API可选，如低级 TensorFlow API、Estimators 和 Keras，这三种 API 使得学习 TensorFlow 编程更为困难，学习曲线陡且应用中会不断遇到新问题。

本书就是为了让初学者顺利入门而设计的。首先，本书讲述深度学习的基本原理。了解基本的深度学习算法之后，通过实践来解决经典的问题，逐步过渡到解决实际问题。其次，本书精心设计了一些调用不同的 TensorFlow API 来构建深度网络的实例，读者能亲身体会如何将深度学习理论应用到实际中，加深对深度学习算法的理解，提高编程能力，逐步掌握深度学习的原理和编程技能，拉近理论与实践的距离。最后，本书专门设有读者 QQ群，群号为 278724996，欢迎读者加群，下载书中源代码，与作者直接对话，探讨书中技术问题。

本书共分为 10 章。第 1 章介绍深度学习和 TensorFlow 的基本概念、TensorFlow 的安装和常用数据集；第 2 章介绍 TensorFlow 文件操作，主要内容包括 CSV 文件操作、编写网络下载程序、TFRecords 文件操作和数据集 API；第 3 章介绍 BP 神经网络原理与实现，主要内容包括 BP 神经网络介绍、神经网络原理、BP 神经网络的 Python 实现、BP 神经网络的 TensorFlow 实现；第 4 章介绍 TensorFlow 基础编程，主要内容包括 TensorFlow 的编程环境、TensorFlow 计算图、核心概念、通过实例学习 TensorFlow、一个简单的文本分类示例和 TensorBoard 可视化工具；第 5 章介绍神经网络训练与优化，主要内容包括神经网络迭代概念、正则化方法、优化算法；第 6 章介绍卷积神经网络原理，主要内容包括 CNN 的基本概念、Keras 实现 LeNet-5 网络、Estimator 实现 CIFAR-10 图像识别；第 7 章为卷积神经网络示例，主要内容包括 CNN 案例介绍、使用预训练的 CNN 算法以及 CNN 可视化；第 8 章介绍词嵌入模型，主要内容包括词嵌入模型介绍、词嵌入学习、Word2Vec 算法实现；第 9 章介绍循环神经网络原理，主要内容包括 RNN 介绍、基本的 RNN 模型、LSTM、GRU 以及对应的 API 介绍；第 10 章为循环神经网络示例，主要内容包括情感分析、文本序列数据生成。

感谢昆明理工大学提供的研究和写作环境。感谢清华大学出版社的编辑老师在出版方面提出的建设性意见和给予的无私帮助；特别感谢出版社的魏莹老师，没有她的大力支持、帮助和鼓励，这本书不一定能够面世。感谢读者群的一些未见面的群友，他们对作者以前的著作提出宝贵的建议并鼓励作者撰写更多更好的技术书籍，虽然我无法一一列举姓名，但他们的帮助我会一直铭记在心。感谢购买本书的朋友，欢迎批评指正，你们的批评建议都会受到重视，并在将来再版中改进。

作者在写作中付出很多精力和劳动，但限于作者的学识、能力和精力，书中难免存在一些缺陷，甚至错误，敬请各位读者批评指正。

袁梅宇
于昆明理工大学

Contents **目录**

第 1 章

TensorFlow 介绍

机器学习是人工智能一个重要的研究方向，研究从数据中提取一些潜在的有用模式的算法。深度学习利用深度神经网络来直接从图像、文本和声音中学习有用的表示或特征，是机器学习的一个子领域，也是计算机视觉、自然语言处理和其他领域内机器学习的最具发展潜力的方向。目前，计算机视觉、自然语言处理、语音识别等技术大都采用深度学习框架，其中最受欢迎的就是 TensorFlow 框架，它是由谷歌公司开发的端到端深度学习平台，既可以用于实验研究，也可以用于生产。安装配置 TensorFlow 开发环境是开始深度学习的第一步。

本章首先介绍深度学习和 TensorFlow 的基本概念，然后介绍 TensorFlow 的安装配置以及常用数据集。

1.1 深度学习与 TensorFlow 简介

本节首先介绍深度学习的发展简史，简单列举了深度学习在图像和自然语言处理方向的技术，然后介绍 TensorFlow 的开发环境。

1.1.1 深度学习简介

深度学习有望成为实现人工智能的最佳途径，未来正沿着大型神经系统的方向发展。在许多其他领域都能看到深度学习的巨大进步，如谷歌 DeepMind 团队研发的人工智能程序 AlphaGo 战胜世界围棋名将李世石，最强最新 AlphaGo Zero 的横空出世，无人驾驶公交客车正式上路，等等。相比这些新闻，我们也许更关心其背后的支撑技术，深度学习就是 AlphaGo 和无人驾驶等背后的重要技术。

深度学习已经广泛地应用在计算机视觉、自然语言处理等人工智能领域中，极大地推动了人工智能的发展。但深度学习的发展并不是一帆风顺的，经历过几次高潮和低谷，是一段漫长的发展史。回顾深度学习的发展历程有助于了解深度学习领域。

最早的神经网络起源于 1943 年由麦卡洛克和皮兹提出的 MCP(作者姓名 McCulloch 和 Pitts 的缩写)神经元模型，包括多个输入参数和权重、内积运算和二值激活函数等神经网络的要素。

1958 年，罗森布拉特(Rosenblatt)发明了感知器(perceptron)算法，感知器能够对输入的多维数据进行二元分类，且能够从训练样本中自动学习更新权值。感知器对神经网络的发展具有里程碑式的意义，引发神经网络的第一次热潮。

1969 年，明斯基(Minsky)证明感知器本质上是一种线性模型，只能处理线性分类问题，甚至连最简单的异或(XOR)问题都无法正确解决。神经网络进入第一个寒冬期，研究陷入近 20 年的停滞。

1986 年，辛顿(Hinton)发明多层感知器的反向传播(BP)算法，解决了非线性分类和参数学习的问题。神经网络再次引起人们广泛的关注，引发神经网络的第二次热潮。

1991 年，人们发现，当神经网络的层数增加时，BP 算法会出现"梯度消失"的问题，无法对前层进行有效的学习，并且 20 世纪 90 年代中期以支持向量机(SVM)为代表的机器学习算法取得很好的效果，使得神经网络的发展再次进入衰退期。

2006 年，辛顿等人正式提出深度学习的概念，并且在世界顶级学术期刊 *Science* 中提出深层网络训练中梯度消失问题的解决方案：使用无监督学习方法逐层训练算法，再使用有监督反向传播算法进行调优。这在学术圈引起了巨大的反响。

2012 年，辛顿课题组参加 ImageNet 图像识别比赛，采用深度学习模型 AlexNet 一举夺冠，碾压第二名的 SVM 方法，深度学习吸引了很多研究者的注意。在随后的三年中，深度学习不断在 ImageNet 比赛中取得进步。

2016 年，谷歌公司基于深度学习技术，研发的 AlphaGo 以 4：1 的比分战胜国际顶尖围棋高手李世石，证明在围棋界，基于深度学习技术的计算机已经超越了人类。

2017 年，基于强化学习算法的 AlphaGo 的升级版——AlphaGo Zero 诞生，它采用自对弈强化学习的学习模式，完全从随机落子开始，不再使用人类棋谱，AlphaGo Zero 轻易打败先前的 AlphaGo。

除了以上的图像领域和围棋领域，深度学习在自然语言处理领域也取得了显著的成果。例如，词向量(Word2Vec)已经成为自然语言处理的核心，其基本思想是把人类语言中的字或词转换为维度可控的机器容易理解的稠密向量，容易计算出词与词之间的相互关系，因而在机器翻译、情感分析等方向取得很好的效果。LSTM、GRU、注意力机制、ELMo、Transformer、BERT、GPT 和 GPT2 等新模型、新方法令人目不暇接，基于深度学习的自然语言处理在机器翻译、智能问答和聊天机器人等方向都取得惊人的成就。

总之，今天的深度学习已经越来越趋于成熟，尽管在落地应用上还需要解决许多实际问题，但深度学习无疑是有趣和有挑战性的充满希望的新兴领域。

1.1.2 TensorFlow 简介

TensorFlow 框架是谷歌公司开发的最受欢迎的端到端深度学习平台，是一个用 Python、C++和 CUDA 语言编写的免费开源软件库，广泛用于语音识别、计算机视觉、自然语言处理等各种深度学习网络。从 2010 年开始，谷歌大脑(Google Brain)团队开发 TensorFlow 的前身 DistBelief，作为在谷歌内部使用的第一代机器学习系统。后来谷歌指派著名计算机科学家 Geoffrey Hinton 和 Jeff Dean，对 DistBelief 的代码库进行了简化和重构，使之成为一个更快、更健壮的应用级别代码库——TensorFlow，于 2015 年 11 月 9 日在 Apache 2.0 开源许可证下发布。

TensorFlow 是谷歌大脑团队的第二代系统，其 1.0.0 版本于 2017 年 2 月 11 日发布。除了在单机上运行外，TensorFlow 支持模型的分布式训练，支持模型的多机多卡(多个 CPU 和 GPU)。分布式系统可以实现在上百个 GPU 上训练一个模型，可以大大减少训练时间，研究人员从而有更多的机会去尝试各种超参数组合。

TensorFlow 支持 64 位 Linux、MacOS 和 Windows 操作系统，甚至还可以运行在包括 Android 和 iOS 的移动计算平台上。

TensorFlow 提供了稳定的 Python API (适用于所有平台的 Python 3.7 版)和 C API，以及 C++、Go、Java、JavaScript 和早期版本的 Swift 等没有向后兼容性保证的 API。TensorFlow 对 Python 支持更多，因此 Python API 提供了更多的功能。另外，TensorFlow 还提供 TensorFlow.js、TensorFlow Lite 和 TensorFlow Extended 库。TensorFlow.js 是一个 JavaScript 库，用于在浏览器和 Node.js 上训练和部署模型。TensorFlow Lite 是一个精简库，用于在移动设备和嵌入式设备上部署模型。TensorFlow Extended 是一个端到端平台，用于在大型生产环境中准备数据以及训练、验证和部署模型。

尽管 TensorFlow 在业界堪称一枝独秀，但仍然受到很多竞争者的冲击，尤其是 PyTorch 和 Keras。图 1.1 所示为杰夫·黑尔(Jeff Hale)于 2019 年 4 月发表的博文 *Which Deep Learning Framework is Growing Fastest?* 中统计得到的在线工作增长的数据，说明 TensorFlow 的工作机会仍然排列第一。

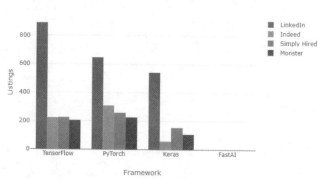

图 1.1　在线工作增长[①]

图 1.2～图 1.5 都来自杰夫·黑尔的上述博文。

总的来说，尽管 2019 年以来 PyTorch 上升势头很猛，但 TensorFlow 仍然保持带头大哥的身份，再加上 TensorFlow 2.0 版在战略上与排名第三的 Keras 紧密联合，可以预见 TensorFlow 将持续辉煌若干年，学习 TensorFlow 可望得到更多的工作机会。

---

① 来源：https://towardsdatascience.com/which-deep-learning-framework-is-growing-fastest-3f77f14aa318

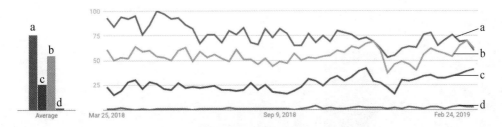

图 1.2 过去一年内谷歌搜索的兴趣
(TensorFlow 为 a，Keras 为 b，PyTorch 为 c，FastAI 为 d)

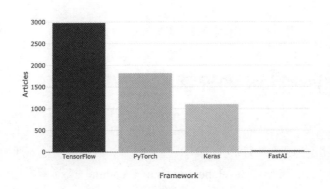

图 1.3 新 arXiv 文章

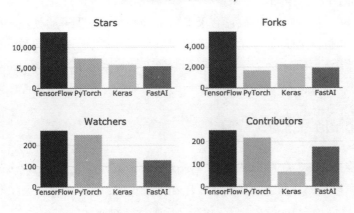

图 1.4 新 GitHub 活动

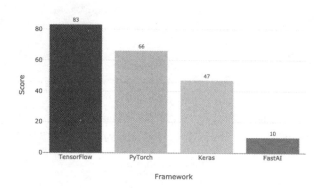

图 1.5　2019 年深度学习框架 6 个月的增长得分

1.2　TensorFlow 的安装

　　TensorFlow 等深度学习框架一般都基于 NVIDIA 的 GPU 显卡进行加速运算，因此需要先安装 NVIDIA 提供的 CUDA 库和 cuDNN 神经网络加速库。网址分别为 https://developer.nvidia.com/cuda-toolkit 和 https://developer.nvidia.com/cudnn，请读者按照自己的机器配置自行下载安装。要说明的是，如果没有 GPU 显卡，可跳过这一步骤。GPU 显卡能大大加速深度网络的训练过程，因此，如果有条件，最好配置 GPU 显卡。

　　TensorFlow 通常借助 Anaconda 来进行安装，Anaconda 集成了大批科学计算的第三方库，如 conda、Python 和 150 多个科学包及其依赖项，可以立即开始处理数据。数据分析会用到很多第三方的包，Anaconda 的包管理器可以很好地帮助用户安装和管理这些包，包括安装、卸载和更新包。同时安装多个运行环境(如不同版本的 Python 和 Numpy)可能会造成许多混乱和错误，Anaconda 可以帮助用户为不同的项目建立不同的运行环境。

1.2.1　Anaconda 下载

　　Anaconda 支持 Windows、MacOS X 和 Linux 平台。下载地址为 https:// www. anaconda. com/distribution/，可以在该页面上找到安装程序和安装说明。可以根据自己的操作系统类型、32 位还是 64 位系统以及 Python 版本(3.7 还是 2.7)来选择对应的版本。

1.2.2　在 Windows 平台安装 TensorFlow

默认的下载界面如图 1.6 所示，适用于 Windows 操作系统。作者的系统为 64 位 Windows 10，选择下载对应 Python 3.7 版本的 Anaconda3-2019.10-Windows-x86_64.exe，文件大小为 462MB。

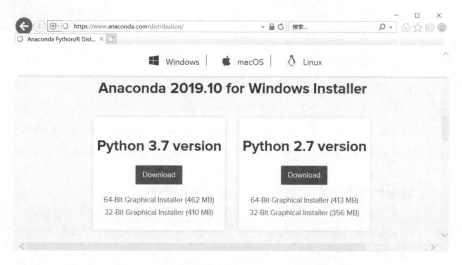

图 1.6　Windows 平台的 Anaconda 下载页面

Anaconda 的安装比较简单，同意协议，选择安装类型，设置安装目录就可以启动安装，如图 1.7 所示。

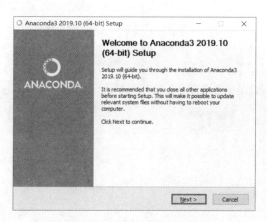

图 1.7　Anaconda 安装界面

安装完成后，Windows"开始"菜单中会出现如图 1.8 所示的菜单项。其中，Anaconda Navigator 是一个不使用命令行的图形界面，用于启动应用以及轻松管理 conda 包、环境和 channels(通道)；Anaconda Powershell Prompt 打开一个 Powershell 命令行窗口；Anaconda Prompt 打开一个 CMD 命令行窗口；Jupyter Notebook 是一个集成了代码、图像、注释、公式和作图的工具；Spyder 是用于 Python 开发的一个集成开发环境。

图 1.8 Anaconda"开始"菜单

需要特别说明的是，上述菜单里的 Jupyter Notebook 和 Spyder 菜单项启动的是 Anaconda 的 base 环境的开发工具，如果另建一个环境来使用 TensorFlow，一定要在新环境中创建对应的 Jupyter Notebook 和 Spyder。另外，需要使用命令行来管理 Anaconda，请使用 Anaconda Powershell Prompt 或 Anaconda Prompt 来打开命令行窗口，不要使用 cmd 命令。

1.2.3 在 Linux Ubuntu 下安装 TensorFlow

如果要下载 Linux 版本的 Anaconda，切换到如图 1.9 所示的 Linux 下载页面，下载 506MB 大小的 Anaconda3-2019.10-Linux-x86_64.sh 文件。

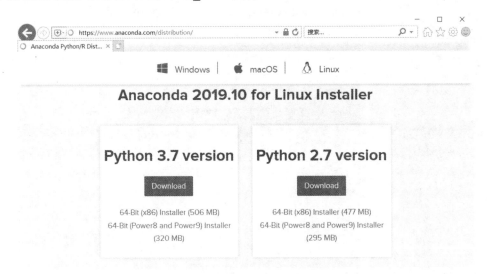

图 1.9 Linux 平台的 Anaconda 下载页面

下载完毕后，按 Ctrl + Alt + T 组合键打开终端程序，然后输入命令：

```
bash Anaconda3-2019.10-Linux-x86_64.sh
```

即可开始安装 Anaconda，过程与 Windows 的安装过程类似，唯一的区别是不会出现像 Windows 那样的"开始"菜单，只能在终端程序中运行 Anaconda。

1.2.4 Anaconda 管理

既可以使用 Navigator 图形界面管理 Anaconda，也可以使用命令行命令来管理 Anaconda。

1. 启动 Anaconda Navigator

在 Windows 操作系统中启动 Anaconda Navigator 十分容易，选择如图 1.8 所示的 Anaconda Navigator 菜单项，即可启动 Navigator 窗口，如图 1.10 所示。

图 1.10　Windows 下的 Anaconda Navigator

对于 Linux 操作系统，在终端程序中输入如下命令可启动 Anaconda Navigator。

```
anaconda-navigator
```

2. 创建和删除环境

不论是 Windows 操作系统还是 Linux 操作系统，创建新环境都可以使用 Anaconda Navigator 或者命令行，图形界面 Navigator 直观方便，命令行对细节控制更好。

使用 Anaconda Navigator 创建环境的方法是，先启动 Anaconda Navigator，单击图 1.10 左部的 Environments 菜单项，然后单击 Create 按钮，在弹出的如图 1.11 所示的对话框中输入环境名称，然后选择 Packages 为 Python 和对应版本，最后单击 Create 按钮，创建 TensorFlow 运行环境。

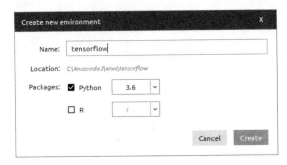

图 1.11　创建运行环境

新创建的环境只有少量几个默认的包，如图 1.12 所示。

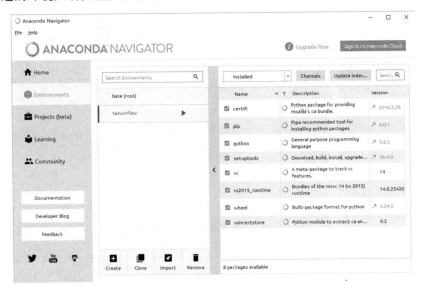

图 1.12　新创建的环境

因此，需要根据开发要求来安装一些必要的开发包，如 numpy、tensorflow、notebook、spyder、matplotlib、scikit-learn、scikit-image、scipy、h5py、pillow 等。在图 1.12 所示界面中，`Installed` 下拉列表框下可选 Installed(已安装)、Not installed(未安装)、Updatable(可更新)、Selected(已选中)和 All(全部)，Channels 按钮用于管理想让 Navigator 包含的通道，Update index 按钮用于更新索引，`Search Packages` (搜索框)用于查找包。

要在 Anaconda Navigator 中删除环境可单击 Remove 按钮，然后确认。

使用命令行创建环境的方法是，在 Linux 终端程序或 Windows 控制台下输入如下命令：

```
conda create -n env_name list_of_packages
```

其中，env_name 是要创建的环境名称，list_of_packages 可以列出在新环境中需要安装的工具包。

例如，如下命令创建一个名称为 tf115 的环境，且同时安装 3.7 版本的 Python 和 Pandas 及其相应的依赖包：

```
conda create -n tf115 python=3.7 pandas
```

使用命令行删除名称为 env_name 的环境，可使用如下命令：

```
conda env remove -n env_name
```

3. 查看和切换环境

显示当前环境列表，可使用如下命令：

```
conda env list
```

进入 env_name 环境，可使用如下命令：

```
source activate env_name
```

注意，Linux 系统才需要使用 source，Windows 系统不需要使用 source，变成如下命令：

```
activate env_name
```

使用如下命令可以退出环境，回到 activate 前的状态：

```
source deactivate
```

注意，Windows 系统不需要使用 source。

4. 复制环境

有时候需要在分享代码的同时也分享运行环境，可以将当前环境下的包信息存入后缀名为 yaml①的文件，命令如下：

```
conda env export > environment.yaml
```

如果获得 yaml 文件，可以使用该文件创建环境，命令如下：

```
conda env create -f environment.yaml
```

5. 管理 Anaconda

查看帮助的命令如下：

```
conda -h
```

或

```
conda --help
```

查看 conda 版本号的命令如下：

```
conda -V
```

或

```
conda --version
```

查看已安装包的命令如下：

```
conda list
```

安装指定包到当前运行环境的命令如下：

```
conda install package_name
```

查找指定可安装包的命令如下：

```
conda search package_name
```

移除指定的已安装包的命令如下：

```
conda remove -n env_name package_name
```

Anaconda 的命令很丰富，以上仅列举常用命令，更多命令请查阅 conda 命令帮助。

---

① YAML 是英文 YAML Ain't a Markup Language(YAML 不是一种标记语言)的递归缩写。

1.3 常用数据集

本节介绍常用的公开数据集，供实验和评测模型时使用。

1.3.1 MNIST 数据集

MNIST 数据集是一个著名的手写体数据集，用于识别手写数字字符图像算法的性能评估。该数据集由纽约大学柯朗研究所(Courant Institute，NYU)的研究员 Yann LeCun、Google 纽约实验室(Google Labs，New York)的 Corinna Cortes 和微软研究院(Microsoft Research，Redmond)的 Christopher J.C. Burges 共同创立，网址为 http://yann.lecun.com/exdb/mnist/。在该网址可以下载样本数为 60 000 的训练集和样本数为 10 000 的测试集，训练集有 train-images.idx3-ubyte 和 train-labels.idx1-ubyte 两个文件，测试集有 t10k-images.idx3-ubyte 和 t10k-labels.idx1-ubyte 两个文件，后缀为 idx3-ubyte 的文件是字符图像文件，后缀为 idx1-ubyte 的文件是类别标签，这两者都是自定义格式的文件，原网址有文件格式说明。每个字符图像尺寸为 28 像素×28 像素，每像素用 1 字节(取值范围为 0～255)表示，标签为数字 0～9。

要说明的是，MNIST 数据集已经内置于 Keras 中，调用 keras.datasets.mnist 的 load_data() 方法就可以加载，用不着去 MNIST 官网下载原始数据集并解析。当然，编码实现下载与解析功能对自己也是一个很好的锻炼，可参考第 2 章 2.2 节并适当修改以实现这个功能。加载 MNIST 数据集的部分代码如代码 1.1 所示。加载后的训练集存放在 train_images 和 train_labels 中，测试集存放在 test_images 和 test_labels 中。

代码 1.1 加载 MNIST 数据集

```
from tensorflow import keras

# 加载数据集
mnist = keras.datasets.mnist
(train_images, train_labels), (test_images,
test_labels) = mnist.load_data()
```

脚本 mnist_dataset.py 实现了加载 MNIST 数据集并绘制部分字符，结果如图 1.13 和图 1.14 所示。

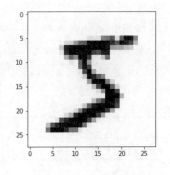

图 1.13 手写字符 5

图 1.14　前 100 个手写字符

1.3.2　Fashion-MNIST 数据集

　　Fashion-MNIST 数据集是一个服装图片库，用于替代 MNIST 手写数字集。Fashion-MNIST 的图片大小、训练样本数、测试样本数以及类别数与经典 MNIST 完全相同，网址为 https://github.com/zalandoresearch/fashion-mnist。Fashion-MNIST 数据集是由 Zalando (一家德国的时尚科技公司)旗下的研究部门提供的，包含了来自 10 种类别的共 7 万件不同商品的正面图片，图像尺寸为 28 像素×28 像素，种类如表 1.1 所示。

表 1.1　Fashion_MNIST 的图片种类

描　述	标　签
T-shirt/top(T 恤)	0
Trousers(裤子)	1
Pullover(套头衫)	2

续表

描　述	标　签
Dress(连衣裙)	3
Coat(外套)	4
Sandal(凉鞋)	5
Shirt(衬衫)	6
Sneaker(运动鞋)	7
Bag(包)	8
Ankle boot(靴子)	9

可以自己编写程序实现对 Fashion-MNIST 数据集的下载和解析，详见第 2 章 2.2 节。由于 Fashion-MNIST 数据集已经内置于 Keras 中，因此调用 keras.datasets.fashion_mnist 的 load_data()方法来加载 Fashion-MNIST 数据集更为简单，部分代码如代码 1.2 所示。加载后的训练集存放在 train_images 和 train_labels 中，测试集存放在 test_images 和 test_labels 中。

代码 1.2　加载 Fashion_MNIST 数据集

```
from tensorflow import keras

# 加载数据集
fashion_mnist = keras.datasets.fashion_mnist
(train_images, train_labels), (test_images, test_labels) =
fashion_mnist.load_data()
```

脚本 fashion_mnist_dataset.py 实现了加载 MNIST 数据集并绘制部分样本图像，结果如图 1.15 和图 1.16 所示。

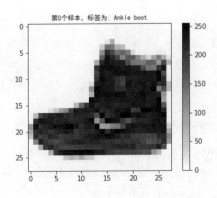

图 1.15　Fashion-MNIST 样本示例

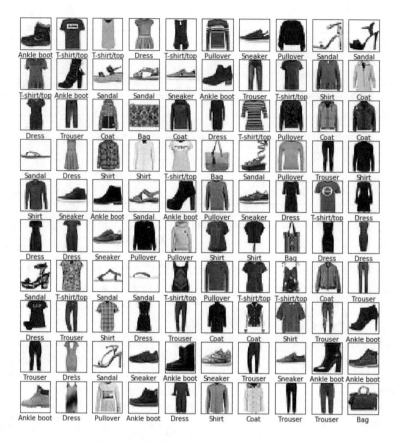

图 1.16　前 100 个 Fashion-MNIST 样本

1.3.3　IMDB 数据集

　　IMDB(Internet Movie Database，互联网电影数据库)数据集是一个对互联网电影数据库的评论，总共有 50 000 条评论样本。其中，训练集和测试集各包含 25 000 条评论样本。这是一个用于情感分类的数据集，属于二元分类问题，每条评论样本都可以根据文字内容划分为正面或负面，训练集和测试集的正面评论和负面评论各占一半。

　　可以编码实现对 IMDB 数据集的读取，详情请参见第 2 章 2.4.3 节。

　　IMDB 数据集内置在 Keras 中，并且已经经过预处理，将评论文本转换为整数序列，每个整数代表字典中的某个对应的单词。索引 0、1 和 2 保留，分别是"padding"(填充)、"start of sequence"(序列开始)和"unknown"(未知)。

　　调用 keras.datasets.imdb 的 load_data()方法就可以加载 IMDB 数据集，该方法的

num_words 指定最大的单词数量，部分代码如代码 1.3 所示，完整代码请参见 imdb_dataset.py。加载后的训练集存放在 train_data 和 train_labels 中，测试集存放在 test_data 和 test_labels 中。代码中，word_idx 为调用 get_word_index() 方法将单词映射为整数索引的字典，一般还需要建立一个将整数索引映射为单词的逆向字典 reverse_word_idx，代码将整数序列解码为评论文本并显示。

代码 1.3　加载 IMDB 数据集

```
NUM_WORDS = 10000

# 加载数据集
imdb = keras.datasets.imdb
(train_data, train_labels), (test_data, test_labels) =
imdb.load_data(num_words = NUM_WORDS)

print("训练集 shape: ", train_data.shape)
print("训练集样本数：", len(train_labels))
print("测试集 shape: ", test_data.shape)
print("测试集样本数：", len(test_labels))

# 将单词映射为整数索引的字典
word_idx = imdb.get_word_index()
# 将整数索引映射为单词的逆向字典
reverse_word_idx = dict([(value, key) for (key, value) in word_idx.items()])
# 解码。索引减去 3 是因为 0、1、2 分别是 "padding"（填充）、
# "start of sequence"（序列开始）和 "unknown"（未知）的保留索引
decoded_review = ' '.join([reverse_word_idx.get(i - 3, '?') for i in
train_data[0]])

print("第 0 个训练样本：", train_data[0])
print("解码后的第 0 个训练样本：", decoded_review)
print("第 0 个训练样本标签：", train_labels[0])
```

imdb_dataset.py 程序首先输出训练集 shape、训练集样本数、测试集 shape 和测试集样本数；然后输出第 0 个训练样本文本对应的整数序列，以及该样本解码后的评论文本；最后输出该样本的标签。具体输出结果如下：

```
训练集 shape: (25000,)
训练集样本数：25000
测试集 shape: (25000,)
测试集样本数：25000
第 0 个训练样本：[1, 14, 22, 16, 43, 530, 973, 1622, 1385, 65, 458, 4468, 66, 3941,
4, 173, 36, 256, 5, 25, 100, 43, 838, 112, 50, 670, 2, 9, 35, 480, 284, 5, 150,
4, 172, 112, 167, 2, 336, 385, 39, 4, 172, 4536, 1111, 17, 546, 38, 13, 447, 4,
```

```
192, 50, 16, 6, 147, 2025, 19, 14, 22, 4, 1920, 4613, 469, 4, 22, 71, 87, 12,
16, 43, 530, 38, 76, 15, 13, 1247, 4, 22, 17, 515, 17, 12, 16, 626, 18, 2, 5,
62, 386, 12, 8, 316, 8, 106, 5, 4, 2223, 5244, 16, 480, 66, 3785, 33, 4, 130,
12, 16, 38, 619, 5, 25, 124, 51, 36, 135, 48, 25, 1415, 33, 6, 22, 12, 215, 28,
77, 52, 5, 14, 407, 16, 82, 2, 8, 4, 107, 117, 5952, 15, 256, 4, 2, 7, 3766, 5,
723, 36, 71, 43, 530, 476, 26, 400, 317, 46, 7, 4, 2, 1029, 13, 104, 88, 4, 381,
15, 297, 98, 32, 2071, 56, 26, 141, 6, 194, 7486, 18, 4, 226, 22, 21, 134, 476,
26, 480, 5, 144, 30, 5535, 18, 51, 36, 28, 224, 92, 25, 104, 4, 226, 65, 16, 38,
1334, 88, 12, 16, 283, 5, 16, 4472, 113, 103, 32, 15, 16, 5345, 19, 178, 32]
解码后的第 0 个训练样本： ? this film was just brilliant casting location scenery
story direction everyone's really suited the part they played and you could just
imagine being there robert ? is an amazing actor and now the same being director ?
father came from the same scottish island as myself so i loved the fact there
was a real connection with this film the witty remarks throughout the film were
great it was just brilliant so much that i bought the film as soon as it was
released for ? and would recommend it to everyone to watch and the fly fishing
was amazing really cried at the end it was so sad and you know what they say
if you cry at a film it must have been good and this definitely was also ? to
the two little boy's that played the ? of norman and paul they were just brilliant
children are often left out of the ? list i think because the stars that play
them all grown up are such a big profile for the whole film but these children
are amazing and should be praised for what they have done don't you think the
whole story was so lovely because it was true and was someone's life after all
that was shared with us all
第 0 个训练样本标签： 1
```

上述解码后的训练样本中，有一些单词使用问号来替代，这些单词实际是从填充、序列开始或未知三个保留索引解码得到的。

1.3.4 CIFAR-10 数据集

CIFAR-10 数据集由多伦多大学的 Alex Krizhevsky、Vinod Nair 和 Geoffrey Hinton 收集，网址为 https://www.cs.toronto.edu/~kriz/cifar.html。该数据集由 10 个类别的一共 60 000 张 32 像素×32 像素的彩色图像组成，每个类别都有 6000 张图像。共有 50 000 张训练图像和 10 000 张测试图像。

CIFAR-10 数据集的图像种类如表 1.2 所示。

表 1.2 CIFAR-10 数据集的图像种类

描　　述	标　　签
airplane(飞机)	0
automobile(汽车)	1

续表

描　述	标　签
bird(鸟)	2
cat(猫)	3
deer(鹿)	4
dog(狗)	5
frog(蛙)	6
horse(马)	7
ship(船)	8
truck(卡车)	9

　　CIFAR-10 数据集分为五个训练批次和一个测试批次,每个批次有 10 000 张图像。测试批次包含每个类别的正好 1000 张随机选择的图像。训练批次以随机顺序包含剩余图像,但一些训练批次可能包含某个类别的图像比另一个类别的更多一些。五个训练批次总共包含每个类别正好 5000 张图像。可以自己编码实现,去 CIFAR-10 官网下载原始数据集并解析,具体可参考第 2 章 2.3 节。

　　CIFAR-10 数据集内置在 Keras 中,调用 keras.datasets.cifar10 的 load_data()方法就可以加载。加载 CIFAR-10 数据集的部分代码如代码 1.4 所示。加载后的训练集存放在 train_images 和 train_labels 中,测试集存放在 test_images 和 test_labels 中。

代码 1.4　加载 CIFAR-10 数据集

```
from tensorflow import keras

# 加载数据集
cifar10 = keras.datasets.cifar10
 (train_images, train_labels), (test_images,
test_labels) = cifar10.load_data()
```

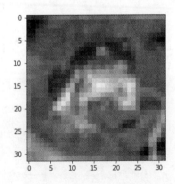

图 1.17　CIFAR-10 样本示例

　　完整代码请参见 cifar10_dataset.py 程序。图 1.17 所示为一个 CIFAR-10 样本,这是一只蛙的 32 像素×32 像素图像,很模糊。

　　图 1.18 显示了前 100 张 CIFAR-10 数据集的图像,每张图像下面是图像所属类别的英文说明。

图 1.18　前 100 张 CIFAR-10 数据集的图像

1.3.5　REUTERS 数据集

REUTERS(路透社)数据集是 1986 年由路透社发布的短新闻和对应的主题,主要用于文本分类。该数据集是一个多元分类问题,包含 46 个不同的主题。与 IMDB 数据集一样,REUTERS 数据集是 Keras 内置的数据集。不一样的地方在于,IMDB 数据集的类别分布均匀,但 REUTERS 的类别分布不均,有些主题的样本更多些,有些主题的样本较少,但在训练集中每个主题至少有 10 个样本。

REUTERS 数据集内置在 Keras 中,并且已经经过预处理,将评论文本转换为整数序列,每个整数代表字典中的某个对应的单词。索引 0、1 和 2 保留,分别是"padding"(填充)、"start of sequence"(序列开始)和"unknown"(未知)。

调用 keras.datasets.reuters 的 load_data()方法就可以加载 REUTERS 数据集,该方法的

num_words 指定最大的单词数量，部分代码如代码 1.5 所示，完整代码请参见 reuters_dataset.py。加载后的训练集存放在 train_data 和 train_labels 中，测试集存放在 test_data 和 test_labels 中。代码中，word_idx 为调用 get_word_index()方法将单词映射为整数索引的字典，一般还需要建立一个将整数索引映射为单词的逆向字典 reverse_word_idx，代码将整数序列解码为短新闻文本并显示。

代码 1.5 加载 REUTERS 数据集

```
NUM_WORDS = 10000

# 加载数据集
reuters = keras.datasets.reuters
(train_data, train_labels), (test_data, test_labels) =
reuters.load_data(num_words = NUM_WORDS)

print("训练集 shape: ", train_data.shape)
print("训练集样本数: ", len(train_labels))
print("测试集 shape: ", test_data.shape)
print("测试集样本数: ", len(test_labels))

# 将单词映射为整数索引的字典
word_idx = reuters.get_word_index()
# 将整数索引映射为单词的逆向字典
reverse_word_idx = dict([(value, key) for (key, value) in word_idx.items()])
# 解码。索引减去 3 是因为 0、1、2 分别是 "padding"（填充）、
# "start of sequence"（序列开始）和 "unknown"（未知）的保留索引
decoded_review = ' '.join([reverse_word_idx.get(i - 3, '?') for i in
train_data[0]])

print("第 0 个训练样本: ", train_data[0])
print("解码后的第 0 个训练样本: ", decoded_review)
print("第 0 个训练样本标签: ", train_labels[0])
```

reuters_dataset.py 程序首先输出训练集 shape、训练集样本数、测试集 shape 和测试集样本数，然后输出第 0 个训练样本文本对应的整数序列，以及该样本解码后的短新闻文本，最后输出该样本的标签。具体输出结果如下：

```
训练集 shape: (8982,)
训练集样本数: 8982
测试集 shape: (2246,)
测试集样本数: 2246
第 0 个训练样本: [1, 2, 2, 8, 43, 10, 447, 5, 25, 207, 270, 5, 3095, 111, 16, 369,
186, 90, 67, 7, 89, 5, 19, 102, 6, 19, 124, 15, 90, 67, 84, 22, 482, 26, 7, 48,
```

```
4, 49, 8, 864, 39, 209, 154, 6, 151, 6, 83, 11, 15, 22, 155, 11, 15, 7, 48, 9,
4579, 1005, 504, 6, 258, 6, 272, 11, 15, 22, 134, 44, 11, 15, 16, 8, 197, 1245,
90, 67, 52, 29, 209, 30, 32, 132, 6, 109, 15, 17, 12]
解码后的第 0 个训练样本： ？？？ said as a result of its december acquisition of space
co it expects earnings per share in 1987 of 1 15 to 1 30 dlrs per share up from
70 cts in 1986 the company said pretax net should rise to nine to 10 mln dlrs
from six mln dlrs in 1986 and rental operation revenues to 19 to 22 mln dlrs
from 12 5 mln dlrs it said cash flow per share this year should be 2 50 to three
dlrs reuter 3
第 0 个训练样本标签： 3
```

1.3.6 QIQC 数据集

QIQC 是英文 Quora Insincere Questions Classification 的字首缩写，它是 Kaggle 于 2019 年初举行的竞赛。Quora 是一个增强人们相互学习能力的平台，人们可以在 Quora 平台上提出问题，并与提供独特见解和高质量答案的人联系。QIQC 的关键性挑战就是，排除那些不真诚的问题，即建立在错误前提之上的问题，或者只是意图发表声明而不是寻找有用答案的问题。QIQC 竞赛就是开发一个能识别和标记不真诚问题的模型。

QIQC 数据集有如下三个文件。train.csv 为训练数据集，test.csv 为测试数据集，sample_submission.csv 为要提交的正确格式示例。QIQC 竞赛不允许使用外部数据源，因此网站提供了大小高达 6GB 的词嵌入文件，具体有：GoogleNews-vectors-negative300、glove.840B.300d、paragram_300_sl999 和 wiki-news-300d-1M，这些文件都存放在 embeddings 目录下，供竞赛者选择使用。

数据集有如下三个字段：qid 为问题的唯一标识符；question_text 为 Quora 问题文本；target 为标签，不真诚问题的标签值为 1，否则为 0。字段使用逗号进行分隔。

如下分别列举四条负例问题和四条正例问题，格式为：qid, question_text, target。

```
00002165364db923c7e6,How did Quebec nationalists see their province as a nation
in the 1960s?,0
000032939017120e6e44,"Do you have an adopted dog, how would you encourage people
to adopt and not shop?",0
0000412ca6e4628ce2cf,Why does velocity affect time? Does velocity affect space
geometry?,0
000042bf85aa498cd78e,How did Otto von Guericke used the Magdeburg hemispheres?,0

0000e91571b60c2fb487,Has the United States become the largest dictatorship in
the world?,1
00013ceca3f624b09f42,Which babies are more sweeter to their parents? Dark skin
babies or light skin babies?,1
```

0004a7fcb2bf73076489,If blacks support school choice and mandatory sentencing
for criminals why don't they vote Republican?,1
000537213b01fd77b58a,Which races have the smallest penis?,1

QIQC 数据集的最大麻烦是样本分布很偏，不真诚问题样本只占总体的 6.19%，如图 1.19 所示。因此，竞赛的衡量指标是 F1 score，不是准确率。另外，竞赛还有一些限制条件：①只允许 kernel submit，即代码只能提交到 Kaggle 服务器上运行；②对运行时间有严格要求，使用 CPU 只允许运行 6 小时，使用 GPU 只允许运行 2 小时；③不能引入外部数据。

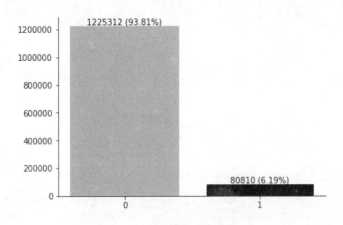

图 1.19 QIQC 数据集的样本分布

因此 QIQC 数据集是一个二元分类问题，最终成绩以 F1 score 性能指标来判定。

1.3.7 Dogs vs. Cats 数据集

Dogs vs. Cats(猫狗)数据集是 Kaggle 2013 年举办的竞赛数据集，数据集下载地址为 https://www.kaggle.com/c/dogs-vs-cats/data。训练集包含 25 000 张猫和狗的照片，其中猫和狗的照片各 12 500 张，测试集包含 12 500 张猫和狗的照片，部分测试集照片如图 1.20 所示。竞赛任务是使用训练集训练自己的算法并预测测试集中照片的标签，1 为狗，0 为猫。这些照片都来源于真实世界，规格尺寸各不相同，因此加大了图像识别的难度。最终的竞赛冠军由美国的 Pierre Sermanet 摘得，优胜者使用卷积神经网络，最佳识别准确率高达 95%。

由于训练集样本总数较大，一般计算机难以处理。因此我们创建一个较小的新数据集，不到原数据集的 10%大小。新的小数据集包含三个子集，训练集的两种类别各 1000 个样本，验证集的两种类别各 500 个样本，测试集的两种类别各 500 个样本。

图 1.20　猫狗数据集部分测试集照片

　　新的小数据集的划分由脚本 dogvscat_split.py 完成，由于功能较简单，因此不列示代码，请读者自行阅读源代码。运行 dogvscat_split.py 脚本后，会在 small 目录下，新建三个子目录——train、validate 和 test，每个子目录下又再建两个子目录——dogs 和 cats，在这两个子目录下又复制了若干对应类别的照片。

　　读取猫狗数据集以及预处理可参见第 2 章 2.4.5 节。

```
mirror_mod.use_y = True
mirror_mod.use_z = False
elif _operation == "MIRROR_Z":
  mirror_mod.use_x = False
  mirror_mod.use_y = False
  mirror_mod.use_z = True

#selection at the end add back the deselected mirror modifier object
mirror_ob.select= 1
mcdifier_ob.select=1
bpy.context.scene.objects.active = modifier ob
print("Selected" + str(modifier ob)) # modifier
#mirror_ob.r
```

第 2 章

TensorFlow 文件操作

　　大部分数据集都是以文件形式存放，熟悉并掌握各种格式的文件读写操作是 TensorFlow 编程必备的常规技能。

　　本章首先介绍 CSV 文件和 TFRecords 文件的读写操作，以及如何编写网络下载程序，然后介绍 TensorFlow 的 Dataset API 以及如何使用数据集对象。

2.1 CSV **文件操作**

CSV 是英文 Comma Separated Values(逗号分隔值)的字首缩写，是一种纯文本文件，常用于存储数据集。其中，数据记录之间使用换行回车符进行分隔，特征之间默认使用英文逗号(半角)进行分隔。分隔符一般使用逗号，也可以使用其他符号，如果使用制表符进行分隔，就称为 TSV(Tab Separated Values，制表符分隔值)。

CSV 文件一般都很大，小一点的 CSV 文件可以使用记事本或 EditPlus 等文本编辑工具来编辑，数十亿字节(GB)大小的 CSV 文件要使用 EmEditor(官网 https://www.emeditor.com/)等专用工具才能打开编辑。如果强行用普通编辑器打开很大的 CSV 文件，则等待时间会非常长，甚至几十分钟都无法打开。

2.1.1 **读取 CSV 文件**

本节以鸢尾花数据集 CSV 文件的读取为例，来讲解如何读取 CSV 文件。

鸢尾花数据集分两个 CSV 文件，训练集文件的网址为 http://download.tensorflow.org/data/iris_training.csv，测试集文件的网址为 http://download.tensorflow.org/data/iris_test.csv。将这两个文件下载到 datasets 目录中，用任意文本编辑器打开 iris_training.csv 文件，可以看到文件内容如下：

```
120,4,setosa,versicolor,virginica
6.4,2.8,5.6,2.2,2
5.0,2.3,3.3,1.0,1
4.9,2.5,4.5,1.7,2
4.9,3.1,1.5,0.1,0
5.7,3.8,1.7,0.3,0
......
```

其中，第一行的 120 表示样本数；4 表示特征数，4 个特征分别是 sepal length(花萼长)、sepal width(花萼宽)、petal length(花瓣长)、petal width(花瓣宽)，这些长、宽属性都是单位为 cm(厘米)的数值类型；随后的 "setosa,versicolor,virginica" 表示标签取值为 setosa(山鸢尾)、versicolor(变色鸢尾)和 virginica(维吉尼亚鸢尾)，分别对应数字 0、1 和 2。第二行开始是逗号分隔的数据样本。

虽然可以直接使用 Python 文件 API 来读取 CSV 文件，但使用 Pandas 等数据分析工具无疑可以方便快捷地处理 CSV 文件。Pandas 提供 read_csv()函数来读取 CSV 文件并返回

DataFrame 对象，其主要参数有 filepath_or_buffer，类型为字符串，可以是网络文件的 URL 或本地文件，也可以是提供 read()函数的类似文件的对象；sep 为分隔符，默认为逗号；header 为用作列名的行号，如果文件中没有列名，则默认为 0，否则为 None；names 为列名列表。

读取 iris 数据集的主要代码如代码 2.1 所示，完整程序请参见 iris_csv_read.py 文件。

代码 2.1　读取 iris 数据集主要代码

```python
import pandas as pd

# 训练集和测试集
TRAIN_FILE = "../datasets/iris_training.csv"
TEST_FILE = "../datasets/iris_test.csv"

# 4 个特征和 1 个标签的名称
CSV_COLUMN_NAMES = ['SepalLength', 'SepalWidth',
                    'PetalLength', 'PetalWidth', 'Species']
# 三个类别
SPECIES = ['Setosa', 'Versicolor', 'Virginica']

def load_data(y_name = 'Species'):
    """ 返回鸢尾花数据集, (train_x, train_y), (test_x, test_y) """
    train = pd.read_csv(TRAIN_FILE, names = CSV_COLUMN_NAMES, header = 0)
    train_x, train_y = train, train.pop(y_name)

    test = pd.read_csv(TEST_FILE, names = CSV_COLUMN_NAMES, header = 0)
    test_x, test_y = test, test.pop(y_name)

    return (train_x, train_y), (test_x, test_y)
```

上述代码使用 pop()函数来分离数据和标签，该函数从 DataFrame 对象中去掉一个指定列并返回该列，输入参数为要返回的列名。

2.1.2　生成 CSV 文件

可以使用 Python 提供的文件 API 来生成 CSV 文件，但更简单的方法是使用 Pandas 的 DataFrame 所提供的 to_csv()函数来将 DataFrame 对象持久化到 CSV 文件。该函数有很多参数，常用参数有 path_or_buf，其参数值为目标文件路径或对象，默认值为 None，结果以字符串方式返回；sep 参数为分隔符，默认为逗号；header 参数为布尔型或字符串列表，布尔型表示是否输出列名，默认值为 True，字符串列表则表示列名的别名；index 参数为布尔型，表示是否输出行号，默认值为 True。

代码 2.2 实现合并鸢尾花的训练集和测试集，并生成一个 CSV 文件的功能。完整程序请参见 iris_csv_write.py 文件。

⌨ **代码 2.2　生成 CSV 文件主要代码**

```
import pandas as pd
from iris_csv_read import load_data

# 目标文件
TARGET_FILE = "../datasets/iris_data.csv"

def save_data():
    """ 保存鸢尾花数据集 """
    (train_x, train_y), (test_x, test_y) = load_data()
    # 合并训练集和测试集
    x = pd.concat([train_x, test_x])
    y = pd.concat([train_y, test_y])

    print(x.shape)
    print(y.shape)

    # 合并数据和标签
    data = pd.concat([x, y], axis = 1)
    # 写 CSV 文件
    data.to_csv(TARGET_FILE, index = False)
```

上述代码使用 concat() 函数来合并训练集和测试集，以及合并数据和标签。该函数的 objs 参数是诸如 DataFrame 的 pandas 对象；axis 参数表示要连接轴的方向，0 为行方向，1 为列方向，默认值为 0。

2.2　编写网络下载程序

与读取本地 CSV 文件不同，很多时候我们需要编写网络下载程序，用于下载网络上的公开数据集文件。一般调用 tf.keras.utils.get_file() 函数来下载文件，该函数的主要参数如下：fname 参数指定文件名称，如果指定绝对路径则将文件保存在指定位置，否则将保存在 Keras 缓存目录下；origin 参数指定文件的原始 URL，如果本地不存在缓存文件，则自动从 URL 下载文件；cache_subdir 参数指定 Keras 缓存目录下保存文件的子目录，如果指定绝对路径则将文件保存在指定位置，本参数失效。

代码 2.3 实现加载 Fashion-MNIST 数据集的功能，如果本地目录不存在缓存文件，则自动从 http://fashion-mnist.s3-website.eu-central-1.amazonaws.com/下载对应文件,完整程序请
参见 fashion_mnist_readurl.py 文件。Fashion-MNIST 数据集包含 4 个 gzip 格式的压缩文件:
train-labels-idx1-ubyte.gz、train-images-idx3-ubyte.gz、t10k-labels-idx1-ubyte.gz 和 t10k-images-
idx3-ubyte.gz。前两个文件是样本数为 60 000 的训练集,后两个文件是样本数为 10 000 的
测试集。文件名中包含 idx3-ubyte 的是字符图像文件,包含 idx1-ubyte 的是类别标签文件,
这两者都是自定义格式的文件,idx1-ubyte 文件的前 4 字节为 32 位的整数 0x00000801,紧
接的 4 字节为 32 位的整数(样本数),后面是无符号字节的标签数据;idx3-ubyte 文件的前
4 字节为 32 位的整数 0x00000803,紧接的 4 字节为 32 位的整数(样本数),随后的 8 字节为
两个 32 位的整数,分别表示图像的行数(像素高)和列数(像素宽),尺寸为 28 像素×28 像素,
后面是无符号字节的像素数据。

代码 2.3　加载 Fashion-MNIST 数据集

```python
import gzip
import os
from tensorflow.keras.utils import get_file
import numpy as np


def load_fashion_mnist():
    """
    加载 Fashion-MNIST 数据集。返回(train_x, train_y), (test_x, test_y)
    """
    # 本地 cache 目录
    fashion_mnist_dir = os.path.join('datasets', 'fashion-mnist')
    url = 'http://fashion-mnist.s3-website.eu-central-1.amazonaws.com/'
    # Fashion-MNIST 数据集一共 4 个文件
    filenames = ['train-labels-idx1-ubyte.gz',
            'train-images-idx3-ubyte.gz',
            't10k-labels-idx1-ubyte.gz',
            't10k-images-idx3-ubyte.gz']

    filepaths = []
    for fn in filenames:
        filepaths.append(get_file(
                fn, origin = url + fn, cache_subdir = fashion_mnist_dir))

    # 读取 4 个数据文件
    with gzip.open(filepaths[0], 'rb') as label:
        train_y = np.frombuffer(label.read(), np.uint8, offset = 8)

    with gzip.open(filepaths[1], 'rb') as image:
```

```
    train_x = np.frombuffer(
        image.read(), np.uint8, offset = 16).reshape(len(train_y), 28, 28)

with gzip.open(filepaths[2], 'rb') as label:
    test_y = np.frombuffer(label.read(), np.uint8, offset = 8)

with gzip.open(filepaths[3], 'rb') as image:
    test_x = np.frombuffer(
        image.read(), np.uint8, offset = 16).reshape(len(test_y), 28, 28)

return (train_x, train_y), (test_x, test_y)
```

上述代码调用 gzip.open()函数打开压缩文件，然后调用 np.frombuffer()函数以流的方式读入缓冲区数据并转化成 ndarray 对象，其主要参数有：buffer 参数指定具有缓冲区接口的对象；dtype 参数指定返回数组的数据类型，默认值为 float；offset 参数指定从缓冲区的第几个字节开始读入，默认值为 0。由于 idx3-ubyte 图像文件和 idx1-ubyte 标签文件的头不一样，因此代码中分别设置 offset 参数为 16 和 8，以便跳过文件头。

2.3　TFRecords 文件操作

TFRecords 是 TensorFlow 专用的数据文件格式，不像 CSV 是文本文件，TFRecords 是二进制文件。在模型训练的步骤之间，读数据会形成性能瓶颈，由于 GPU 需要等待新数据，很难百分之百地充分发挥 GPU 的效率。因此，我们希望能够使用一个并行的线程来读取数据，当 GPU 需要数据时不再等待，这就需要使用 TensorFlow 的 Dataset API 和 TFRecords 文件格式来共同完成。

2.3.1　生成 TFRecords 文件

一些数据集文件不是 TFRecords 格式的，因此需要先读入到内存，然后再转换为 TFRecords 格式文件。

下面以把 CIFAR-10 数据集转存为 TFRecords 格式文件为例，来说明如何生成 TFRecords 文件，完整代码请参见 cifar10_save_tfrecords.py 文件。首先需要下载，在 CIFAR-10 数据集网址 https://www.cs.toronto.edu/~kriz/cifar.html 下载 cifar-10-python.tar.gz 文件，解压缩至 cifar-10-batches-py 目录。一共有 5 个训练集文件，文件名分别为从 data_batch_1 顺序编号到 data_batch_5，只有一个测试集文件——test_batch。

下一步是编写如代码 2.4 所示的读取数据文件代码。

代码 2.4　读取数据文件

```
# 导入模块
import numpy as np
import tensorflow as tf
import pickle
import os

# 数据集目录
DATASET_DIR = '../datasets/cifar-10-batches-py'

# 训练文件
TRAIN_FILENAMES = [
    'data_batch_1',
    'data_batch_2',
    'data_batch_3',
    'data_batch_4',
    'data_batch_5'
]
# 测试文件
TEST_FILENAME = 'test_batch'

# 训练和测试 TFRecords 文件
TRAIN_TFRECORDS = os.path.join(DATASET_DIR, 'train.tfrecords')
TEST_TFRECORDS = os.path.join(DATASET_DIR, 'test.tfrecords')

def load_dataset(filename):
    ''' 加载数据集 '''
    with open(filename, 'rb') as f:
        dataset = pickle.load(f, encoding='latin1')
        return dataset
```

上述代码主要定义了 load_dataset()函数，其函数体调用 pickle.load()函数来加载输入参数指定的数据文件。

下一步是编写如代码 2.5 所示的加载训练集和测试集代码。加载测试集容易一些，因为只有一个测试集文件。由于训练集分为 5 个文件，因此先加载 data_batch_1，然后再用一个循环迭代加载训练集的 data_batch_2～data_batch_5，调用 np.concatenate()函数来进行合并。

代码 2.5　加载训练集和测试集

```python
def load_data():
    """ 加载训练集和测试集 """
    # 加载训练集的 data_batch_1
    trainset = load_dataset(os.path.join(DATASET_DIR, TRAIN_FILENAMES[0]))
    train_images = trainset['data']
    train_labels = trainset['labels']
    # 加载测试集
    testset = load_dataset(os.path.join(DATASET_DIR, TEST_FILENAME))
    test_images = testset['data']
    test_labels = testset['labels']

    # 加载训练集的 data_batch_2 ~ data_batch_5
    for i in range(1, len(TRAIN_FILENAMES)):
        batch = load_dataset(os.path.join(DATASET_DIR, TRAIN_FILENAMES[i]))
        train_images = np.concatenate((train_images, batch['data']), axis = 0)
        train_labels = np.concatenate((train_labels, batch['labels']), axis = 0)

    return (train_images, train_labels), (test_images, test_labels)
```

下一步是编写如代码 2.6 所示的保存 TFRecords 输出文件代码。其中，wrap_int64()和 wrap_bytes()是辅助函数，分别用于将整型和字节型包装为可保存在 TFRecords 文件中的特征；save_tfrecords()函数调用 TFRecordWriter 对象的 write ()函数，将经过包装的输入图像和标签写入到指定的 TFRecords 文件。

代码 2.6　保存 TFRecords 输出文件

```python
def wrap_int64(value):
    ''' 将整型包装为可保存在 TFRecords 文件中的辅助函数 '''
    return tf.train.Feature(int64_list = tf.train.Int64List(value = [value]))

def wrap_bytes(value):
    ''' 将字节型包装为可保存在 TFRecords 文件中的辅助函数 '''
    return tf.train.Feature(bytes_list = tf.train.BytesList(value = [value]))

def save_tfrecords(images, labels, out_path):
    '''
    输入参数:
    images -- 图像数据
    labels -- 图像标签
    out_path -- TFRecords 输出文件的路径
    '''

    # 打开 TFRecordWriter 输出到文件
```

```
with tf.python_io.TFRecordWriter(out_path) as writer:
    num_examples = images.shape[0]
    # 迭代
    for index in range(num_examples):
        # 将图像转换为字节
        image_bytes = images[index].tostring()
        # 想要保存在 TFRecords 文件中数据的字典
        data = {
                'image': wrap_bytes(image_bytes),
                'label': wrap_int64(labels[index])
            }

        # 将数据包装为 TensorFlow 特征
        feature = tf.train.Features(feature = data)
        # 再次包装为 TensorFlow 样本
        example = tf.train.Example(features = feature)

        # 序列化数据
        serialized = example.SerializeToString()
        # 将序列化数据写到 TFRecords 文件
        writer.write(serialized)
```

代码 2.7 首先调用 load_data() 函数来加载训练集和测试集，然后调用两次 save_tfrecords()
函数来分别保存训练文件和测试文件。

代码 2.7　调用示例

```
# 加载训练集和测试集
(train_x, train_y), (test_x, test_y) = load_data()

# 保存训练文件
save_tfrecords(train_x, train_y, TRAIN_TFRECORDS)

# 保存测试文件
save_tfrecords(test_x, test_y, TEST_TFRECORDS)
```

注意，保存后的 TFRecords 是二进制文件，不能用文本编辑器打开，只能用编程的方
式读入，详见 2.3.2 节。

2.3.2　读取 TFRecords 文件

TFRecords 是 TensorFlow 内部专用文件格式，因此提供 tf.data.TFRecordDataset() 类来读
取一个或多个 TFRecord 文件。不同 TFRecords 文件可能有不同的数据名称和类型，因此需

要专门定义一个如何解析单个样本的函数。

完整代码请参见 cifar10_read_tfrecords.py 文件。

代码 2.8 实现了读取 TFRecords 训练文件和测试文件的功能。load_data()函数实例化训练集 TFRecordDataset 对象和测试集 TFRecordDataset 对象，然后调用 map()函数解析 TFRecords 文件中的序列化数据。parse()函数定义如何解析 TFRecords 文件的一行数据，先定义一个包含数据名称和类型的字典，然后调用 tf.parse_single_example()函数来解析序列化数据，获取 image 和 label 数据，最后将图像字节解码为张量，进行数据类型转换和特征变换后返回一行数据。

代码 2.8 读取 TFRecords 文件

```python
# 导入模块
import tensorflow as tf
import os

# 数据集目录
DATASET_DIR = '../datasets/cifar-10-batches-py'

# 训练和测试TFRecords 文件
TRAIN_TFRECORDS = os.path.join(DATASET_DIR, 'train.tfrecords')
TEST_TFRECORDS = os.path.join(DATASET_DIR, 'test.tfrecords')

def parse(serialized):
    """
    定义如何解析TFRecords 文件
    """
    # 数据名称和类型的字典
    features = {
        'image': tf.FixedLenFeature([], tf.string),
        'label': tf.FixedLenFeature([], tf.int64)
    }

    # 解析序列化数据，得到数据的字典
    parsed_example = tf.parse_single_example(serialized = serialized,
                                             features = features)
    # 获取 image 和 label
    image_raw = parsed_example['image']
    label = parsed_example['label']

    # 将图像字节解码为张量
    image = tf.decode_raw(image_raw, tf.uint8)
    # float32 是最终需要的类型
    image = tf.cast(image, tf.float32)
```

```
    # 0~255 --> 0~1
    image /= 255

    return image, label

def load_data():
    """ 加载训练集和测试集 """
    # TensorFlow Dataset 对象
    train = tf.data.TFRecordDataset(filenames = TRAIN_TFRECORDS)
    test = tf.data.TFRecordDataset(filenames = TEST_TFRECORDS)

    # 解析 TFRecords 文件中的序列化数据
    train = train.map(parse)
    test = test.map(parse)

    return train, test
```

调用 load_data()函数返回训练集 train 和测试集 test。

2.4 数据集 API

TensorFlow 提供一系列的 Dataset API，可用于解析各种数据，这些 API 位于 tf.data 下。例如，Dataset 是创建和转换数据集的基类，可以使用该类从内存数据中创建数据集；TextLineDataset 类可用于从文本文件中读取数据；TFRecordDataset 类可用于从 TFRecords 文件中读取数据；FixedLengthRecordDataset 类可用于从二进制文件中读取具有固定大小的记录；Iterator 类提供一次访问一个数据集元素的迭代方法。

2.3 节已经演示如何使用 TFRecordDataset 类来读取 TFRecords 文件，本节主要讲解数据集对象的概念，以及演示如何将内存数据、CSV 文件和图像文件转换为数据集对象。

2.4.1 数据集对象

Estimator 在训练、评估和预测时，都要使用数据集对象。因此，需要构建各种能返回 tf.data.Dataset 对象的输入函数，为 Estimator 提供训练数据、评估数据和预测数据。tf.data.Dataset 对象会输出包含特征(features)和标签(label)的样本。其中，特征是 Python 字典(键-值对)，键为特征名，值为所有样本的本特征取值的数组；标签为全部样本标签值的数组。

代码 2.9 是能返回 tf.data.Dataset 对象的输入函数的简单示例代码，完整代码请参见

iris_data_set.py 文件。该示例主要构建一个数据类型为 Python 字典的 features，一共有四个特征，特征名分别为 SepalLength、SepalWidth、PetalLength 和 PetalWidth，特征取值为随后的四个数组以及一个标签数组。

代码 2.9　返回数据集对象的示例

```
def input_evaluation_set():
    features = {'SepalLength': np.array([5.1, 5.0, 6.4]),
            'SepalWidth': np.array([3.3, 2.3, 2.8]),
            'PetalLength': np.array([1.7, 3.3, 5.6]),
            'PetalWidth': np.array([0.5, 1.0, 2.2])}
    labels = np.array([0, 1, 2])
    return features, labels
```

可以看到，input_evaluation_set()输入函数实际返回如表 2.1 所示三个样本。只不过是根据特征对样本进行了切片处理。

表 2.1　返回的三个样本

花 萼 长	花 萼 宽	花 瓣 长	花 瓣 宽	标　签
5.1	3.3	1.7	0.5	0(山鸢尾)
5.0	2.3	3.3	1.0	1(变色鸢尾)
6.4	2.8	5.6	2.2	2(维吉尼亚鸢尾)

尽管可以使用类似于代码 2.9 的编程方式来实现输入函数，但最好还是使用 TensorFlow 提供的 Dataset API，以最大限度地利用 TensorFlow 的功能。

2.4.2　读取内存数据

调用 tf.data.Dataset.from_tensor_slices()方法，可以将一个内存中给定的张量进行切片操作，并返回一个数据集对象。

代码 2.10 演示了如何从内存张量来创建数据集对象的方法，完整代码请参见 iris_input_fn.py 文件。train_input_fn()和 test_input_fn()分别是训练输入函数和测试输入函数，这两个函数都调用 from_tensor_slices()方法来创建数据集对象，不同之处在于，训练输入函数需要实现样本随机置乱、重复和组成小批量样本，而测试输入函数只需要组成小批量样本。

⌨ **代码 2.10　从内存创建数据集对象示例**

```
import tensorflow as tf
from iris_csv_read import load_data

BATCH_SIZE = 50

def train_input_fn(features, labels, batch_size):
    """ 鸢尾花数据集的训练集输入函数 """
    # 将输入转换为数据集
    dataset = tf.data.Dataset.from_tensor_slices((dict(features), labels))

    # 实现样本随机置乱、重复和组成小批量样本
    dataset = dataset.shuffle(1000).repeat().batch(batch_size)

    return dataset

def test_input_fn(features, labels, batch_size):
    """ 鸢尾花数据集的测试集输入函数 """
    # 将输入转换为数据集
    dataset = tf.data.Dataset.from_tensor_slices((dict(features), labels))

    # 测试集样本没必要随机置乱和重复，组成小批量样本即可
    dataset = dataset.batch(batch_size)

    return dataset
```

上述代码中，shuffle()函数用于对数据集样本进行随机置乱操作，buffer_size 参数指定表示将从数据集中抽样来组成新数据集的样本数。repeat()函数只有一个输入参数 count，表示重复数据集 count 次，如果 count 为 None(默认值)或-1，则重复无限次。batch()函数将数据集组成小批量样本，batch_size 参数指定单批的样本数，drop_remainder 参数指定是否要在最后一批的样本数少于 batch_size 时将之丢弃，默认值为 False。

上述输入函数一般都命名为 xxx_input_fn，是为 Estimator 准备的。tf.estimator.Estimator 实例在调用 train()方法或 evaluate()方法时，需要把输入函数作为输入参数传入。代码 2.11 只是为演示而编写的代码，并没有实用意义。代码首先加载数据，然后直接调用 train_input_fn()和 test_input_fn()输入函数，并将返回结果打印出来。

代码 2.11　调用输入函数示例

```
# 加载数据
(train_x, train_y), (test_x, test_y) = load_data()
# 获取小批量数据集
train_batch = train_input_fn(train_x, train_y, BATCH_SIZE)
test_batch = test_input_fn(test_x, test_y, BATCH_SIZE)
print(train_batch)
print(test_batch)
```

打印出来的 train_batch 和 test_batch 如下：

```
<BatchDataset
shapes: (
{SepalLength: (?,), SepalWidth: (?,), PetalLength: (?,), PetalWidth: (?,)},
(?,)),
types: (
{SepalLength: tf.float64, SepalWidth: tf.float64, PetalLength: tf.float64,
PetalWidth: tf.float64},
tf.int64)>
```

容易看到，BatchDataset 分为 shapes(张量形状)和 types(数据类型)两部分，英文问号表示批次大小未知，因为最后一个批次的样本数量会少于其他批次。

2.4.3　读取文本文件

文本文件也是常用的数据集文件，一般可直接调用 Python 的文件 API 进行读取。以下举例说明如何读取 IMDB 数据集文本文件。

首先使用浏览器打开 http://mng.bz/0tIo，下载原始的 IMDB 数据集 aclImdb.zip 文件，然后解压到 aclImdb 目录，该目录下有 train 和 test 两个子目录，子目录下都有 pos 和 neg 子目录，分别对应正面和负面的评论。

代码 2.12 是读取文本文件的示例代码，完整代码请参见 imdb_read.py 文件。由于训练集和测试集分两个目录存放，为了复用读取数据集的代码，编制 read_dataset 函数，参数 dataset_dir 指定读取的数据集目录。函数体中，用两重循环，外循环遍历 pos 和 neg 两个子目录，内循环遍历子目录中的文件。

代码 2.12　读取文本文件示例

```python
import os

IMDB_DIR = '../datasets/aclImdb'
train_dir = os.path.join(IMDB_DIR, 'train')
test_dir = os.path.join(IMDB_DIR, 'test')

def read_dataset(dataset_dir):
    """ 读数据集文件 """
    texts = []
    labels = []
    for label_type in ['neg', 'pos']:
        dir_name = os.path.join(dataset_dir, label_type)
        # 遍历目录内所有文件
        for fname in os.listdir(dir_name):
            # 只处理文本文件
            if fname[-4:] == '.txt':
                f = open(os.path.join(dir_name, fname), encoding = 'utf-8')
                # 处理文本
                texts.append(f.read())
                f.close()
                # 处理标签
                if label_type == 'neg':
                    labels.append(0)
                else:
                    labels.append(1)

    return texts, labels

train_x, train_y = read_dataset(train_dir)
test_x, test_y = read_dataset(test_dir)
print('训练集样本数: ', len(train_x))
print('测试集样本数: ', len(test_x))
print('训练集前 5 个样本: \n', train_x[: 5])
```

由于是按照先负面后正面的顺序读取评论，因此标签 0 和标签 1 都聚在一起，使用训练集训练模型之前，一定要记得随机置乱训练样本的顺序。

2.4.4　读取 CSV 文件

Dataset 类最常用的功能是读取磁盘文件中的数据，tf.data 模块包含能读取多种文件的 API，FixedLengthRecordDataset 类可用于读取来自一个或多个二进制文件的记录为固定长度的数据集，TFRecordDataset 类可用于读取由一个或多个 TFRecord 文件组成记录的数据集，TextLineDataset 类可用于读取由一个或多个文本文件的行组成的数据集。以下举例说明如何使用 Dataset 来解析 CSV 文件中的数据。

完整代码请参见 iris_csv_input_fn.py 文件，代码 2.13 是读取 CSV 文件的示例代码。parse() 函数定义如何解析 CSV 文件中的一个样本，它调用 tf.decode_csv() 函数对数据行解码，然后调用 Python 内置的 dict() 函数和 zip() 函数将特征表示为字典，最后将特征字典划分为特征和标签两个部分并返回。csv_input_fn() 实现 CSV 的输入函数，函数先构建一个 TextLineDataset 对象，一次读取 CSV 文件中的一行数据，调用 skip() 函数来跳过文件的第一行标题；然后将 parse 函数作为 map_func 输入参数传入给 map() 函数，对数据集的每一个元素都实施 map_func，返回转换后的新数据集；最后新数据集的样本进行随机置乱、重复和重组为小批量样本。

代码 2.13　读取 CSV 文件示例

```python
import tensorflow as tf

# 训练集和测试集
TRAIN_FILE = "../datasets/iris_training.csv"
TEST_FILE = "../datasets/iris_test.csv"

BATCH_SIZE = 50

# 数据集列名
CSV_COLUMN_NAMES = ['SepalLength', 'SepalWidth', 'PetalLength',
                    'PetalWidth', 'Species']
# 各列的数据类型
CSV_TYPES = [[0.0], [0.0], [0.0], [0.0], [0]]

def parse(line):
    """ 定义如何解析 CSV 文件 """
    # 解码数据行
    example = tf.decode_csv(line, record_defaults = CSV_TYPES)

    # 将样本包装为字典
    features = dict(zip(CSV_COLUMN_NAMES, example))

    # 将标签分离出来
    label = features.pop('Species')

    return features, label

def csv_input_fn(csv_file, batch_size):
```

```
""" CSV 输入函数 """
# 创建文本数据集对象。跳过第一行文件头
dataset = tf.data.TextLineDataset(csv_file).skip(1)

# 解析每一行
dataset = dataset.map(parse)

# 实现样本随机置乱、重复和组成小批量样本
dataset = dataset.shuffle(1000).repeat().batch(batch_size)

return dataset
```

代码 2.14 是调用 CSV 输入函数示例，代码两次调用 csv_input_fn()输入函数，返回批量训练数据和测试数据，并打印结果。

代码 2.14　调用 CSV 输入函数示例

```
train_batch = csv_input_fn(TRAIN_FILE, BATCH_SIZE)
test_batch = csv_input_fn(TEST_FILE, BATCH_SIZE)
print(train_batch)
print(test_batch)
```

打印结果与 2.4.2 节的结果类似，不再赘述。

2.4.5　读取图像文件

第 1 章已经将猫狗数据集划分为新的小数据集，存放在 small 目录下。每个样本都是以 JPEG 格式存放，因此我们需要将数据进行预处理，甚至可以使用数据增强，处理成能输入到神经网络的 float 张量。

数据增强是通过图像的随机几何变换，从现有的训练数据中生成更多的训练数据的一种方法。这样，模型在训练时就会看到似乎更多的图像，观察到数据的更多内容，从而提高模型泛化能力。尽管数据增强可以"创造"更多的数据，但模型的输入仍然高度相关，因为这些输入仅来自少量的原始图像的几何变换。也就是说，数据增强只能混合现有信息，无法生成新信息。因此，它可能无法完全消除过拟合。

预处理主要包括如下步骤：首先，读取 JPEG 图像文件，然后将 JPEG 文件解码为 RGB 三通道的像素，再将这些像素转换为 float 张量；最后将 0～255 范围的像素值缩放到[0,1]区间。

上述步骤看起来比较麻烦，幸运的是，TensorFlow 内置的 Keras 模块能够经少量编程就能自动完成这些工作，tf.keras.preprocessing.image 模块中专门有一个图像处理辅助工具，其

中的 ImageDataGenerator 类，能够快速创建一个 Python 生成器，将硬盘上的图像文件进行上述预处理，转换 float 张量，最后再组成批量，供神经网络进行训练。

ImageDataGenerator 类有很多参数，本书仅介绍所使用的部分属性，其余参数请参见相关文档。ImageDataGenerator 类的部分参数如下。

- rescale：缩放因子。默认为 None，None 或 0 则不缩放。
- rotation_range：整数，图像随机旋转的角度范围。
- width_shift_range：float 型，图像在水平方向上平移(相对于总宽度的比例)的范围，如果取值大于 1，则平移单位不是比例而是像素值。
- height_shift_range：float 型，图像在水平方向上平移(相对于总高度的比例)的范围，如果取值大于 1，则平移单位不是比例而是像素值。
- shear_range：float 型，投影变换的逆时针方向的角度。
- zoom_range：float 型或[lower, upper]范围，图像按比例随机缩放的范围。
- horizontal_flip：布尔型，是否随机水平翻转图像。

代码 2.15 演示了如何从指定目录中读取图像数据，并构建一个 Python 生成器。完整代码请参见 dogvscat_generator.py 文件。

代码 2.15　猫狗训练集生成器

```python
import os
from tensorflow.keras.preprocessing.image import ImageDataGenerator

# 较小的猫狗数据集的目录
BASE_DIR = '../datasets/kaggledogvscat/small'
IMAGE_SIZE = 150
BATCH_SIZE = 20

train_dir = os.path.join(BASE_DIR, 'train')
validation_dir = os.path.join(BASE_DIR, 'validation')

def get_train_generator(mode = True):
    """ mode 为 True，使用数据增强 """
    # 所有图像都除以 255
    if mode:
        train_datagen = ImageDataGenerator(
            rescale = 1. / 255,
            rotation_range = 40,
            width_shift_range = 0.2,
            height_shift_range = 0.2,
            shear_range = 0.2,
            zoom_range = 0.2,
```

```
        horizontal_flip = True )
    else:
        train_datagen = ImageDataGenerator(rescale = 1. / 255)
```

上述代码中，get_train_generator 函数返回一个训练集生成器，该函数的 mode 参数指定是否需要数据增强。

虽然代码仅以训练集生成器为例进行说明，但验证集和测试集生成器的代码也类似，只不过只有训练集生成器能够使用数据增强，而验证集和测试集生成器一般都不使用数据增强。

代码 2.16 调用 get_train_generator 函数构建一个训练集生成器，然后用一个 for 循环来生成批数据 data_batch 和批标签 labels_batch，并打印这两种数据的 shape。由于数据生成器会不断循环读取目标目录中的图像，转换并生成批数据和批标签，因此需要在合适时用 break 语句终止循环。

代码 2.16　测试猫狗训练集生成器

```
if __name__ == '__main__':
    # 获取训练集生成器
    train_generator = get_train_generator()
    for data_batch, labels_batch in train_generator:
        print('批数据 shape: ', data_batch.shape)
        print('批标签 shape: ', labels_batch.shape)
        break
```

代码 2.16 的运行结果如图 2.1 所示。

```
Found 2000 images belonging to 2 classes.
批数据shape: (20, 150, 150, 3)
批标签shape: (20,)
```

图 2.1　代码 2.16 的运行结果

可见，批数据的样本数为 20，图像的高和宽都是 150 像素，有 R、G、B 三个通道。批标签为标量组成的向量。

第 3 章

BP 神经网络原理与实现

　　反向传播(back propagation, BP)神经网络是深度神经网络的基础,其核心是反向传播算法。它通过将预测输出与真实输出之差(误差)反向传播,把误差分摊给各层的神经元,求导得到误差梯度,使用梯度下降优化算法来调整神经元的权值。虽然 TensorFlow 工具可以帮助自动求导,我们已经不再需要手工计算梯度,以及编码实现权重参数的优化过程。但是,理解神经网络的反向传播原理仍然有实际意义,可以帮助我们更好地理解神经网络的工作原理,指导编程实现。

　　本章首先介绍 BP 神经网络的基本概念,然后介绍如何使用 Python 来从底层开始实现一个简单的 BP 神经网络,最后介绍如何使用 TensorFlow 来完成同样的功能,并对两种方式进行比较。

3.1 神经网络构件

BP 神经网络也称为全连接神经网络(fully connected neural network)。顾名思义，就是若干网络节点按照所处的层次，每个节点都将上一层全部节点的输出当作自己的输入，然后进行数据处理，最后输出到下一层的每一个节点。

神经网络由大量的节点(或称"神经元"或"单元")和节点相互连接而构成，每个节点代表对输入的数据进行处理。通常有一种特定的输出函数，称为激活函数(activation function)或激励函数。每两个节点间的连接都代表一个对于通过该连接信号的加权值，称之为权重 w 和偏置 b，这相当于神经网络的记忆。给定输入后，网络的连接方式、权重值和激活函数决定了网络的输出。

3.1.1 神经元

神经元(neuron)是神经网络的基础构件，也称为激活单元(activation unit)，每一个神经元都可以是一个独立的学习模型。图 3.1 所示为一个神经元，它有三个输入特征—— x_1、x_2 和 x_3，另外，还有一个恒为 1 的 x_0，x_0 也称为偏置单元(bias unit)，一般不用画出该单元。输入特征与神经元之间的连接就是神经元的参数，称为权重(weight)，可用小写英文字符 w 表示。一般把权重项 w 和截距项 b 分开进行处理。

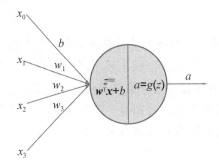

图 3.1 神经元

对于图 3.1 所示的神经元，x_0 恒为 1，$x = \begin{bmatrix} x_1 & x_2 & x_3 \end{bmatrix}^T$，$w = \begin{bmatrix} w_1 & w_2 & w_3 \end{bmatrix}^T$。

图 3.1 中把神经元划分为两个计算单元，第一个单元为加权求和计算，第二个单元为激活函数。加权求和计算用公式表示为

$$z = w_1 x_1 + w_2 x_2 + w_3 x_3 + b \qquad (3-1)$$

将式(3-1)用向量可表示为

$$z = \mathbf{w}^{\mathrm{T}} \mathbf{x} + b \qquad (3-2)$$

激活函数引入非线性特性，它将输入信号转换成输出信号。激活函数在神经元中加入非线性因素，这使得神经网络适合解决较为复杂的问题。激活函数的公式为

$$a = g(z) \qquad (3-3)$$

激活函数 g 有多种形式，常用激活函数有 Sigmoid 函数、Tanh 函数、ReLU 函数和 Leaky ReLU 函数。

在神经网络中，输入特征可以是其他神经元的输出，这样可以将多个神经元级联，完成更复杂的功能。要注意的是，由于神经网络里多层多个神经元相连，权重变成一个矩阵，而偏置变成一个向量，因此使用大写的粗体 $\boldsymbol{W}$ 来替换单一神经元的 $\boldsymbol{w}$，用粗体 $\boldsymbol{b}$ 来替换单一神经元的 b，并且需要指定所在的层，详见后文。

神经元也可以不使用非线性的激活函数，相当于 $a = g(z) = z$，这样，每一层的输出都是上一层的线性函数，容易验证，无论神经网络采用多少层，最终的输出都是输入的线性组合，多层与单层的效果相当，无法实现更为复杂的功能。

3.1.2　激活函数

神经网络需要决定隐藏层和输出层各使用哪种激活函数，了解各种激活函数的使用效果，有助于帮助选择合适的激活函数。

1. Sigmoid 函数

Sigmoid 函数是常用的 S 型激活函数，也称为 Logistic 函数，它具有单调递增的性质，将较大范围内变化的连续值输入变量映射到[0,+1]之间，很好地满足了二元分类假设函数的预测值范围。Sigmoid 函数 g 采用如下表达式：

$$g(z) = \mathrm{sigmoid}(z) = \frac{1}{1 + \mathrm{e}^{-z}} \qquad (3-4)$$

图 3.2 所示为 Sigmoid 函数的图像，它由 plot_sigmoid.py 绘制。Sigmoid 函数是对阶跃函数的一个很好的近似，当输入大于零时，输出趋近于 1；当输入小于零时，输出趋近于 0；当输入为 0 时，输出刚好为 0.5。Sigmoid 函数的斜率在 0 附近的值最大；而在远离 0 的两端的值很小，趋近于 0。

Sigmoid 函数很好地模拟了阶跃函数，不同点在于它连续且光滑，严格单调递增，还以 $(0, 0.5)$ 中心点对称，容易求导，其导数为 $g' = g(z)\big(1 - g(z)\big)$。

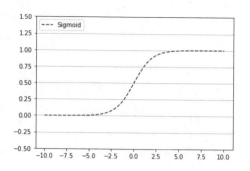

图 3.2　Sigmoid 函数的图像

Sigmoid 函数常用作二元分类神经网络的输出层激活函数。

2. Tanh 函数

Tanh 激活函数也称为双曲正切函数(hyperbolic tangent function)，也是一种 S 型激活函数。Tanh 函数与 Sigmoid 函数相似，它能将较大范围内变化的连续值输入变量映射到区间 $[-1,+1]$ 的输出值。Tanh 函数 f 采用如下表达式：

$$f(z) = \tanh(z) = \frac{e^z - e^{-z}}{e^z + e^{-z}} \tag{3-5}$$

Tanh 函数图像如图 3.3 所示，它由 plot_tanh.py 绘制。可以将 Tanh 函数视为 Sigmoid 函数的变体，它是放大并平移的 Sigmoid 函数，且有 $f(z) = 2g(2z) - 1$。

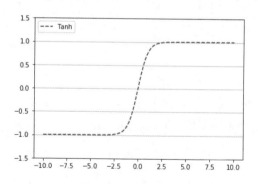

图 3.3　Tanh 函数

Tanh 函数的导数为 $f'(z) = 1 - \left(f(z)\right)^2$。

Tanh 函数关于圆点对称，是 0 均值的。神经网络中间层的神经元可采用 Tanh 函数替代 Sigmoid 函数，这样可以得到更好的性能。由于 Sigmoid 函数和 Tanh 函数的两端都存在饱和区，激活函数值在饱和区变化过于缓慢，导数趋于 0，从而引发梯度消失问题而导致深层网络训练非常缓慢甚至无法训练。

3. ReLU 函数

ReLU(Rectified Linear Unit，修正线性单元)激活函数在输入值小于 0 时，输出值为 0；在输出值大于 0 时，输出值为输入值。ReLU 激活函数采用如下表达式：

$$\text{ReLU}(z) = \max(0, z) \tag{3-6}$$

ReLU 函数的图像如图 3.4 所示，它由 plot_relu.py 绘制。图中还有 ReLU 函数的一种变体——ReLU6 函数，它在 ReLU 函数的基础上对上界设限，即设置一个上限 6。ReLU6 函数的表达式为 $\text{ReLU6}(z) = \min(\max(0, z), 6)$。

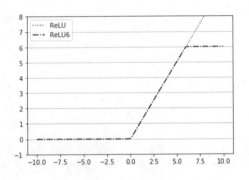

图 3.4　ReLU 函数

ReLU 函数看起来不像一个非线性函数，因为它的每一段都是线性的，但实际上的确是非线性函数，可以构建深层网络。ReLU 函数的导数要么为 1，要么为 0，计算简单，速度快，已经证明使用 ReLU 函数的随机梯度下降 SGD 优化算法的收敛速度比 Sigmoid 和 Tanh 函数快，因此在大多数时候都应优先采用 ReLU 函数。ReLU 函数的最大缺点就是训练时容易"死亡"，一些神经元不会被激活，从而无法更新参数。可能有两种原因导致这种情况，一是不好的参数初始化，二是优化算法的学习率设置过大。一般可采用 Xavier 初始化方法，以及避免学习率过大的手段予以解决。

4. Leaky ReLU 函数

ReLU 函数将所有负值输入的输出都设为 0 值，这样就会导致神经元不能更新参数，也就是不再学习。为了克服这一缺点，在 ReLU 函数的负半区间引入一个 Leaky 值，这样就给负值输入赋一个较小的非零斜率值，这就是 Leaky ReLU 函数。Leaky ReLU 激活函数的表达式如下：

$$\text{Leaky ReLU}(z) = \max(\alpha z, z) \tag{3-7}$$

其中，α 为很小值的常数。当 $z<0$ 时，有 Leaky ReLU$(z)=\alpha z$。这样就避免了在输入为负时神经元无法学习的弊端。由于种种原因，尽管 Leaky ReLU 函数比 ReLU 函数效果要好，但实际上 Leaky ReLU 函数并没有 ReLU 函数用得普遍。

ReLU 函数的另一种变体为 ELU(Exponential Linear Unit，指数线性单元)函数。ELU 函数的负半区间引入指数，能让激活函数对输入变化具有鲁棒性，但函数含有指数项增加了计算复杂度。ELU 激活函数的表达式如下：

$$\text{ELU}(z) = \begin{cases} \alpha(e^z - 1), & z \leqslant 0 \\ z, & z > 0 \end{cases}$$

Leaky ReLU 和 ELU 函数的图像如图 3.5 所示，它由 plot_leaky_relu.py 绘制。

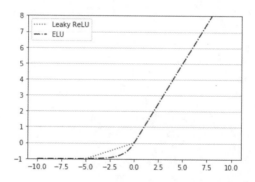

图 3.5　Leaky ReLU 函数和 ELU 函数的图像

5. Softmax 函数

Softmax 函数将多个标量映射为一个概率分布，主要用于多元分类的输出层。

对于 k 个标量 $z_1, z_2, \cdots, z_k$，Softmax 函数定义如下：

$$s_i = \text{softmax}(z_i) = \frac{\exp(z_i)}{\sum_{j=1}^{k} \exp(z_j)}, \quad i = 1, 2, \cdots, k \tag{3-8}$$

Softmax 函数将这 k 个标量 $z_1, z_2, \cdots, z_k$ 转换为一个概率分布：$s_1, s_2, \cdots, s_k$，满足如下的概率的两个性质：

$$0 \leqslant s_i \leqslant 1, \quad i = 1, 2, \cdots, k \quad \text{且} \quad \sum_{j=1}^{k} s_j = 1 \tag{3-9}$$

一般可将 $z_1, z_2, \cdots, z_k$ 写为 k 维向量 $\boldsymbol{z} = [z_1 \ z_2 \ \cdots \ z_k]^\mathrm{T}$，这时，Softmax 函数的输出 $\boldsymbol{s}$ 也是一个向量，即

$$\boldsymbol{s} = \text{softmax}(\boldsymbol{z})$$

$$= \frac{1}{\sum_{j=1}^{k} \exp(z_j)} \begin{bmatrix} \exp(z_1) \\ \exp(z_2) \\ \vdots \\ \exp(z_k) \end{bmatrix} \tag{3-10}$$

Softmax 函数存在一个"冗余"问题，也就是，对于任意 ψ 值，$\text{softmax}\left(\begin{bmatrix} z_1 & z_2 & \cdots & z_k \end{bmatrix}^{\text{T}}\right)$ 与 $\text{softmax}\left(\begin{bmatrix} z_1 - \psi & z_2 - \psi & \cdots & z_k - \psi \end{bmatrix}^{\text{T}}\right)$ 的结果完全一致。容易证明：

$$\text{softmax}\left(\begin{bmatrix} z_1 - \psi & z_2 - \psi & \cdots & z_k - \psi \end{bmatrix}^{\text{T}}\right)$$

$$= \frac{1}{\sum_{j=1}^{k} \exp(z_j - \psi)} \begin{bmatrix} \exp(z_1 - \psi) \\ \exp(z_2 - \psi) \\ \vdots \\ \exp(z_k - \psi) \end{bmatrix}$$

$$= \frac{1}{\sum_{j=1}^{k} \exp(z_j)\exp(-\psi)} \begin{bmatrix} \exp(z_1)\exp(-\psi) \\ \exp(z_2)\exp(-\psi) \\ \vdots \\ \exp(z_k)\exp(-\psi) \end{bmatrix}$$

$$= \frac{1}{\sum_{j=1}^{k} \exp(z_j)} \begin{bmatrix} \exp(z_1) \\ \exp(z_2) \\ \vdots \\ \exp(z_k) \end{bmatrix}$$

$$= \text{softmax}\left(\begin{bmatrix} z_1 & z_2 & \cdots & z_k \end{bmatrix}^{\text{T}}\right)$$

在 Softmax 函数实现中，利用这一性质可以对每一个 $\boldsymbol{z}$ 都减去一个最大值，以避免数值计算溢出。

假设使用交叉熵损失，损失函数 $J = -\sum_i y_i \log s_i$，可以证明 $\dfrac{\partial J}{\partial z_i} = s_i - y_i$。证明如下。

使用链式求导法则，有 $\dfrac{\partial J}{\partial z_i} = \dfrac{\partial J}{\partial s_j} \dfrac{\partial s_j}{\partial z_i}$

$$\frac{\partial J}{\partial s_j} = \frac{\partial \left(-\sum_i y_i \log s_i\right)}{\partial s_j} = -\sum_i y_i \frac{1}{s_i}$$

当 $i = j$ 时，有

$$\frac{\partial s_j}{\partial z_i} = \frac{\partial \left(\dfrac{\exp(z_i)}{\sum_k \exp(z_k)} \right)}{\partial z_i} = \frac{\exp(z_i)\left(\sum_k \exp(z_k) - \exp(z_i)\right)}{\left(\sum_k \exp(z_k)\right)^2} = \frac{\exp(z_i)}{\sum_k \exp(z_k)}\left(1 - \frac{\exp(z_i)}{\sum_k \exp(z_k)}\right)$$

$$= s_i(1 - s_i)$$

当 $i \neq j$ 时，有

$$\frac{\partial s_j}{\partial z_i} = \frac{\partial \left(\dfrac{\exp(z_j)}{\sum_k \exp(z_k)} \right)}{\partial z_i} = \frac{0 - \exp(z_j)\exp(z_i)}{\left(\sum_k \exp(z_k)\right)^2} = -s_j s_i$$

$$\therefore \qquad \frac{\partial J}{\partial z_i} = y_i s_i - y_i + \sum_{i \neq j} y_j s_i = s_i \sum y_j - y_i = s_i - y_i$$

6. 选择正确的激活函数

在了解激活函数的基础上，一般可以凭经验来判断，哪种情况下使用哪一种激活函数。选择合适的激活函数，可以使神经网络更快地收敛。

输出层一般可采用 Sigmoid 和 Softmax 函数。其中，Sigmoid 函数用于二元分类，Softmax 函数用于多元分类。另外，如果不是分类问题而是回归问题，输出层可不使用非线性激活函数，而使用线性函数。

中间层一般采用 ReLU 函数，它是一个通用的激活函数，如果 ReLU 函数结果不佳，再尝试其他激活函数。深层网络一般要避免使用 Sigmoid 和 Tanh 函数，因为这两个函数容易产生梯度消失问题。如果 ReLU 函数的神经网络中出现较多"死"神经元，可以尝试 Leaky ReLU 或 ELU 函数。

3.2 神经网络原理

本节首先介绍神经元、激活函数和神经网络结构等概念，然后介绍神经网络的学习，重点介绍代价函数和反向传播算法。

3.2.1 神经网络表示

我们已经知道，神经元是神经网络的构件，大量神经元按照不同层次关系即可构成神经网络,网络结构可以很复杂。图 3.6 所示为一个 3 层的神经网络,不计输入层。

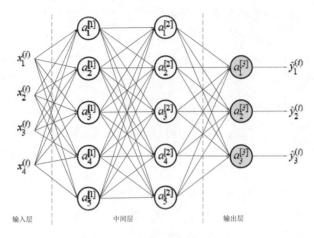

图 3.6 神经网络结构

其中,第一层直接接受原始数据输入,称为输入层,输入层的单元称为输入单元,其数量由数据集的特征个数和数据类型决定。$x_j^{(i)}$ 的上标 (i) 表示第 i 个训练样本,下标 j 表示样本的第 j 个特征。最后一层称为输出层,它负责模型的输出,输出层的单元称为输出单元,其数量由数据集的目标属性的取值个数决定。如果目标属性只有两个取值,即二元分类,则只有一个输出单元;如果目标属性的取值个数大于等于 3,假设为 K,则网络应有 K 个输出单元。位于输入层和输出层之间的层次为中间层,也称为隐藏层,本例有两个隐藏层,它们负责对数据进行处理,并传递给下一层。

神经网络比较复杂,为了清楚地表述问题,本书采用如下符号来描述输入、输出和神经网络。

- N:训练集的样本数量。
- d_x:输入特征数量。
- d_y:输出大小,即类别数。
- $X \in \mathbf{R}^{d_x \times N}$:输入矩阵。
- $x^{(i)} \in \mathbf{R}^{d_x}$:第 i 个样本输入数据,表示列向量。
- $Y \in \mathbf{R}^{d_y \times N}$:标签矩阵。
- $y^{(i)} \in \mathbf{R}^{d_y}$:第 i 个样本的真实输出标签。
- $\hat{y}^{(i)} \in \mathbf{R}^{d_y}$:第 i 个样本的预测输出标签,也可以表示为网络最后一层的输出向量 $a^{[L]}$。

- L：网络的层数，本例的 L 为 3。将输入层视为第 0 层，不计入网络的层数。

- $d^{[l]}$：第 l 层中不包括偏置单元的神经元数量。在循环中，可以标记 $d_x = d^{[0]}$，$d_y = d^{[L]}$。

- $a_i^{[l]}$：第 l 层的第 i 个神经元的输出。

- $a_0^{[l]}$：第 l 层到第 $l+1$ 层的偏置，取值恒为 1。

- $a^{[l]} \in \mathbf{R}^{d^{[l]}}$：第 l 层激活函数的输出向量。

- $W^{[l]} \in \mathbf{R}^{d^{[l]} \times d^{[l-1]}}$：第 l 层的权重矩阵，矩阵的行数为第 l 层神经元的数量，列数为第 $l-1$ 层神经元的数量。例如，图 3.6 中的 $W^{[1]}$ 为第一层的权重矩阵，该矩阵有 5 行 4 列。

- $b^{[l]} \in \mathbf{R}^{d^{[l]}}$：第 l 层的偏置向量。

- $b_i^{[l]} \in \mathbf{R}$：第 l 层的偏置向量的第 i 维标量。

- $W_{ij}^{[l]}$：权重矩阵 $W^{[l]}$ 的第 i 行第 j 列元素，是第 $l-1$ 层第 j 个单元与第 l 层第 i 个单元之间连接的权重。

- $z_i^{[l]}$：表示第 l 层第 i 个单元的输入，为上一层输出的加权累加和。例如，本例第二层第一个单元的输入为：$z_1^{[2]} = b_1^{[1]} + W_{11}^{(2)} a_1^{[1]} + W_{12}^{(2)} a_2^{[1]} + W_{13}^{(2)} a_3^{[1]} + W_{14}^{(2)} a_4^{[1]} + W_{15}^{(2)} a_5^{[1]}$。

- $z^{[l]} \in \mathbf{R}^{d^{[l]}}$：表示第 l 层的输入向量，$z^{[l]} = [z_1^{[l]} \ z_2^{[l]} \ \cdots \ z_{n^{(l)}}^{[l]}]^{\mathrm{T}}$。

3.2.2 前向传播

前向传播就是已知输入矩阵 X、网络结构和参数，计算网络预测输出矩阵 $\hat{Y}$ 的过程。下面以图 3.6 所示的神经网络为例，讨论如何计算输出。为了简单，先讨论一个样本的情形，然后扩展到同时处理多个样本。

1. 单个样本输入的前向传播

先讨论已知输入第 i 个样本 $x^{(i)}$、网络结构和参数，计算网络预测输出 $\hat{y}^{(i)}$ 的过程。

从第一层隐藏层的第 1 个神经元开始计算，按照神经元的计算方式，分两步计算。

第一步，计算 $z_1^{[1]}$，公式为

$$z_1^{[1]} = w_1^{[1]\mathrm{T}} x^{(i)} + b_1^{[1]} \tag{3-11}$$

这里的 $w_1^{[1]} = \begin{bmatrix} w_1^{[1]} & w_2^{[1]} & w_3^{[1]} & w_4^{[1]} \end{bmatrix}^{\mathrm{T}}$，是 4 个输入单元到第一层第 1 个神经元的全部 4 个连接的权重。

第二步，使用激活函数计算 $a_1^{[1]}$，公式为

$$a_1^{[1]} = g^{[1]}\left(z_1^{[1]}\right) \tag{3-12}$$

其中，$g^{[1]}$ 是第一层的激活函数。

按照同样的方法，第一层的其他神经元的计算过程如下：

$$z_2^{[1]} = \boldsymbol{w}_2^{[1]\mathrm{T}}\boldsymbol{x}^{(i)} + b_2^{[1]}, \quad a_2^{[1]} = g^{[1]}\left(z_2^{[1]}\right)$$

$$z_3^{[1]} = \boldsymbol{w}_3^{[1]\mathrm{T}}\boldsymbol{x}^{(i)} + b_3^{[1]}, \quad a_3^{[1]} = g^{[1]}\left(z_3^{[1]}\right)$$

$$z_4^{[1]} = \boldsymbol{w}_4^{[1]\mathrm{T}}\boldsymbol{x}^{(i)} + b_4^{[1]}, \quad a_4^{[1]} = g^{[1]}\left(z_4^{[1]}\right) \tag{3-13}$$

$$z_5^{[1]} = \boldsymbol{w}_5^{[1]\mathrm{T}}\boldsymbol{x}^{(i)} + b_5^{[1]}, \quad a_5^{[1]} = g^{[1]}\left(z_5^{[1]}\right)$$

以此类推，第二层神经元的计算过程如下：

$$z_1^{[2]} = \boldsymbol{w}_1^{[2]\mathrm{T}}\boldsymbol{a}^{[1]} + b_1^{[2]}, \quad a_1^{[2]} = g^{[2]}\left(z_1^{[2]}\right)$$

$$z_2^{[2]} = \boldsymbol{w}_2^{[2]\mathrm{T}}\boldsymbol{a}^{[1]} + b_2^{[2]}, \quad a_2^{[2]} = g^{[2]}\left(z_2^{[2]}\right)$$

$$z_3^{[2]} = \boldsymbol{w}_3^{[2]\mathrm{T}}\boldsymbol{a}^{[1]} + b_3^{[2]}, \quad a_3^{[2]} = g^{[2]}\left(z_3^{[2]}\right) \tag{3-14}$$

$$z_4^{[2]} = \boldsymbol{w}_4^{[2]\mathrm{T}}\boldsymbol{a}^{[1]} + b_4^{[2]}, \quad a_4^{[2]} = g^{[2]}\left(z_4^{[2]}\right)$$

$$z_5^{[2]} = \boldsymbol{w}_5^{[2]\mathrm{T}}\boldsymbol{a}^{[1]} + b_5^{[2]}, \quad a_5^{[2]} = g^{[2]}\left(z_5^{[2]}\right)$$

其中，$\boldsymbol{a}^{[1]} = \begin{bmatrix} a_1^{[1]} & a_2^{[1]} & a_3^{[1]} & a_4^{[1]} & a_5^{[1]} \end{bmatrix}^{\mathrm{T}}$。

输出层神经元的计算过程如下：

$$z_1^{[3]} = \boldsymbol{w}_1^{[3]\mathrm{T}}\boldsymbol{a}^{[2]} + b_1^{[3]}, \quad \hat{y}_1 = a_1^{[3]} = g^{[3]}\left(z_1^{[3]}\right)$$

$$z_2^{[3]} = \boldsymbol{w}_2^{[3]\mathrm{T}}\boldsymbol{a}^{[2]} + b_2^{[3]}, \quad \hat{y}_2 = a_2^{[3]} = g^{[3]}\left(z_2^{[3]}\right) \tag{3-15}$$

$$z_3^{[2]} = \boldsymbol{w}_3^{[2]\mathrm{T}}\boldsymbol{a}^{[2]} + b_3^{[2]}, \quad \hat{y}_3 = a_3^{[3]} = g^{[3]}\left(z_3^{[3]}\right)$$

其中，$\boldsymbol{a}^{[2]} = \begin{bmatrix} a_1^{[2]} & a_2^{[2]} & a_3^{[2]} & a_4^{[2]} & a_5^{[2]} \end{bmatrix}^{\mathrm{T}}$。

按照上述方式，可以计算任意层数和结构的神经网络输出，但是，这种用循环来完成的计算方式很低效，需要用向量化的方式来提高计算效率。向量化就是将神经网络中的各层神经元的权重参数沿纵向进行堆积的过程，例如，第一个隐藏层的权重参数 $\boldsymbol{w}$ 堆积成为 5 行 4 列的矩阵 $\boldsymbol{W}^{[1]}$，注意到这里的 $\boldsymbol{W}$ 是大写粗体字母，表示矩阵。公式(3-11)和公式(3-13)就可以向量化为

$$\begin{bmatrix} z_1^{[1]} \\ z_2^{[1]} \\ z_3^{[1]} \\ z_4^{[1]} \\ z_5^{[1]} \end{bmatrix} = \begin{bmatrix} - & \boldsymbol{W}_1^{[1]\mathrm{T}} & - \\ - & \boldsymbol{W}_2^{[1]\mathrm{T}} & - \\ - & \boldsymbol{W}_3^{[1]\mathrm{T}} & - \\ - & \boldsymbol{W}_4^{[1]\mathrm{T}} & - \\ - & \boldsymbol{W}_5^{[1]\mathrm{T}} & - \end{bmatrix} \times \begin{bmatrix} x_1^{(i)} \\ x_2^{(i)} \\ x_3^{(i)} \end{bmatrix} + \begin{bmatrix} b_1^{[1]} \\ b_2^{[1]} \\ b_3^{[1]} \\ b_4^{[1]} \\ b_5^{[1]} \end{bmatrix} \tag{3-16}$$

$$\begin{bmatrix} a_1^{[1]} \\ a_2^{[1]} \\ a_3^{[1]} \\ a_4^{[1]} \\ a_5^{[1]} \end{bmatrix} = g^{[1]} \left(\begin{bmatrix} z_1^{[1]} \\ z_2^{[1]} \\ z_3^{[1]} \\ z_4^{[1]} \\ z_5^{[1]} \end{bmatrix} \right) \tag{3-17}$$

公式(3-16)和公式(3-17)可以进一步简化为

$$z^{[1]} = \boldsymbol{W}^{[1]} \boldsymbol{x}^{(i)} + \boldsymbol{b}^{[1]}, \quad \boldsymbol{a}^{[1]} = g^{[1]} \left(\boldsymbol{z}^{[1]} \right) \tag{3-18}$$

公式(3-14)和公式(3-15)可以分别简化为

$$z^{[2]} = \boldsymbol{W}^{[2]} \boldsymbol{a}^{[1]} + \boldsymbol{b}^{[2]}, \quad \boldsymbol{a}^{[2]} = g^{[2]} \left(\boldsymbol{z}^{[2]} \right) \tag{3-19}$$

$$z^{[3]} = \boldsymbol{W}^{[3]} \boldsymbol{a}^{[2]} + \boldsymbol{b}^{[3]}, \quad \hat{\boldsymbol{y}}^{(i)} = \boldsymbol{a}^{[3]} = g^{[3]} \left(\boldsymbol{z}^{[3]} \right) \tag{3-20}$$

如果把输入 $\boldsymbol{x}^{(i)}$ 视为 $\boldsymbol{a}^{[0]}$，$\hat{\boldsymbol{y}}^{(i)}$ 视为 $\boldsymbol{a}^{[3]}$，则可以得到如下的通用激活函数计算公式

$$z^{[l]} = \boldsymbol{W}^{[l]} \boldsymbol{a}^{[l-1]} + \boldsymbol{b}^{[l]}, \quad \boldsymbol{a}^{[l]} = g^{[l]} \left(\boldsymbol{z}^{[l]} \right) \tag{3-21}$$

公式(3-21)也可以合写为

$$\boldsymbol{a}^{[l]} = g^{[l]} \left(\boldsymbol{W}^{[l]} \boldsymbol{a}^{[l-1]} + \boldsymbol{b}^{[l]} \right) \tag{3-22}$$

$g^{[l]}$ 表示第 l 层的激活函数，可以是 3.1.2 节的任意激活函数。根据手上问题是二元分类还是多元分类，最后一层的激活函数分别是 Sigmoid 和 Softmax，用公式表示为

$$\hat{\boldsymbol{y}}^{(i)} = \text{sigmoid} \left(\boldsymbol{W}^{[L]} \boldsymbol{a}^{[L-1]} + \boldsymbol{b}^{[L]} \right) \tag{3-23}$$

$$\hat{\boldsymbol{y}}^{(i)} = \text{softmax} \left(\boldsymbol{W}^{[L]} \boldsymbol{a}^{[L-1]} + \boldsymbol{b}^{[L]} \right) \tag{3-24}$$

2. 多个样本输入的前向传播

我们已经了解到如何使用前向传播在神经网络上计算单个样本的预测值，但如果需要同时计算多个样本的预测值，使用 for 循环计算的普通方式代价太大。我们希望能够将多个训练样本向量化，一次计算出结果。

为此，我们必须考虑神经网络中神经元的样本序号，引入 $a_j^{[l](i)}$ 来表示第 l 层第 j 个神经元对第 i 个训练样本的输出，可将图 3.6 重新表示为图 3.7。

如果使用非向量化的实现，对于任意训练样本 $\boldsymbol{x}^{(i)}$，需要循环执行如下三个公式。

$$z^{[1](i)} = \boldsymbol{W}^{[1]} \boldsymbol{x}^{(i)} + \boldsymbol{b}^{[1]}, \quad \boldsymbol{a}^{[1](i)} = g^{[1]} \left(\boldsymbol{z}^{[1](i)} \right) \tag{3-25}$$

$$z^{[2](i)} = \boldsymbol{W}^{[2]} \boldsymbol{a}^{[1](i)} + \boldsymbol{b}^{[2]}, \quad \boldsymbol{a}^{[2](i)} = g^{[2]} \left(\boldsymbol{z}^{[2](i)} \right) \tag{3-26}$$

$$z^{[3](i)} = \boldsymbol{W}^{[3]} \boldsymbol{a}^{[2](i)} + \boldsymbol{b}^{[3]}, \quad \hat{\boldsymbol{y}}^{(i)} = \boldsymbol{a}^{[3](i)} = g^{[3]} \left(\boldsymbol{z}^{[3](i)} \right) \tag{3-27}$$

其中，上标 (i) 表示网络节点的输入 z 和输出 a 都依赖于第 i 个训练样本。

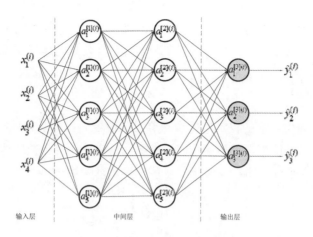

图 3.7　新表示法的神经网络

现在假设要同时计算 n 个训练样本，令

$$X = \begin{bmatrix} | & | & \cdots & | \\ x^{(1)} & x^{(2)} & \cdots & x^{(n)} \\ | & | & \cdots & | \end{bmatrix} \tag{3-28}$$

$$Z^{[l]} = \begin{bmatrix} | & | & \cdots & | \\ z^{[l](1)} & z^{[l](2)} & \cdots & z^{[l](n)} \\ | & | & \cdots & | \end{bmatrix} \tag{3-29}$$

$$A^{[l]} = \begin{bmatrix} | & | & \cdots & | \\ a^{[l](1)} & a^{[l](2)} & \cdots & a^{[l](n)} \\ | & | & \cdots & | \end{bmatrix} \tag{3-30}$$

定义矩阵 X 为 n 个训练样本按列进行组合而成的矩阵，神经网络各层的 $Z^{[l]}$ 和 $A^{[l]}$ 也照此进行处理。$Z^{[l]}$ 和 $A^{[l]}$ 都是二维矩阵，各列对应各个样本，各行对应神经网络中的各个神经元。

这样，通过把 n 个训练样本和各层的 $Z^{[l]}$ 和 $A^{[l]}$ 都堆叠成矩阵，就可以实现多个样本输入的前向传播。具体公式如下：

$$Z^{[1]} = W^{[1]}X + b^{[1]}, \quad A^{[1]} = g^{[1]}\left(Z^{[1]}\right) \tag{3-31}$$

$$Z^{[2]} = W^{[2]}A^{[1]} + b^{[2]}, \quad A^{[2]} = g^{[2]}\left(Z^{[2]}\right) \tag{3-32}$$

$$Z^{[3]} = W^{[3]}A^{[2]} + b^{[3]}, \quad \hat{Y} = A^{[3]} = g^{[3]}\left(Z^{[3]}\right) \tag{3-33}$$

细心的读者也许注意到，在公式 $Z^{[l]} = W^{[l]}A^{[l-1]} + b^{[l]}$ 中，$W^{[l]}A^{[l-1]}$ 的求值结果是一个矩阵，而 $b^{[l]}$ 为一个向量，满足列向量 $b^{[l]}$ 与 $W^{[l]}A^{[l-1]}$ 结果矩阵的列向量的 shape 相同的条件。

Python 有一种广播机制，专门对这种类似的情况进行处理，矩阵与向量相加的广播机制是，将向量与矩阵的每一列相加。因此上述三个公式是前向传播的正确实现。

3.2.3 代价函数

为了训练神经网络每层的权重矩阵参数 $\boldsymbol{W}^{[l]}$ 和偏置向量参数 $\boldsymbol{b}^{[l]}$ ($l=1,2,\cdots,L$)，需要一个代价函数，通过调整权重矩阵和偏置向量参数的值来使代价函数值达到最优。

解决分类问题的神经网络一般采用交叉熵代价函数(cross-entropy cost function)，单个样本且只有一个类别的代价为 $-y\log\hat{y}$ ，N 个样本 k 个类别的代价就是其平均值，公式如下：

$$J_{CE}(\hat{y},y)=-\frac{1}{N}\sum_{i=1}^{N}\sum_{j=1}^{k}y_j^{(i)}\log\hat{y}_j^{(i)} \qquad (3\text{-}34)$$

其中，$\log$ 为自然对数。尽管数学中常用 $\ln$ 表示自然对数，但由于很多软件都把 $\log$ 作为求自然对数的函数名，且很多本领域的书籍也这样用，因此本书沿用这个习惯，不再赘述。

当真实标签 y 为 0 时，$-y\log\hat{y}$ 的值等于 0，因此只有当真实标签 y 为 1 时，才有必要讨论 $-y\log\hat{y}$，其函数图像如图 3.8 所示，如果预测标签 $\hat{y}$ 也为 1，则代价为 0，否则代价随着 $\hat{y}$ 的减小而增大。

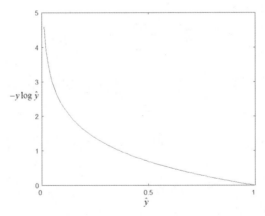

图 3.8　真实标签 y 为 1 时 $-y\log\hat{y}$ 的图像

实践证明，交叉熵代价函数的训练效果比较好，因此得到广泛的应用。

3.2.4 梯度下降

梯度下降法是一种用于求函数最小值的算法，其基本思想是：随机选取一组参数初值，计算代价 $J(\theta)$，然后寻找能让代价在数值上下降最多的另一组参数，反复迭代直到达到一个局部最优。由于没有尝试所有的参数组合，因此无法确定是否就是全局最优。如果选择不同的一组初始参数，可能找到不同的局部最优值。

　　梯度下降法通常也称为最速下降法，用下山的过程来类比最为恰当。想象一下正站在群山的某一点上，要最快达到最低点，会经历怎样的过程？首先要做的是环顾 360°，看看四周，哪个方向下降的坡度最大。然后按照自己的判断迈出一步。重复上述步骤，再迈出下一步，反复迭代，直到接近最低点为止。

　　神经网络的代价函数可用式(3-35)表示：

$$J(\theta) = \frac{1}{N} \sum_{i=1}^{N} \text{loss}(\hat{y}^{(i)}, y^{(i)}) \tag{3-35}$$

其中，$\text{loss}(\hat{y}^{(i)}, y^{(i)})$ 表示样本 i 的损失。如果使用交叉熵损失，则 $\text{loss}(\hat{y}^{(i)}, y^{(i)}) = -\sum_{j=1}^{k} y_j^{(i)} \log \hat{y}_j^{(i)}$。

因此式(3-35)与式(3-34)是一致的，只是 $J_{CE}(\hat{y}, y)$ 强调代价是用预测输出 $\hat{y}$ 和真实输出 y 计算而得；而 $J(\theta)$ 强调代价是 θ 的函数，当网络参数 θ 确定以后，给定输入 x 就能预测输出 $\hat{y}$，从而得到代价。

　　对于图 3.6 所示的三层神经网络，参数有 $W^{[1]}$、$b^{[1]}$、$W^{[2]}$、$b^{[2]}$、$W^{[3]}$ 和 $b^{[3]}$，这些参数的集合为 θ，即 $\theta = \{W^{[l]}, b^{[l]} | l = 1, 2, 3\}$。还有一些超参数，如，$L$ 表示网络的层数，d_x 表示输入特征数，$d^{[1]}$ 和 $d^{[2]}$ 分别表示第 1 层和第 2 层的隐藏单元数，$d^{[3]}$ 表示输出单元数。$W^{[1]}$ 是 $d^{[1]} \times d_x$ 的矩阵，$b^{[1]}$ 是 $d^{[1]}$ 维的向量，$W^{[2]}$ 是 $d^{[2]} \times d^{[1]}$ 的矩阵，$b^{[2]}$ 是 $d^{[2]}$ 维的向量，$W^{[3]}$ 是 $d^{[3]} \times d^{[2]}$ 的矩阵，$b^{[3]}$ 是 $n^{[3]}$ 维的向量。可以将 θ 视为把 $W^{[1]}$、$b^{[1]}$、$W^{[2]}$、$b^{[2]}$、$W^{[3]}$ 和 $b^{[3]}$ 拉伸而成的向量，即 $\theta = [\theta_1 \quad \theta_2 \quad \cdots \quad \theta_m]^T$，梯度下降就是迭代求解 θ 中各个元素的最优组合。

　　梯度下降算法如算法 3.1 所示。

算法 3.1　梯度下降算法

函数：GradientDescent (θ, α)
输入：初始参数 θ，学习率 α
输出：最小化 $J(\theta)$ 的参数 θ

do
　　for 每一个参数 θ_i **do**
　　　　// 同时更新每一个 θ_i

　　　　$\theta_i = \theta_i - \eta \dfrac{\partial}{\partial \theta_i} J(\theta)$

　　end for
until 收敛
return θ ;

算法中的 η 为学习率，它决定每次迭代时沿着负梯度方向下降的步幅的大小。在每次下降中，同时让所有的参数都减去学习率与代价函数导数的乘积。梯度下降需要手工设置学习率 η，如果 η 设置得过小，收敛会非常慢；如果 η 设置得过大，可能会跳过最低点，导致算法无法收敛，甚至发散。

梯度下降实现时要注意一个小问题，就是需要同时更新每个 θ_i，不能依次更新。这可以通过使用临时变量来暂存待更新的 θ_i，或者使用矩阵运算来一次更新每个 θ_i。

3.2.5 反向传播

对于多层神经网络，输出层可以根据预测输出与真实输出之差(误差)来更新参数，但不能直接将这种方法应用于输出层之前的隐藏层，因为我们不知道隐藏层的误差。只能将误差反向传播至隐藏层，然后再应用梯度下降算法。

BP(Back Propagation，反向传播)算法是误差反向传播算法的简称，它首先计算输出层的误差[①]，然后依次一层一层地反向求出各层的误差，直到第一层。

下面以图 3.6 为例来说明反向传播算法。为了简单，略去了公式的推导过程，只说明实现 BP 算法的足够知识。

首先使用前向传播方法由输入矩阵 $\boldsymbol{X}$ 计算输出矩阵 $\hat{\boldsymbol{Y}}$，重新列出所需公式如下。

$$\boldsymbol{Z}^{[1]} = \boldsymbol{W}^{[1]}\boldsymbol{X} + \boldsymbol{b}^{[1]}, \quad \boldsymbol{A}^{[1]} = g^{[1]}\left(\boldsymbol{Z}^{[1]}\right)$$

$$\boldsymbol{Z}^{[2]} = \boldsymbol{W}^{[2]}\boldsymbol{A}^{[1]} + \boldsymbol{b}^{[2]}, \quad \boldsymbol{A}^{[2]} = g^{[2]}\left(\boldsymbol{Z}^{[2]}\right)$$

$$\boldsymbol{Z}^{[3]} = \boldsymbol{W}^{[3]}\boldsymbol{A}^{[2]} + \boldsymbol{b}^{[3]}, \quad \hat{\boldsymbol{Y}} = \boldsymbol{A}^{[3]} = g^{[3]}\left(\boldsymbol{Z}^{[3]}\right)$$

引入 $\mathrm{d}\boldsymbol{Z}^{[l]}$、$\mathrm{d}\boldsymbol{W}^{[l]}$ 和 $\mathrm{d}\boldsymbol{b}^{[l]}$ 表示符，分别表示对代价 J 求关于 $\boldsymbol{Z}^{[l]}$、$\boldsymbol{W}^{[l]}$ 和 $\boldsymbol{b}^{[l]}$ 的偏导数，即

$$\mathrm{d}\boldsymbol{Z}^{[l]} = \frac{\Delta J}{\Delta \boldsymbol{Z}^{[l]}} \tag{3-36}$$

$$\mathrm{d}\boldsymbol{W}^{[l]} = \frac{\Delta J}{\Delta \boldsymbol{W}^{[l]}} \tag{3-37}$$

$$\mathrm{d}\boldsymbol{b}^{[l]} = \frac{\Delta J}{\Delta \boldsymbol{b}^{[l]}} \tag{3-38}$$

其中，上标 l 表示神经网络的层。$\mathrm{d}\boldsymbol{Z}^{[l]}$、$\mathrm{d}\boldsymbol{W}^{[l]}$ 和 $\mathrm{d}\boldsymbol{b}^{[l]}$ 的维度应分别与 $\boldsymbol{Z}^{[l]}$、$\boldsymbol{W}^{[l]}$ 和 $\boldsymbol{b}^{[l]}$ 的维度一致。

---

① 这里的误差不是通常所说的含义，而是运算公式中某一表达式的简称。不要过分纠结"误差"这一名称。

反向传播的计算过程如下：

$$\mathrm{d}\boldsymbol{Z}^{[3]} = \boldsymbol{A}^{[3]} - \boldsymbol{Y} \tag{3-39}$$

$$\mathrm{d}\boldsymbol{W}^{[3]} = \frac{1}{N}\mathrm{d}\boldsymbol{Z}^{[3]}\boldsymbol{A}^{[2]\mathrm{T}} \tag{3-40}$$

$$\mathrm{d}\boldsymbol{b}^{[3]} = \frac{1}{N}\mathrm{sum1}\left(\mathrm{d}\boldsymbol{Z}^{[3]}\right) \tag{3-41}$$

式(3-41)中的 sum1(.) 运算符表示对矩阵在第一维上相加求和，Python Numpy 的 np.sum 函数就能实现这一功能， sum1(.) 将二维 $m \times n$ 矩阵转换为 $m \times 1$ 的矩阵。

$$\mathrm{d}\boldsymbol{Z}^{[2]} = \boldsymbol{W}^{[3]\mathrm{T}}\mathrm{d}\boldsymbol{Z}^{[3]} * g^{[2]'}\left(\boldsymbol{Z}^{[2]}\right) \tag{3-42}$$

式(3-42)中的 $*$ 表示哈达玛积(Hadamard product)，$g^{[l]'}$ 表示对 l 层的激活函数求导。式 (3-42)也可以分为如下两步计算，$\mathrm{d}\boldsymbol{A}^{[2]} = \boldsymbol{W}^{[3]\mathrm{T}}\mathrm{d}\boldsymbol{Z}^{[3]}$，$\mathrm{d}\boldsymbol{Z}^{[2]} = \mathrm{d}\boldsymbol{A}^{[2]} * g^{[2]'}\left(\boldsymbol{Z}^{[2]}\right)$。

$$\mathrm{d}\boldsymbol{W}^{[2]} = \frac{1}{N}\mathrm{d}\boldsymbol{Z}^{[2]}\boldsymbol{A}^{[1]\mathrm{T}} \tag{3-43}$$

$$\mathrm{d}\boldsymbol{b}^{[2]} = \frac{1}{N}\mathrm{sum1}\left(\mathrm{d}\boldsymbol{Z}^{[2]}\right) \tag{3-44}$$

$$\mathrm{d}\boldsymbol{Z}^{[1]} = \boldsymbol{W}^{[2]\mathrm{T}}\mathrm{d}\boldsymbol{Z}^{[2]} * g^{[1]'}\left(\boldsymbol{Z}^{[1]}\right) \tag{3-45}$$

$$\mathrm{d}\boldsymbol{W}^{[1]} = \frac{1}{N}\mathrm{d}\boldsymbol{Z}^{[1]}\boldsymbol{X}^{\mathrm{T}} \tag{3-46}$$

$$\mathrm{d}\boldsymbol{b}^{[1]} = \frac{1}{N}\mathrm{sum1}\left(\mathrm{d}\boldsymbol{Z}^{[1]}\right) \tag{3-47}$$

计算出 $\mathrm{d}\boldsymbol{W}^{[l]}$ 和 $\mathrm{d}\boldsymbol{b}^{[l]}$，可使用梯度下降算法来对 $\boldsymbol{W}^{[l]}$ 和 $\boldsymbol{b}^{[l]}$ 进行更新，公式如下：

$$\boldsymbol{W}^{[l]} = \boldsymbol{W}^{[l]} - \eta\mathrm{d}\boldsymbol{W}^{[l]} \tag{3-48}$$

$$\boldsymbol{b}^{[l]} = \boldsymbol{b}^{[l]} - \eta\mathrm{d}\boldsymbol{b}^{[l]} \tag{3-49}$$

BP 算法的伪代码如算法 3.2 所示。

⌨ 算法 3.2　BP 算法

函数：BPAlgorithm ($\boldsymbol{X}$, $\boldsymbol{Y}$)
输入：训练集 $\boldsymbol{X}$，标签 $\boldsymbol{Y}$
输出：优化的网络参数 $\boldsymbol{\theta}$

while 终止条件不满足 **do**
$\boldsymbol{A}^{[0]} = \boldsymbol{X}$
　# 使用前向传播算法计算预测输出 $\hat{\boldsymbol{Y}}$。注意保存中间结果 $\boldsymbol{A}^{[l]}$、$\boldsymbol{W}^{[l]}$ 和 $\boldsymbol{b}^{[l]}$ 为 BP 所用
　for l = 1 to L **do**
　　$\boldsymbol{Z}^{[l]} = \boldsymbol{W}^{[l]}\boldsymbol{A}^{[l-1]} + \boldsymbol{b}^{[l]}$

$$A^{[l]} = g^{[l]}\left(Z^{[l]}\right)$$

end for

$$\hat{Y} = A^{[L]}$$

\# 反向传播

for $l = L$ **to** 1 **do**

    if $l == L$ **then**

$$dZ^{[l]} = \hat{Y} - Y$$

    else

$$dZ^{[l]} = W^{[l+1]\mathrm{T}}dZ^{[l+1]} * g^{[l]'}\left(Z^{[l]}\right)$$

    end if

$$dW^{[l]} = \frac{1}{N}dZ^{[l]}A^{[l-1]\mathrm{T}}$$

$$db^{[l]} = \frac{1}{N}\mathrm{sum1}\left(dZ^{[l]}\right)$$

end for

// 更新网络参数

for $l = 1$ **to** L **do**

$$W^{[l]} = W^{[l]} - \eta dW^{[l]}$$

$$b^{[l]} = b^{[l]} - \eta db^{[l]}$$

end for

end while

以上算法考虑使用梯度下降法对网络参数进行优化,具体实现中还需要考虑一些实现细节问题,详见下文。

3.3　BP 神经网络的 Python 实现

脚本 first_numpy_classifier.py 使用 Numpy 实现了一个 BP 神经网络,其功能是对 Fashion-MNIST 数据进行分类。

3.3.1　辅助函数

由于是从底层实现一个神经网络,因此很多简单函数都需要自己编码实现,下面逐一进行说明。

1. 独热码转换

独热码(One-Hot Encoding)常用于预处理，它使用 N 位状态寄存器来对 N 个状态进行编码，每个状态对应一个独立的寄存器位，在任意时刻有且仅有一位状态有效。

Fashion MNIST 数据集一共有 10 个类别，对应神经网络的 10 个输出节点。10 个类别的取值为 0～9，转换为独热码后，只有对应位的取值为 1，其他位都为 0。例如，类别 1 的独热码就是[0 1 0 0 0 0 0 0 0 0]。代码 3.1 实现了 m 维列向量到独热码的转换。enumerate()是 Python 中的内置函数，它将一个可遍历的数据对象组合为一个索引序列，同时列出下标和数据。

代码 3.1　to_onehot 函数

```python
def to_onehot(data, dimension = 10):
    """
    Numpy 实现转换为独热码
    输入参数:
    data -- 二维数据的 Numpy 数组, shape 为(m, 1)
    dimension -- 数据的维度
    返回:
    results -- 独热码结果
    """
    results = np.zeros((len(data), dimension))
    for i, sequence in enumerate(data):
        results[i, sequence] = 1.
    return results
```

2. ReLU 函数

根据 ReLU 函数的定义，直接使用 np.maximum(0, Z)实现该函数。除了返回 ReLU 函数求值结果以外，还返回 cache，用于反向传播计算，如代码 3.2 所示。

代码 3.2　ReLU 函数

```python
def relu(Z):
    """
    Numpy 实现 ReLU 激活函数
    输入参数:
    Z -- 任意 shape 的 Numpy 数组
    返回:
    A -- relu(Z)输出, 与 Z 的 shape 一致
    cache -- 用于反向传播计算
    """
```

```
A = np.maximum(0, Z)
assert(A.shape == Z.shape)
cache = Z
return A, cache
```

3. Softmax 函数

代码 3.3 实现了 Softmax 函数，将向量中的所有值处理到 0～1 之间的类概率值。代码将每一个 Z 都减去一个 max 值，这是因为如果对 Z 值上限不做限制的话，指数函数 np.exp 的 Z 会呈现指数级增长，可能会导致数值溢出。Softmax 函数返回 cache 是为了后续的反向传播计算。

代码 3.3 Softmax 函数

```
def softmax(Z):
    """
    Numpy 实现 softmax 激活函数。每一个 Z 减去一个 max 值是为了避免数值溢出
    输入参数：
    Z -- 二维 Numpy 数组
    返回：
    A -- softmax(Z)输出，与 Z 的 shape 一致
    cache -- 用于反向传播计算
    """
    cache = Z
    Z_rescale = Z - np.max(Z, axis = 0)
    A = np.exp(Z_rescale) / np.sum(np.exp(Z_rescale), axis = 0)

    assert(A.shape == Z.shape)
    return A, cache
```

4. 数据生成器

神经网络的训练数据一般比较大，采用统计完整个训练集再决定如何更新的批量更新方法效率较低，因此通常都采用小批量更新的方法，一次只取出由 batch_size 指定大小的训练样本，根据这一小批量数据来更新网络模型。另外，一般需要打乱样本顺序，这称为样本置乱。代码 3.4 实现一个每次只返回小批量样本 samples 和对应标签 targets 的数据生成器。

代码 3.4 数据生成器

```
def generator(data, labels, batch_size = 32, shuffle = False):
    """
    获取指定 batch_size 的小批量数据的生成器
    输入参数：
```

```
data -- 全部数据的 Numpy 数组, shape 为(dx, N)
labels -- 全部数据的标签, shape 为(dy, N)
batch_size -- 小批量大小
shuffle -- 是否随机置乱
返回:
samples -- 小批量数据, shape 为(dx, batch_size)
labels -- 小批量标签, shape 为(dy, batch_size)
"""
N = data.shape[1]
index = 0   # batch 数据首指针
while True:
    if shuffle:
        cols = np.random.randint(index, N, size = batch_size)
    else:
        if index >= N:
            index = 0
        cols = np.arange(index, min(index + batch_size, N))
        index += len(cols)

    samples = data[:, cols]
    targets = labels[:, cols]

    yield samples, targets
```

5. 初始化网络参数

神经网络需要对每一个参数 $W_{ij}^{[l]}$ 和 $b_i^{[l]}$ 初始化为一个很小的、接近 0 的随机值, 才能使用包括梯度下降法的优化算法对网络参数进行优化。注意, 必须对参数进行随机初始化, 而不能简单地全部设置为 0, 这是因为, 如果所有参数都用相同的值作为初始值, 那么所有隐藏层单元最终会得到与输入值有关的、相同的函数。也就是说, 如果 $W_{ij}^{[l]}$ 都取相同的初始值, 并且 $b_i^{[l]}$ 也取相同的初始值, 那么, 对于任意输入 x, 第 1 个隐藏层都有 $a_1^{[1]} = a_2^{[1]} = a_3^{[1]} = \cdots$, 第 2 层也是如此, 以此类推。而且 BP 算法的梯度也相同, 导致各层的每个神经元学习到的都是相同的权重, 这样的网络与每一层只有一个神经元的网络的效果一样, 网络效率大大降低。随机初始化的目的就是使对称失效, 打破僵局。

代码 3.5 实现了网络参数的随机初始化。np.random.randn 函数用于返回一个或一组服从标准正态分布的随机样本值, 乘以 0.01 使之变得更为接近 0, 用于初始化权重矩阵。偏置向量还是初始化为 0。最后将初始化后的权重矩阵和偏置向量都包装为一个 Python 字典并返回。

⌨ 代码 3.5　初始化网络参数

```
def initialize_parameters(dx, d1, dy):
    """
    初始化网络参数
    输入参数:
    dx -- 输入层节点数
    d1 -- 隐藏层节点数
    dy -- 输出层节点数
    返回:
    parameters -- Python 字典，包含如下参数:
                  W1 -- 权重矩阵 1, shape (d1, dx)
                  b1 -- 偏置向量 1, shape (d1, 1)
                  W2 -- 权重矩阵 2, shape (dy, d1)
                  b2 -- 偏置向量 2, shape (dy, 1)
    """
    # 随机数种子
    np.random.seed(1)
    W1 = np.random.randn(d1, dx) * 0.01
    b1 = np.zeros((d1, 1))
    W2 = np.random.randn(dy, d1) * 0.01
    b2 = np.zeros((dy, 1))
    parameters = {"W1": W1,
                  "b1": b1,
                  "W2": W2,
                  "b2": b2}
    return parameters
```

3.3.2　前向传播实现

前向传播算法使用三个函数来实现。

代码 3.6 所示的 linear_forward 函数实现线性前向传播算法，即计算 $Z = WA + b$，返回结果 Z 和 cache 字典，该字典包含 W、A 和 b，方便随后的反向传播计算。

⌨ 代码 3.6　线性前向传播

```
def linear_forward(A, W, b):
    """
    实现前向传播的线性部分
    输入参数:
    A -- 前一层的激活或输入数据, shape 为(D(1-1), N)
    W -- 权重矩阵, shape 为(D(1), D(1-1))
    b -- 偏置向量, shape 为(D(1), 1)
```

返回:

Z -- 激活函数的输入

cache -- 字典,包含"A" "W"和"b"。保存这些值是为了方便计算反向传播
"""

```
Z = W.dot(A) + b
assert(Z.shape == (W.shape[0], A.shape[1]))
cache = (A, W, b)
return Z, cache
```

代码 3.7 所示的 linear_relu_forward 函数实现线性 ReLU 前向传播算法,首先调用 linear_forward 函数计算 Z,然后调用 ReLU 函数对 Z 进行非线性变换,最后返回前向传播结果和 cache 字典,方便随后的反向传播计算。

代码 3.7　线性 ReLU 前向传播

```
def linear_relu_forward(A_prev, W, b):
    """
    实现 LINEAR->RELU 层的前向传播
    输入参数:
    A_prev -- 前一层的激活或输入数据, shape 为(D(l-1), N)
    W -- 权重矩阵, shape 为(D(l), D(l-1))
    b -- 偏置向量, shape 为(D(l), 1)
    返回:
    A -- 激活函数的输出
    cache -- 字典。包含"linear_cache"和"activation_cache"。保存这些值是为了方便计算
反向传播
    """

    # 输入为"A_prev, W, b",输出为"A, activation_cache"
    Z, linear_cache = linear_forward(A_prev, W, b)
    A, activation_cache = relu(Z)

    assert (A.shape == (W.shape[0], A_prev.shape[1]))
    cache = (linear_cache, activation_cache)
    return A, cache
```

代码 3.8 所示的 linear_softmax_forward 函数实现线性 Softmax 前向传播算法,首先调用 linear_forward 函数计算 Z,然后调用 softmax 函数对 Z 进行非线性变换,计算 $A = \mathrm{soft\,max}(Z)$,最后返回前向传播结果和 cache 字典,方便随后的反向传播计算。

代码 3.8　线性 Softmax 前向传播

```
def linear_softmax_forward(A_prev, W, b):
    """
    实现 LINEAR->SOFTMAX 层的前向传播
    输入参数:
    A_prev -- 前一层的激活或输入数据, shape 为(D(l-1), N)
    W -- 权重矩阵, shape 为(D(l), D(l-1))
    b -- 偏置向量, shape 为(D(l), 1)
    返回:
    A -- 激活函数的输出
    cache -- 字典。包含"linear_cache"和"activation_cache"。保存这些值是为了方便计算
反向传播
    """

    # 输入为"A_prev, W, b", 输出为"A, activation_cache"
    Z, linear_cache = linear_forward(A_prev, W, b)
    A, activation_cache = softmax(Z)

    assert (A.shape == (W.shape[0], A_prev.shape[1]))
    cache = (linear_cache, activation_cache)
    return A, cache
```

3.3.3　反向传播实现

反向传播算法实现起来非常麻烦，容易出错，涉及多个步骤，要小心编码以免出错。

1. 计算代价函数

代码 3.9 所示为计算交叉熵代价函数，计算公式为 $J = -\dfrac{1}{N}\displaystyle\sum_{i=1}^{N}\sum_{j=1}^{k} y_j^{(i)} \log \hat{y}_j^{(i)}$。

代码 3.9　计算代价函数

```
def compute_cost(Yhat, Y):
    """
    实现交叉熵代价函数
    输入参数:
    Yhat -- 预测的标签, shape 为(dy, N) 的概率分布
    Y -- 真实的标签, shape 为(dy, N) 的独热码
    返回:
    cost -- 交叉熵代价
    """
```

```
N = Y.shape[1]  # 样本数

# 计算交叉熵代价
cost = np.sum(- Y * np.log(Yhat)) / N

assert(cost.shape == ())
return cost
```

2. 反向传播函数

代码 3.10 实现神经元线性部分的反向传播，已知参数 $\mathrm{d}\boldsymbol{Z}^{[l]}$，计算 $\mathrm{d}\boldsymbol{W}^{[l]} = \dfrac{1}{N}\mathrm{d}\boldsymbol{Z}^{[l]}\boldsymbol{A}^{[l-1]\mathrm{T}}$、

$\mathrm{d}\boldsymbol{b}^{[l]} = \dfrac{1}{N}\mathrm{sum1}\left(\mathrm{d}\boldsymbol{Z}^{[l]}\right)$ 和 $\mathrm{d}\boldsymbol{A}^{[l-1]} = \boldsymbol{W}^{[l]\mathrm{T}}\mathrm{d}\boldsymbol{Z}^{[l]}$，最后返回 $\mathrm{d}\boldsymbol{A}^{[l-1]}$、$\mathrm{d}\boldsymbol{W}^{[l]}$ 和 $\mathrm{d}\boldsymbol{b}^{[l]}$。

代码 3.10　线性部分反向传播

```
def linear_backward(dZ, cache):
    """
    实现单层反向传播的线性部分
    输入参数：
    dZ -- 关于线性输出的代价梯度
    cache -- 为反向算法计算方便而暂存的字典(A_prev, W, b)
    返回：
    dA_prev -- 关于前一层激活的代价梯度，与 A_prev 的 shape 一致
    dW -- 关于当前层 W 的代价梯度，与 W 的 shape 一致
    db -- 关于当前层 b 的代价梯度，与 b 的 shape 一致
    """
    A_prev, W, b = cache
    N = A_prev.shape[1]

    dW = np.dot(dZ, A_prev.T) / N
    db = np.sum(dZ, axis = 1, keepdims = True) / N
    dA_prev = np.dot(W.T, dZ)

    assert (dA_prev.shape == A_prev.shape)
    assert (dW.shape == W.shape)
    assert (db.shape == b.shape)

    return dA_prev, dW, db
```

ReLU 函数几乎是一个线性函数，$\mathrm{d}\boldsymbol{Z}^{[l]}$ 与 $\mathrm{d}\boldsymbol{A}^{[l]}$ 的值在 $Z^{[l]} > 0$ 时都相等，否则对应的 $\mathrm{d}\boldsymbol{Z}^{[l]}$ 为 0。单个 ReLU 层的反向传播如代码 3.11 所示。

代码 3.11 单个 ReLU 层的反向传播

```python
def relu_backward(dA, cache):
    """
    实现单个 ReLU 层的反向传播
    输入参数：
    dA -- 任意 shape 的 Numpy 数组，激活函数梯度
    cache -- 前向传播时保存的 Z 值
    返回：
    dZ -- 关于 Z 的代价梯度
    """
    Z = cache
    dZ = np.array(dA, copy = True)
    # 当 Z <= 0，则将 dZ 设置为 0
    dZ[Z <= 0] = 0
    assert (dZ.shape == Z.shape)
    return dZ
```

代码 3.12 实现 ReLU 神经元的反向传播，先调用 relu_backward 函数计算单个 ReLU 层的 $dZ^{[l]}$，然后再调用 linear_backward 函数计算神经元线性部分的 $dA^{[l-1]}$、$dW^{[l]}$ 和 $db^{[l]}$。

代码 3.12 ReLU 神经元的反向传播

```python
def linear_relu_backward(dA, cache):
    """
    实现 LINEAR->RELU 层的反向传播
    输入参数：
    dA -- 当前层的激活梯度
    cache -- 为反向算法计算方便而暂存的字典(linear_cache, activation_cache)
    返回：
    dA_prev -- 关于前一层激活的代价梯度
    dW -- 关于当前层权重矩阵的代价梯度
    db -- 关于当前层偏置的代价梯度
    """
    linear_cache, activation_cache = cache

    dZ = relu_backward(dA, activation_cache)
    dA_prev, dW, db = linear_backward(dZ, linear_cache)

    return dA_prev, dW, db
```

Softmax 反向传播仅在最后一层使用代码 3.13 所示的 linear_softmax_backward 函数实现 Softmax 反向传播。从输入参数中获取 dZ 和 linear_cache 参数，然后调用 linear_backward 函数计算神经元线性部分的 $dA^{[l-1]}$、$dW^{[l]}$ 和 $db^{[l]}$。

代码 3.13　Softmax 神经元的反向传播

```
def linear_softmax_backward(dZ, cache):
    """
    实现 LINEAR->SOFTMAX 层的反向传播
    输入参数:
    dZ -- dL / dZ。跳过 dA 的计算
    cache -- 为反向算法计算方便而暂存的字典(linear_cache, activation_cache)
    返回:
    dA_prev -- 关于前一层激活的代价梯度
    dW -- 关于当前层权重矩阵的代价梯度
    db -- 关于当前层偏置的代价梯度
    """
    linear_cache, activation_cache = cache

    dA_prev, dW, db = linear_backward(dZ, linear_cache)

    return dA_prev, dW, db
```

3. 更新网络参数

代码 3.14 实现了神经网络参数更新。计算 $W^{[l]} = W^{[l]} - \alpha \mathrm{d}W^{[l]}$ 和 $b^{[l]} = b^{[l]} - \alpha \mathrm{d}b^{[l]}$，以 Python 字典形式返回更新后的网络参数。

代码 3.14　更新网络参数

```
def update_parameters(parameters, grads, learning_rate):
    """
    使用梯度下降更新网络参数
    输入参数:
    parameters -- Python 字典,包含网络参数
    grads -- Python 字典,包含梯度
    learning_rate -- 学习率
    返回:
    parameters -- 更新后的网络参数
    """
    parameters["W1"] = parameters["W1"] - learning_rate * grads["dW1"]
    parameters["b1"] = parameters["b1"] - learning_rate * grads["db1"]
    parameters["W2"] = parameters["W2"] - learning_rate * grads["dW2"]
    parameters["b2"] = parameters["b2"] - learning_rate * grads["db2"]
    return parameters
```

3.3.4 模型训练和预测

神经网络模型训练如代码 3.15 所示。输入参数为训练数据 X、真实标签 Y、网络结构 layers_dims 和是否每运行 100 次迭代打印代价 print_cost 标志，返回训练好的网络参数 parameters。

在此代码中，先将原始训练集划分为小批量，随机初始化网络参数，然后迭代运行小批量梯度下降算法，最后打印代价和绘制代价历史曲线。

> **代码 3.15　模型训练**

```
def nn_training(X, Y, layers_dims, print_cost = False):
    """
    实现两层的神经网络训练，网络结构为: LINEAR->RELU->LINEAR->SOFTMAX
    输入参数:
    X -- 训练数据, shape 为(dx, N)
    Y -- 训练数据的真实标签, shape 为(dy, N)
    layers_dims -- 网络结构(dx, d1, dy)
    print_cost -- 是否每 100 次小批量训练迭代打印代价
    返回:
    parameters -- 训练好的网络参数, 包含 W1、b1、W2 和 b2
    """

    np.random.seed(1)
    grads = {}
    costs = []      # 记录代价历史
    N = X.shape[1]    # 样本总数
    (dx, d1, dy) = layers_dims

    # 生成器
    gen = generator(X, Y, 32, True)

    batchs = N // batch_size    # 每轮需要多少个小批量
    if N % batch_size != 0:
        batchs += 1 # 防止最后剩余不足 batch_size 的数据

    # 随机初始化网络参数
    parameters = initialize_parameters(dx, d1, dy)

    # 获取网络参数
    W1 = parameters["W1"]
    b1 = parameters["b1"]
    W2 = parameters["W2"]
```

```
b2 = parameters["b2"]

# 迭代运行小批量梯度下降算法
for epoch in range(0, epochs):
    for i in range(0, batchs):
        samples, labels = next(gen)

        # 前向传播，LINEAR -> RELU -> LINEAR -> SOFTMAX
        # 输入"samples、W1、b1"，输出"A1、cache1、A2、cache2"
        A1, cache1 = linear_relu_forward(samples, W1, b1)
        A2, cache2 = linear_softmax_forward(A1, W2, b2)

        # 计算代价
        cost = compute_cost(A2, labels)

        # 反向传播
        dZ2 = A2 - labels
        dA1, dW2, db2 = linear_softmax_backward(dZ2, cache2)
        dA0, dW1, db1 = linear_relu_backward(dA1, cache1)


        # 准备梯度参数，以便更新
        grads['dW1'] = dW1
        grads['db1'] = db1
        grads['dW2'] = dW2
        grads['db2'] = db2

        # 更新网络参数
        parameters = update_parameters(parameters, grads, learning_rate)

        # 从 parameters 中刷新网络参数
        W1 = parameters["W1"]
        b1 = parameters["b1"]
        W2 = parameters["W2"]
        b2 = parameters["b2"]

        # 每 100 次小批量训练迭代打印代价
        it = i + epoch * batchs
        if print_cost and it % 100 == 0:
            print("迭代{}次后的代价：{}".format(it, cost))
        if print_cost and it % 100 == 0:
            costs.append(cost)

# 绘制代价历史曲线
plt.plot(np.squeeze(costs))
plt.ylabel('代价', FontProperties='SimHei')
```

```
plt.xlabel('迭代次数(单位: 100 次)', FontProperties='SimHei')
plt.title("学习率: " + str(learning_rate), FontProperties='SimHei')
plt.show()

return parameters
```

代码 3.16 使用已训练好的网络参数来对给定数据集进行预测，使用前向传播来预测结果，并打印预测准确率。由于 Softmax 输出的是一个概率分布，因此调用 np.argmax 函数将最大概率索引作为预测值。

代码 3.16　模型预测

```
def predict(X, y, parameters):
    """
    神经网络的预测结果
    输入参数:
    X -- 测试集
    parameters -- 训练好的网络参数
    返回:
    predict_label -- 给定测试集 X 的预测结果
    """

    N = X.shape[1]

    W1 = parameters["W1"]
    b1 = parameters["b1"]
    W2 = parameters["W2"]
    b2 = parameters["b2"]

    # 前向传播
    A1, _ = linear_relu_forward(X, W1, b1)
    probs, _ = linear_softmax_forward(A1, W2, b2)

    # 将独热码概率分布转换为 0~9 的预测值
    predict_label = np.argmax(probs, axis = 0)

    print("预测准确率: ", str(np.sum((predict_label == y) / float(N))))

    return probs, predict_label
```

3.3.5　主函数和运行结果

代码 3.17 实现了主函数。主要功能是加载数据集，进行一些简单预处理，然后进行模型训练，最后用训练好的模型预测新样本的标签。

代码 3.17　主函数

```python
def main():
    """ 主函数 """
    np.random.seed(1)

    # 加载数据集
    (train_images, train_labels), (test_images, test_labels) = \
        fashion_mnist.load_data()
    class_names = ['T-shirt/top', 'Trouser', 'Pullover', 'Dress', 'Coat',
        'Sandal', 'Shirt', 'Sneaker', 'Bag', 'Ankle boot']
    # 转换为0~1 范围
    train_images = train_images.astype("float32") / 255
    test_images = test_images.astype("float32") / 255

    # 将二维图像转换为一维
    train_images = train_images.reshape(train_images.shape[0], -1)    # 参数"-1"
作用是 reshape flatten
    test_images = test_images.reshape(test_images.shape[0], -1)

    train_labels = to_onehot(train_labels, 10)

    layers_dims = (dx, d1, dy)

    # 模型训练
    parameters = nn_training(train_images.T, train_labels.T, layers_dims, True)

    # 预测
    idx = 5 # 尝试修改此值以预测不同的测试样本
    probs, predictions_labels = predict(test_images.T, test_labels, parameters)
    print("第%d 个样本分布: %s" % (idx, probs[idx]))
    print("预测标签: ", class_names[predictions_labels[idx]])
    print("真实标签: ", class_names[test_labels[idx]])


if __name__ == '__main__':
    main()
```

图 3.9 所示为代价函数值随迭代次数变化的曲线,在迭代 4000 次后,模型基本趋于稳定。
程序输出结果如下:

```
预测准确率: 0.8680000000000003
第 5 个样本分布: [3.77648434e-02 2.03405697e-09 4.58020385e-15 ... 1.03456324e-
06 2.92228126e-12 9.95428574e-01]
预测标签: Trouser
真实标签: Trouser
```

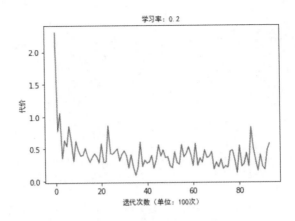

图 3.9　代价历史曲线

使用 Python+Numpy 技术实现一个 BP 神经网络非常麻烦，容易出错，而且不支持 GPU 快速运算。使用 TensorFlow 的 Keras 技术可以快速构建一个 BP 神经网络，代码量少，容易维护。因此本书后文将不再使用原始的 Python+Numpy 技术。

3.4　BP 神经网络的 TensorFlow 实现

脚本 first_keras_classifier.py 使用 Keras 技术实现了与上节相同功能的 BP 神经网络。

3.4.1　加载数据集

代码 3.18 实现了加载数据集的功能。调用 keras.datasets.fashion_mnist 的 load_data 方法加载 Fashion-MNIST 数据集，然后将训练数据和测试数据都除以 255，转换为 0～1 范围。

代码 3.18　加载数据集

```
# 导入模块
import tensorflow as tf
from tensorflow import keras
import numpy as np

epochs = 5

IMAGE_SIZE = 28    # 图像的宽和高都是 28 像素
H = 128
Dy = 10
```

```
# 加载数据集
fashion_mnist = keras.datasets.fashion_mnist
(train_images, train_labels), (test_images, test_labels) =
    fashion_mnist.load_data()
# 类标签
class_names = ['T-shirt/top', 'Trouser', 'Pullover', 'Dress', 'Coat',
               'Sandal', 'Shirt', 'Sneaker', 'Bag', 'Ankle boot']
# 0~255 --> 0~1
train_images = train_images / 255.0
test_images = test_images / 255.0
```

3.4.2　模型训练和预测

Keras 构建神经网络模型的最简单方式是使用 Sequential 模型，代码 3.19 实现了模型训练和评估功能。直接传递一个 keras.layers 实例列表给 Sequential 构造函数，以构建一个 Sequential 模型。Flatten 层将二维图像样本输入压平为一维数据，两个 Dense 层分别对应隐藏层和输出层。compile 方法用来完成选择优化器(由 optimizer 属性指定)、指定损失函数(由 loss 属性指定)以及训练与测试的评估指标(由 metrics 属性指定)。fit 方法用于将数据提供给模型进行训练，train_images 和 train_labels 属性指定训练数据，epochs 属性指定训练的迭代次数。evaluate 方法用于评估训练好的模型的性能，返回测试损失和指定的性能指标。

代码 3.19　模型训练和评估

```
# 创建网络模型
model = keras.Sequential([
    keras.layers.Flatten(input_shape=(IMAGE_SIZE, IMAGE_SIZE)),
    keras.layers.Dense(H, activation=tf.nn.relu),
    keras.layers.Dense(Dy, activation=tf.nn.softmax)
])

model.compile(optimizer=tf.train.AdamOptimizer(),
              loss='sparse_categorical_crossentropy',
              metrics=['accuracy'])

# 模型训练
model.fit(train_images, train_labels, epochs = epochs)

# 性能评估
test_loss, test_acc = model.evaluate(test_images, test_labels)
print("测试集准确率: ", test_acc)
```

代码 3.20 实现了使用训练好的模型来对未知标签的样本的预测。predict 方法为指定输入样本生成输出预测，预测结果是一个概率分布，因此调用 np.argmax 函数来返回概率最大值对应的索引，并把对应的类别标签作为预测值。

代码 3.20 模型预测

```
# 预测
idx = 5 # 尝试修改此值以预测不同的测试样本
predictions = model.predict(test_images)
print("第%d 个样本分布: %s" % (idx, predictions[idx]))
print("预测标签: ", class_names[np.argmax(predictions[idx])])
print("真实标签: ", class_names[test_labels[idx]])
```

运行结果如下:

```
测试集准确率: 0.8691
第5 个样本分布: [7.8946396e-05 9.9991381e-01 7.9010039e-07 7.1217653e-07 1.6119029e-
06 2.3544930e-10 4.1397075e-06 7.9947472e-11 5.1701381e-09 5.0816568e-10]
预测标签: Trouser
真实标签: Trouser
```

可见，与 BP 神经网络的 Python 实现相比，TensorFlow 实现非常简单，代码量少，容易理解和维护，并且支持 GPU，因此容易构建复杂的神经网络。

第 4 章

TensorFlow 基础编程

　　一般计算机语言采用命令式编程,而 TensorFlow 1.x 版本则完全采用符号式编程,它将计算过程抽象为计算图,以方便地描述计算过程。计算过程以数据流方式进行,运行速度快但不方便程序调试,这增大了学习 TensorFlow 1.x 版本的难度。尽管 TensorFlow 2.0 版本使用动态计算图来替代静态计算图,增强了代码可调试性,但由于存在很多遗留代码和开发人员的习惯,可以预见在较长一段时间内,TensorFlow 1.x 和 2.0 版本仍将共存,因此有必要兼顾两个版本。

　　本章首先介绍 TensorFlow 计算图的基本概念,接着介绍如何管理、创建和运行计算图,以及常量、占位符和变量等 TensorFlow 的基本构件,然后介绍低级 API、Keras 和 Estimators 的一个简单实例,最后介绍 TensorBoard 可视化。

4.1 TensorFlow 的编程环境

TensorFlow 提供包含多种 API 的编程环境，如图 4.1 所示，这使得掌握 TensorFlow 编程更加困难。

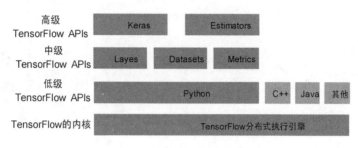

图 4.1　TensorFlow 的编程环境

可见，TensorFlow 的内核是 TensorFlow 分布式执行引擎，它采用 C/C++开发，为上一层——低级 TensorFlow APIs，提供包括 Python、C++、Java 等语言的客户端 API，TensorFlow 内核架构灵活，支持多种网络模型。中级 TensorFlow APIs 包括 Layes、Datasets 和 Metrics 等模块，高级 TensorFlow APIs 主要由 Keras 和 Estimators 构成。

Keras 是一个用于构建和训练深度学习模型的深度学习框架，它由 Francois Chollet 创立。Keras 可用于快速设计深度学习的原型，既可以用于研究，也可以用于生产。Keras 具有方便用户使用、易于实现模块化和易于扩展三大优势。最初的 Keras 是独立的第三方框架，现在已经集成到 TensorFlow 1.x 中，TensorFlow 2.0 版本已经将 Keras 作为高级 API 的未来重要方向。较新的 TensorFlow 1.x 版本可通过导入 tf.keras 模块直接使用 Keras 高级 API，不再需要安装独立的 Keras 模块。

Estimators 是高级 TensorFlow API，专门提供一系列 API 来训练模型，评估模型的性能以及使用训练好的模型来进行预测。

尽管使用 Keras 和 Estimators 更为容易，TensorFlow 也推荐用户先从高级 TensorFlow API 开始学习，但是低级 TensorFlow API 仍然很重要，其原因主要有两点：第一，使用低级 TensorFlow API 编程，调试起来更为直接；第二，有了低级 TensorFlow API 编程基础后，容易理解高级 TensorFlow API 内部的工作原理。因此，本章主要介绍低级 TensorFlow API。

4.2   TensorFlow 计算图

TensorFlow 实现机器学习算法的方式是让开发人员创建和计算一些称为操作 (operations)的软件构件，这些操作相互作用形成计算图，使用计算图来直观表示复杂的运算过程。

TensorFlow 的计算图也称为数据流图(dataflow graph)，它是一种有向无环图，由节点和连接节点的边组成。TensorFlow 计算图里的边能让数据按照箭头所指的方向从一个节点"流向"另一个节点，从而完成预定的计算操作。

4.3   核心概念

TensorFlow 的计算过程是，首先构建一个计算图，然后启动一个会话，在会话中完成变量的赋值和计算，得到最终的计算结果。

因此，如何使用变量、占位符等构件来构建一个计算图，以及如何使用会话来运行计算图就成为 TensorFlow 的核心概念。

4.3.1   变量与占位符

Tensor(张量)是 TensorFlow 用于操纵计算图的主要数据结构。既可以将张量声明为变量 (Variable)，也可以先将张量声明为占位符(Placeholder)并随后再提供数据。当创建一个张量并声明它是一个变量时，TensorFlow 就会在计算图中创建对应的图结构。

1. 变量声明和初始化

创建变量的方式有多种，需要根据实际需要进行选择。

代码 4.1 导入 TensorFlow，然后建立会话来准备执行计算图。

代码 4.1   导入 TensorFlow

```
import tensorflow as tf

# 复位全局默认计算图
tf.reset_default_graph()
```

```
# 会话
sess = tf.Session()

# 2 行 3 列
ROW = 2
COL = 3
```

代码 4.2 创建指定值的张量。tf.zeros 用于创建一个全 0 的张量，tf.ones 用于创建一个全 1 的张量。tf.Variable 类用于创建一个变量实例，其第一个参数为初始化参数，第二个可选参数 name 用于指定变量名称。TensorFlow 变量的定义和初始化是分开的，初始化需要通过 tf.Session 对象的 run 方法来进行，变量的 initializer 操作可对单个变量初始化，tf.global_variables_initializer 方法可用于对计算图里的所有变量进行初始化。tf.zeros_like 和 tf.ones_like 分别是用另一个变量的形状来声明全 0 变量和全 1 变量，tf.fill 使用常数来填充张量，tf.constant 定义一个常量。

代码 4.2　创建指定值的张量

```
# 直接返回 2 行 3 列初始化为 0 的张量
my_tensor = tf.zeros([ROW, COL])

# 全 0 的变量
zero_var = tf.Variable(tf.zeros([ROW, COL]))
# 全 1 的变量
ones_var = tf.Variable(tf.ones([ROW, COL]))
# 初始化
sess.run(zero_var.initializer)
sess.run(ones_var.initializer)

# 用另一个变量的形状来声明变量
zero_similar = tf.Variable(tf.zeros_like(zero_var))
ones_similar = tf.Variable(tf.ones_like(ones_var))

sess.run(ones_similar.initializer)
sess.run(zero_similar.initializer)

# 用常数来填充的变量
fill_var = tf.Variable(tf.fill([ROW, COL], 123))

# 由常量创建变量
const_var = tf.Variable(tf.constant([1, 2, 3, 4, 5, 6, 7, 8]))
const_fill_var = tf.Variable(tf.constant(123, shape = [ROW, COL]))
```

可以使用 tf.linspace 或 tf.range 来指定一个序列，创建序列变量，如代码 4.3 所示。

tf.linspace 的 start 参数指定起始值，end 参数指定结束值，num 参数指定在 start 和 end 形成的区间中的相等间隔数字的个数。tf.range 生成一个数字序列，始于 start 并以 delta 为增量，序列不包括 limit 指定的边界。

代码 4.3　用序列来创建变量

```
# 生成序列
linear_var = tf.Variable(tf.linspace(start = 0.0, stop = 1.0, num = 3))
sequence_var = tf.Variable(tf.range(start = 1, limit = 5, delta = 2))
```

通常使用 tf.random_uniform 来创建 minval 到 maxval 之间均匀分布的随机变量，使用 tf.random_normal 来创建均值为 mean、标准差为 stddev 的正态分布的随机变量，如代码 4.4 所示。

代码 4.4　创建随机变量

```
# 随机变量
randu_var = tf.random_uniform([ROW, COL], minval = 0, maxval = 1)
randn_var = tf.random_normal([ROW, COL], mean = 0.0, stddev = 1.0)
```

可以使用 initializer 单独对某个变量进行初始化，这种方式只适用于变量较少的情形。调用 tf.global_variables_initializer 方法可以对全部的变量进行初始化，简化了初始化操作，如代码 4.5 所示。

代码 4.5　初始化全部变量

```
# 初始化全部变量操作
initialize_op = tf.global_variables_initializer()
# 运行初始化操作
sess.run(initialize_op)

sess.close()
```

完整程序请参见 tensor_demo.py。

2. 占位符

变量和占位符是使用 TensorFlow 计算图的重要构件，了解它们的不同之处以及何时该用哪一种，才能更好地使用这两者。

变量主要用作算法的参数，TensorFlow 通过更新这些参数来对算法进行优化。而占位符则是预先准备要输入的数据对象，但是只需要定义数据类型和形状，不需要指定真实数据，在执行时才通过 sess.run 方法的 feed_dict 参数指定输入数据。

placeholder_demo.py 程序演示了占位符的用法。

代码 4.6 使用 tf.placeholder 声明一个占位符，其数据类型为 tf.float64，形状为 3×3 的张量。程序实际上实现了一个没有激活函数的神经元，x 代表输入矩阵，是属性个数为 3 的 3 个样本，w 代表权重矩阵，b 为偏置，y 为输出。

代码 4.6　占位符的声明

```python
import numpy as np
import tensorflow as tf

tf.reset_default_graph()

sess = tf.Session()

x = tf.placeholder(tf.float64, shape = (3, 3), name = 'input')
w = tf.Variable(np.random.rand(3, 2), name = 'weight')
b = tf.Variable(np.random.rand(1, 2), name = 'bias')
y = tf.matmul(x, w) + b
```

下一步是实际执行计算图，如代码 4.7 所示，sess.run 方法有一个 feed_dict 参数，它以字典的形式传入输入数据，这里是一个随机数的数组。注意，占位符声明的数据类型和形状必须与传入数据的类型和形状一致。

代码 4.7　执行

```python
rand_array = np.random.rand(3, 3)

# 初始化全部变量操作
initialize_op = tf.global_variables_initializer()
# 运行初始操作
sess.run(initialize_op)

print(sess.run(y, feed_dict = {x: rand_array}))

sess.close()
```

图 4.2 为本例的计算图。input 为 3×3 的张量，与 3×2 的 weight 相乘后，再与 1×2 的 bias 相加，得到输出 y。

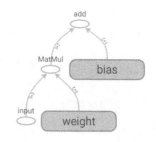

图 4.2　placeholder_demo.py 的计算图

4.3.2　矩阵运算

矩阵运算是深度学习中重要的基础操作，TensorFlow 为此提供很多现成的 API。

TensorFlow 提供 tf.eye 方法构建一个单位矩阵，提供 tf.diag 方法构建一个对角矩阵。代码 4.8 演示了使用 tf.diag 方法和 tf.ones 方法构建一个 3 行 3 列的单位矩阵。

代码 4.8　实现一个单位矩阵

```
# 单位矩阵
eye_matrix = tf.diag(tf.ones(3))
print('单位矩阵:\n', sess.run(eye_matrix))
```

代码 4.9 演示了创建一个矩阵的多种方式。tf.random_normal 方法创建一个值为正态分布的矩阵。tf.truncated_normal 方法创建一个值为截断的正态分布的矩阵。截断的含义是如果生成的随机值与均值的差大于两倍的标准差，就重新生成。tf.fill 方法创建一个指定形状和初始值的张量。tf.random_uniform 方法创建一个均匀分布的矩阵。tf.convert_to_tensor 方法由 Numpy 数组创建一个矩阵。

代码 4.9　创建矩阵

```
# 2 行 3 列
ROW = 2
COL = 3

# 随机矩阵
A = tf.truncated_normal([ROW, COL])
print('矩阵 A:\n', sess.run(A))

# 常量矩阵
B = tf.fill([ROW, COL], 123.0)
print('矩阵 B:\n', sess.run(B))

# 均匀分布矩阵
C = tf.random_uniform([ROW, COL])
print('第一个矩阵 C:\n', sess.run(C))
print('第二个矩阵 C:\n', sess.run(C))  # 新随机矩阵

# 由 Numpy 数组创建矩阵
D = tf.convert_to_tensor(np.array([[1., 2., 3.], [4., 5., 6.], [7., 8., 9.]]))
print('矩阵 D:\n', sess.run(D))
```

TensorFlow 很容易实现矩阵的基本运算，包括矩阵加减、矩阵乘积、矩阵转置、行列

式和矩阵求逆，如代码 4.10 所示。

代码 4.10　矩阵基本运算

```
# 矩阵加减
print('矩阵 A + B:\n', sess.run(A + B))
print('矩阵 B - B:\n', sess.run(B - B))

# 矩阵乘积
print('矩阵 B * I:\n', sess.run(tf.matmul(B, eye_matrix)))

# 矩阵转置
print('矩阵 C 转置:\n', sess.run(tf.transpose(C)))

# 行列式
print('矩阵 D 的行列式:\n', sess.run(tf.matrix_determinant(D)))

# 矩阵求逆
print('矩阵 D 的逆矩阵:\n', sess.run(tf.matrix_inverse(D)))
```

完整代码参见 matrix_demo.py。

4.3.3　常用运算符

表 4.1 列示了 TensorFlow 的常用运算符。注意到可以使用运算符的快捷方式来替换直接调用 tf 函数，例如，可以直接使用 a + b 来替换 tf.add(a, b) 以简化编程。

表 4.1　TensorFlow 常用运算符

运　算　符	快捷方式	描　　　述
tf.add()	a + b	a 与 b 对应元素相加
tf.subtract()	a - b	a 与 b 对应元素相减
tf.multiply()	a * b	a 与 b 对应元素相乘
tf.divide()	a / b	a 与 b 对应元素相除
tf.pow()	a ** b	返回 a 中对应元素的 b 次幂
tf.mod()	a % b	返回 a 中对应元素对 b 的取模运算结果
tf.logical_and()	a & b	返回 a 和 b 逻辑与的真值表，两操作数的类型必须是布尔型
tf.logical_or()	a | b	返回 a 和 b 逻辑或的真值表，两操作数的类型必须是布尔型
tf.logical_not()	~a	返回 a 逻辑非的真值表，a 的类型必须是布尔型

续表

运　算　符	快捷方式	描　　述
tf.greater()	a > b	返回各元素 a>b 的真值表
tf.greater_equal()	a >= b	返回各元素 a>=b 的真值表
tf.less()	a < b	返回各元素 a<b 的真值表
tf.less_equal()	a <= b	返回各元素 a<=b 的真值表
tf.negative()	-a	返回 a 中每个元素的负数
tf.abs()	abs(a)	返回 a 中每个元素的绝对值

更多的数学运算符可参考 TensorFlow 文档。

4.3.4　图、会话及运行

TensorFlow 编程包括创建一个计算图和运行计算图两个阶段。在第一阶段中，我们使用变量、占位符等构件来创建一个计算图。在第二阶段，我们使用会话来运行计算图。

session_demo.py 程序演示了会话的基本操作。

代码 4.11 创建了一个计算图，但没有使用会话。重要的是理解这些代码并不会真正进行计算，尽管语句 f = x * w + b 看起来很像完成计算功能。事实上，x、w 和 b 这几个变量连初始化都没有完成，更别说计算了。

代码 4.11　创建一个计算图

```
#%% 不使用会话
x = tf.Variable(3, name="x")
w = tf.Variable(4, name="w")
b = tf.Variable(2, name="b")
f = x * w + b

print(f)
```

运行代码 4.11 的输出如下。可见，只创建一个计算图而不执行不会得到计算结果。

```
Tensor("add:0", shape=(), dtype=int32)
```

代码 4.12 是会话的基本使用方式，先调用 tf.Session 方法开启一个会话，然后调用 sess.run 方法运行变量初始化和计算图，最后调用 sess.close 方法关闭会话以释放资源。在使用变量之前，必须对变量进行初始化，程序调用 sess.run 方法运行变量的 initializer 操作，将初始值赋予变量内部的 Tensor。sess.run(f)方法完成对 f 的求值计算。

代码 4.12 会话的基本使用方式

```
#%% 会话的基本使用方式
sess = tf.Session()
sess.run(x.initializer)
sess.run(w.initializer)
sess.run(b.initializer)
result = sess.run(f)

print('会话基本使用\n', result)
sess.close()
```

上述调用 tf.Session 方法和 sess.close 方法来分别开启会话和关闭会话的方式存在一个问题，编程人员可能会忘记关闭会话，即便没有忘记，万一程序执行时发生异常也会导致没有关闭会话。为了避免这个问题，可使用如代码 4.13 所示的 with 程序块，as 关键字后面的 sess 为会话变量，离开 with 程序块就会自动关闭会话，释放所占资源。注意到 x.initializer.run() 方法和 sess.run(x.initializer) 方法虽然写法有所不同，但它们都完成相同的功能。类似于 sess.run(f) 方法，f.eval() 方法同样完成对 f 的求值计算。

代码 4.13 使用 with 程序块

```
#%% 使用 with 程序块来管理会话
with tf.Session() as sess:
    x.initializer.run()
    w.initializer.run()
    b.initializer.run()
    result = f.eval()

print('with 程序块\n', result)
```

前面使用 sess.run(x.initializer) 方法或 x.initializer.run() 方法完成单个变量 x 的初始化，如果变量数量较多，这样的编程效率十分低下。较好的方式是使用全局变量初始化，直接运行 tf.global_variables_initializer() 方法，如代码 4.14 所示。

代码 4.14 全局变量初始化

```
#%% 全局变量初始化
init = tf.global_variables_initializer()

with tf.Session() as sess:
    init.run()
    result = f.eval()

print('全局变量初始化\n', result)
```

在诸如 IPython notebooks 的交互式 Python 环境中,往往使用交互式会话 tf.InteractiveSession() 来替换 tf.Session()。交互式会话与常规会话的唯一区别是,在构造 InteractiveSession 对象时会将自己设置为默认会话,eval 方法和 run 方法将使用该默认会话来运行相应操作,如代码 4.15 所示。

代码 4.15 交互式会话

```
#%% 交互式会话
init = tf.global_variables_initializer()

sess = tf.InteractiveSession()
init.run()
result = f.eval()
print(result)

sess.close()
print(result)
```

为了充分利用可用的 CPU 或 GPU 等计算资源,TensorFlow 可以将计算图分布在各个计算资源中。一般不需要显式指定具体使用哪个计算设备,TensorFlow 能自动检测。如果检测到 GPU,TensorFlow 会使用第一个 GPU 来执行操作,但如果机器上有多个可用的 GPU,除第一个之外的其他 GPU 默认不参与计算。为了使用更多的 GPU,必须将操作明确指派给计算设备。常用 with tf.device 语句来指派特定的 CPU 或 GPU 执行操作,使用字符串来标识设备,如: "/cpu:0"为机器的 CPU, "/gpu:0"为机器的第一个 GPU, "/gpu:1"为机器的第二个 GPU,以此类推。可以使用 tf.ConfigProto 类来构建一个 config 实例,在 config 中指定相关的 GPU,然后在会话中传入 config 参数。log_device_placement 参数设置是否打印设备分配日志,allow_soft_placement 参数设置在指定设备不存在的情况下,是否允许自动分配设备。如代码 4.16 所示。

代码 4.16 指定设备

```
#%% 指定设备
config = tf.ConfigProto(log_device_placement = True, allow_soft_placement =
True)

with tf.Session(config = config) as sess:
    with tf.device("/cpu:0"):
        init.run()
        result = f.eval()

    print('指定设备/cpu:0\n', result)
```

```
with tf.device("/gpu:0"):
    init.run()
    result = f.eval()

print('指定设备/gpu:0\n', result)
```

4.4 通过实例学习 TensorFlow

本节使用 TensorFlow 的三种不同技术来解决异或问题，通过实例来直观学习 TensorFlow 编程。

4.4.1 异或问题描述与解决思路

异或问题是一个简单的逻辑运算问题，它有两个输入，$x_1, x_2 \in \{0,1\}$，输入组合有四种，输出 $y = x_1$ XOR x_2，真值表如表 4.2 所示。

表 4.2 异或问题的真值表

x_1	x_2	y
0	0	0
0	1	1
1	0	1
1	1	0

不要因为其简单而小看异或问题，历史上由于 Rosenblatt 单层感知机无法解决异或问题，曾导致第一次人工神经网络研究的衰退，因此，有必要研究神经网络的异或问题编程实现。

由于单层感知器不能解决异或问题，我们使用简单的两层神经网络，网络结构如图 4.3 所示。中间层使用两个神经元，激活函数可以使用 Sigmoid 或其他激活函数。输出层可以只使用一个输出节点，激活函数为 Sigmoid。

训练集和测试集都是如表 4.2 所示的四个样本，由于异或问题没有其他输入，因此不需要考虑网络的泛化能力，只要网络能够正确实现四个样本的输出，就视为已经解决了异或问题。

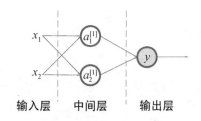

图 4.3　异或问题网络结构

4.4.2　低级 API 解决异或问题

首先导入 TensorFlow 模块，然后设置学习率 LEARNING_RATE、训练轮次 EPOCHS 和打印周期 PRINT_EPOCHS，如代码 4.17 所示。注意到这里训练 10 万轮，如果训练次数不够，网络将不会收敛。

代码 4.17　导入 TensorFlow

```
import tensorflow as tf

# 超参数
LEARNING_RATE = 0.1     # 学习率
EPOCHS = 100000
PRINT_EPOCHS = 10000
```

由于异或数据集只有四个样本，因此用不到数据文件，直接使用 Python 数组定义表 4.2 中的异或数据，如代码 4.18 所示。

代码 4.18　定义数据

```
# 异或数据
X_DATA = [[0, 0], [0, 1], [1, 0], [1, 1]]
Y_DATA = [[0], [1], [1], [0]]
```

下一步是定义网络结构，如代码 4.19 所示。首先使用占位符定义输入输出，然后使用变量定义两层网络的权重和偏置，再使用前向算法定义从输入到输出的计算步骤，最后定义代价函数和训练操作。

代码 4.19 定义网络结构

```
# 输入输出
x = tf.placeholder(tf.float32, shape = [4, 2], name = "x-input")
y = tf.placeholder(tf.float32, shape = [4, 1], name = "y-input")

# 两层网络的权重和偏置
w1 = tf.Variable(tf.random_uniform([2, 2], -1, 1), name = "Weights1")
b1 = tf.Variable(tf.zeros([2]), name = "Bias1")
w2 = tf.Variable(tf.random_uniform([2, 1], -1, 1), name = "Weights2")
b2 = tf.Variable(tf.zeros([1]), name = "Bias2")

# 前向算法
z2 = tf.sigmoid(tf.matmul(x, w1) + b1)
pred = tf.sigmoid(tf.matmul(z2, w2) + b2)

# 代价函数
cost = tf.reduce_mean(-1 * ( (y * tf.log(pred)) + ((1 - y) * tf.log(1. - pred)) ))
train_step = tf.train.GradientDescentOptimizer(LEARNING_RATE).minimize(cost)
```

定义好网络模型之后，下一步是进行模型训练和预测，如代码 4.20 所示。开启会话，实例化 tf.summary.FileWriter 以定义 TensorBoard 使用的日志目录，然后迭代训练 EPOCHS 轮，再使用训练好的模型进行预测，最后关闭会话。

代码 4.20 模型训练和预测

```
init = tf.global_variables_initializer()

sess = tf.Session()
writer = tf.summary.FileWriter("./XOR_lowlevel_logs", sess.graph)
sess.run(init)
for i in range(EPOCHS):
    sess.run(train_step, feed_dict = {x : X_DATA, y : Y_DATA})
    if i % PRINT_EPOCHS == 0:
        print('训练轮次： ', i)
        print('代价： ', sess.run(cost, feed_dict = {x : X_DATA, y : Y_DATA}))

print('最终预测： \n', sess.run(pred, feed_dict = {x : X_DATA, y : Y_DATA}))

sess.close()
```

完整代码请参见 xor_low_level.py，运行结果如下，预测完全正确。

```
最终预测:
 [[0.0022049 ]
 [0.99839175]
```

```
[0.9983921 ]
[0.00228897]]
```

正如名称所示，TensorFlow 低级 API 需要手工控制计算图、会话等底层构件，好处是可以进行精细的控制，但缺点也是明显的，解决问题所需要的零碎知识较多，代码量较大。如果想快速构建深度学习模型，高级 API Keras 是更好的解决方案。

4.4.3 用 Keras 解决异或问题

用 Keras 来解决异或问题的过程与低级 API 类似，只是代码更为简洁。

首先仍然需要导入 Keras 模块，如代码 4.21 所示，训练轮次仍然是 10 万次。较新的 TensorFlow 1.x 版本已经集成了 Keras，不需要单独安装就可以使用 Keras。

代码 4.21 导入 Keras 模块

```python
import numpy as np
from tensorflow import keras

# 超参数
EPOCHS = 100000
```

然后定义数据，与前面的低级 API 代码类似，如代码 4.22 所示。

代码 4.22 定义数据

```python
# 异或数据
X = np.array([[0, 0], [0, 1], [1, 0], [1, 1]])
y = np.array([[0], [1], [1], [0]])
```

代码 4.23 使用 Keras 的 Sequential 模型来构建一个两层的全连接神经网络，调用 add 方法来添加网络层。其中，keras.layers 模块下的 Dense 就是全连接层，Activation 为激活函数，这里使用 Sigmoid 函数作为隐藏层和输出层的激活函数。

代码 4.23 模型定义

```python
# 模型定义
model = keras.Sequential()
model.add(keras.layers.Dense(2, input_dim = 2))
model.add(keras.layers.Activation('sigmoid'))
model.add(keras.layers.Dense(1))
model.add(keras.layers.Activation('sigmoid'))
```

代码 4.24 实现模型的训练和预测。首先实例化一个优化器 SGD，调用 Sequential 模型的 compile 方法指定损失函数和优化器，然后调用 fit 方法将数据提供给模型进行训练，最后调用模型的 predict 方法进行预测并打印预测结果。

代码 4.24　模型训练和预测

```
# 模型训练和预测
sgd = keras.optimizers.SGD(lr = 0.1, decay = 1e-6, momentum = 0.9)
model.compile(loss = keras.losses.BinaryCrossentropy(), optimizer = sgd)

history = model.fit(X, y, epochs = EPOCHS, batch_size = 4)

print('最终预测: \n', model.predict(X))
```

完整代码请参见 xor_keras.py，运行结果如下，预测正确。

```
最终预测:
 [[8.4668398e-05]
 [9.9991339e-01]
 [9.9991345e-01]
 [1.2937188e-04]]
```

由于 Keras 是广受欢迎的高级 API，因此学习、开发和部署更加容易，代码量明显降低，显著提高了开发效率。

4.4.4　用 Estimators 解决异或问题

Estimators 在 TensorFlow 社区有着广泛的应用基础，包括线性分类器、DNN 分类器在内的一些模型都打包为 Premade Estimators，方便使用。TensorFlow 2.0 将继续支持 Estimator API。

首先导入 Numpy 和 TensorFlow 模块，设置训练轮次 EPOCHS 为 10 万次，如代码 4.25 所示。

代码 4.25　导入模块

```
import numpy as np
import tensorflow as tf

# 超参数
EPOCHS = 100000
```

Estimators 要求输入特征 features 是一个 Python 字典，其中每个键是特征名，而每个值为该特征全部值的数组。Estimators 要求标签 labels 是一个包含全部样本的标签值的数组。按照这个要求，代码 4.26 定义了 X 为输入特征，y 为标签。

代码 4.26 定义数据

```
# 异或数据
X = {'x1': np.array([0, 0, 1, 1]),
     'x2': np.array([0, 1, 0, 1])}
y = np.array([0, 1, 1, 0])
```

代码 4.27 定义了一个输入函数，它是一个要求返回 tf.data.Dataset 对象的函数，对象会输出包含输入特征 features 和标签 labels 这两个元素组成的元组。输入函数可以定制为任意方式来生成 features 字典与 labels 列表。但是，TensorFlow 建议使用 Dataset API，用以解析各种类型的数据。input_fn 输入函数将输入转换为 tf.data.Dataset 对象，如果是训练模式则置乱并重复样本，最后返回 batch_size 指定的批量数据。

代码 4.27 定义输入函数

```
# 输入函数
def input_fn(features, labels, training = True, batch_size = 4):
    # 将输入转换为数据集
    dataset = tf.data.Dataset.from_tensor_slices((dict(features), labels))

    # 训练模式则置乱并重复样本
    if training:
        dataset = dataset.shuffle(100).repeat()

    return dataset.batch(batch_size)
```

代码 4.28 使用预创建的 Estimator 分类器(tf.estimator.DNNClassifier)来构建一个两层神经网络。其中，feature_columns 设置特征列，hidden_units 设置隐藏层的节点数，model_dir 设置保存模型参数的目录，n_classes 设置输出的类别数，optimizer 设置训练的优化器。

代码 4.28 定义模型

```
# 特征列
x1 = tf.feature_column.numeric_column('x1')
x2 = tf.feature_column.numeric_column('x2')

# 构建两层神经网络
classifier = tf.estimator.DNNClassifier(
    feature_columns = [x1, x2],
    hidden_units = [2, 1],
    model_dir = './XOR_estimator_logs',
    n_classes = 2,
    optimizer = tf.train.AdamOptimizer(learning_rate = 0.1))
```

代码 4.29 首先调用 Estimator DNNClassifier 对象的 train 方法来训练模型，将 input_fn 封装在 lambda 中以提供不带参数的输入函数，steps 参数设置训练步数。然后调用 evaluate 方法来评估模型，打印测试准确率。与 train 方法不同，evaluate 方法不再使用 steps 参数，input_fn 只需要生成一个 epoch 的数据。返回值 eval_result 字典包含 average_loss(样本的平均误差)、loss(mini-batch 的平均误差)和 global_step(训练的迭代次数)值。分类器还会返回 accuracy(准确率)，回归器会返回标签/均值(label/mean)和预测/均值(prediction/mean)。

代码 4.29　训练和评估模型

```
# 训练模型
classifier.train(
    input_fn = lambda: input_fn(X, y, training = True), steps = EPOCHS)

# 评估模型
eval_result = classifier.evaluate(
    input_fn = lambda: input_fn(X, y, training = False))
print('\n测试准确率: {accuracy: .2%}\n'.format(**eval_result))
```

代码 4.30 调用 predict 方法预测指定样本的标签，该方法返回一个 Python 可迭代对象，为样本生成预测结果字典。然后使用一个 for 循环遍历每一个样本，输出预测为 1 的概率和真实标签。

代码 4.30　预测

```
# 预测
expected = y
predictions = classifier.predict(
    input_fn = lambda: input_fn(X, y, training = False))
print('最终预测: \n')
for pre_dict, expec in zip(predictions, expected):
    class_id = 1    # 二元分类，只看为 1 的概率
    probability = pre_dict['probabilities'][class_id]
    print(100 * probability, expec)
```

完整代码请参见 xor_estimators.py，运行结果如下。Estimators 在预测时需要从日志文件中恢复网络参数，因此显示了多条 INFO:tensorflow 信息。

```
测试准确率: 100.00%

最终预测:

INFO:tensorflow:Calling model_fn.
INFO:tensorflow:Done calling model_fn.
```

```
INFO:tensorflow:Graph was finalized.
INFO:tensorflow:Restoring parameters
from ./XOR_estimator_logs\model.ckpt-100000
INFO:tensorflow:Running local_init_op.
INFO:tensorflow:Done running local_init_op.
1.464412358737066e-10 0
100.0 1
100.0 1
1.464412358737066e-10 0
```

Estimators 有固定的编程框架，能够帮助编程人员加载数据、处理异常、创建检查点文件并从失败中恢复、为 TensorBoard 保存训练摘要等，因此 Google 发布的诸如 BERT 的著名模型都是使用 Estimators 编写的。

4.5 一个简单的文本分类示例

文本分类是将给定文档分类为 k 个类别中的一个，常见的文本分类应用有垃圾邮件识别、情感分析等。文本分类问题与其他分类问题并没有本质区别，将原始文档预处理为一定格式后，从中抽取出能反映文档主题的特征，然后使用分类算法就可以进行分类。

imdb_tb.py 程序演示如何对 IMDB 数据集进行文本分类，一来让读者了解如何应用 TensorFlow 解决实际问题，二来是为了 4.6 节的 TensorBoard 可视化准备一个示例。

代码 4.31 导入模块并设置超参数。MAX_FEATURES 指定特征的最大单词数，仅保留训练数据中前 MAX_FEATURES 个最常出现的单词，舍弃出现次数较少的低频词；BATCH_SIZE 指定批大小；EPOCHS 指定训练的轮次；UNITS 指定隐藏层单元数。

代码 4.31　超参数设置

```
from tensorflow.keras.datasets import imdb
import numpy as np
from tensorflow.keras.callbacks import TensorBoard
from tensorflow.keras.layers import Dense
from tensorflow.keras.models import Sequential

MAX_FEATURES = 10000     # 特征的最大单词数
BATCH_SIZE = 128
EPOCHS = 10
UNITS = 16
```

代码 4.32 加载 IMDB 数据集，并打印训练集和测试集的形状。

代码 4.32　加载 IMDB 数据集

```
# 加载数据
(x_train, y_train), (x_test, y_test) = imdb.load_data(num_words = MAX_FEATURES)
# 样本数
print('训练样本数：', len(x_train))
print('测试样本数：', len(x_test))
print('训练样本形状：', x_train.shape)
print('测试样本形状：', x_test.shape)
```

输出结果如下。

```
训练样本数：  25000
测试样本数：  25000
训练样本形状：  (25000,)
测试样本形状：  (25000,)
```

代码 4.33 对 IMDB 影评数据集解码，得到单词映射到索引的字典 word_idx 和索引映射到单词的字典 idx_word，最后对最开始的样本解码并打印。

代码 4.33　解码并打印影评

```
# 解码并打印
# 单词映射到索引的字典
word_idx = imdb.get_word_index()
# 索引映射到单词的字典
idx_word = dict([(value, key) for (key, value) in word_idx.items()])
# 解码影评
# 减去 3 是因为 0、1 和 2 分别表示填充、序列开始和未知
decoded_review = ' '.join([idx_word.get(i - 3, '?') for i in x_train[0]])
print(decoded_review)
```

解码后的影评如下。可以看到，影评中有一些单词采用英文问号来替代，这些单词实际是填充、序列开始或未知三个保留索引解码得到的，其中未知是因为对应单词超出了所设置的特征的最大单词数的范围。

```
? this film was just brilliant casting location scenery story direction
everyone's really suited the part they played and you could just imagine being
there robert ? is an amazing actor and now the same being director ? father came
from the same scottish island as myself so i loved the fact there was a real
connection with this film the witty remarks throughout the film were great it
was just brilliant so much that i bought the film as soon as it was released
for ? and would recommend it to everyone to watch and the fly fishing was amazing
really cried at the end it was so sad and you know what they say if you cry at
a film it must have been good and this definitely was also ? to the two little
boy's that played the ? of norman and paul they were just brilliant children
```

are often left out of the ? list i think because the stars that play them all grown up are such a big profile for the whole film but these children are amazing and should be praised for what they have done don't you think the whole story was so lovely because it was true and was someone's life after all that was shared with us all

由于训练集和测试集里的数据和标签都是 Python 列表，不能直接输入到神经网络，需要把 Python 列表转换为张量。代码 4.34 实现了训练集和测试集的数据和标签向量化。标签向量化比较简单，调用 np.asarray 方法从列表创建数组。影评数据向量化相对麻烦，本例使用 MAX_FEATURES 维的向量来表示一个影评，向量由 0 和 1 组成，如果影评中有某个单词出现，就将向量中该单词对应的索引设置为 1。显然，出现 n 次的单词和只出现 1 次的单词在向量化表示中并无区别，没有在影评中出现过的单词在向量的对应位置的值为 0。vectorize_data 函数实现这一功能。

代码 4.34　向量化

```python
# 标签向量化
y_train = np.asarray(y_train).astype('float32')
y_test = np.asarray(y_test).astype('float32')

def vectorize_data(data, dim = MAX_FEATURES):
    """ 向量化数据 """
    views = np.zeros((len(data), dim))
    for i, view in enumerate(data):
        views[i, view] = 1.  # 如果影评中有某个单词出现，就将该单词对应的索引设置为1
    return views

# 训练数据向量化
x_train = vectorize_data(x_train)
# 测试数据向量化
x_test = vectorize_data(x_test)

print('第 0 个训练样本：', x_train[0])
```

第 0 个训练样本的向量化结果如下。

第 0 个训练样本： [0. 1. 1. ... 0. 0. 0.]

代码 4.35 构建一个简单的网络模型，网络一共三层，前两层为隐藏层，每层 16 个神经元，激活函数为 ReLU，最后一层为输出层，只有一个节点，激活函数为 Sigmoid。

代码 4.35 构建网络

```
# 构建简单的网络模型
model = Sequential()
model.add(Dense(UNITS, activation = 'relu', input_shape = (MAX_FEATURES, )))
model.add(Dense(UNITS, activation = 'relu'))
model.add(Dense(1, activation = 'sigmoid'))
print(model.summary())
```

model.summary()输出结果如下。"Layer (type)"列显示网络层名称和类型。"Output Shape"列显示网络层输出的形状，(None, 16)中的 None 表示该维为样本数，无法预知大小。"Param #"列显示参数数量，Dense 类型的参数数量按照"Param =(输入数据维度+1)×神经元个数"来计算。例如，第一层的输入数据维度为10000，神经元个数为 16，因此 Param=(10000+1)×16=160016；第二层的输入数据维度为 16，神经元个数为 16，因此 Param=(16+1)×16=272，以此类推。

```
Layer (type)                    Output Shape                Param #
=================================================================
dense (Dense)                   (None, 16)                  160016

dense_1 (Dense)                 (None, 16)                  272

dense_2 (Dense)                 (None, 1)                   17
=================================================================
Total params: 160,305
Trainable params: 160,305
Non-trainable params: 0
```

代码 4.36 实现了前述模型的训练。其中，log_dir 指定日志的存放目录，回调 tensorboard_callback 为 tf.keras.callback.TensorBoard 实例，用于确保日志被创建和保存，这是为 TensorBoard 设置的，具体见 4.6 节。然后调用 Sequential 模型的 compile 方法指定优化器、损失函数和性能参数，最后调用 fit 方法将数据提供给模型进行训练，fit 方法的 callbacks 参数指定回调方法。

代码 4.36 模型训练

```
# TensorBoard
log_dir="imdb_logs"
tensorboard_callback = TensorBoard(log_dir=log_dir)

# 模型训练
```

```
model.compile(optimizer = 'rmsprop', loss = 'binary_crossentropy', metrics =
['acc'])
history = model.fit(x_train, y_train, epochs = EPOCHS,
                    batch_size = BATCH_SIZE, validation_split = 0.2,
                    callbacks=[tensorboard_callback])
```

代码 4.37 调用 Sequential 模型的 evaluate 方法在测试集上评估模型性能,返回测试损失和测试准确率。

代码 4.37　模型评估

```
# 在测试集上评估
test_loss, test_acc = model.evaluate(x_test, y_test)
# 打印测试准确率
print("测试准确率: ", test_acc)
```

模型评估结果如下。

测试准确率: 0.85044

4.6　TensorBoard 可视化工具

TensorFlow 提供一个称为 TensorBoard 的可视化工具,专门用于监控深度神经网络的训练结果。其工作方式是,TensorFlow 训练模型时先将待监控数据写到文件系统中,然后启动 Web 后端监控文件目录,用户通过浏览器查看监控数据。

如果使用 Keras,可以像 4.5 节那样创建一个 tf.keras.callback.TensorBoard 回调实例,将待监控数据写入指定目录;如果使用低级 API,则需要创建 tf.summary.FileWriter 实例并指定日志目录,然后通过 tf.summary 模块中的各种方法记录监控数据,这些方法有:tf.summary.scalar、tf.summary.histogram、tf.summary.image 等。

4.6.1　启动 TensorBoard

如果已经在模型训练时写入待监控数据,就可以启动 TensorBoard 用浏览器查看数据。启动 TensorBoard 前,最好先确认日志目录已经生成。

1. 在 Windows 下启动 TensorBoard

在 Windows 下,最好通过"开始"菜单,选择如图 4.4 所示的 Anaconda Prompt (Anaconda3) 菜单项,打开命令行程序。

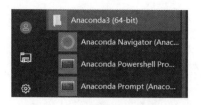

图 4.4 Anaconda3 的菜单项

在如图 4.5 所示的命令行程序中，输入 activate env_name 命令切换当前环境，再输入盘符和 cd 命令进入日志目录所在的硬盘分区和目录下，最后输入 tensorboard --logdir logs_path 命令指定日志文件目录。注意到该命令会输出一个类似于 http://mike:6006 的网址，并且提示按 Ctrl+C 组合键可以退出。

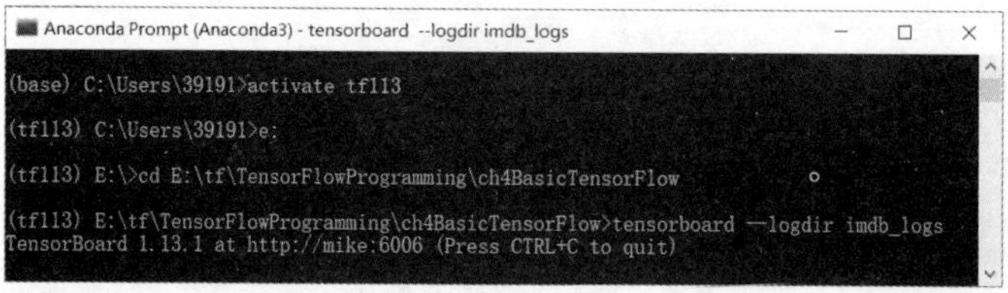

图 4.5 启动 TensorBoard 命令

现在打开任意浏览器，输入网址 http://localhost:6006 可以查看如图 4.6 所示的 TensorBoard 可视化页面。

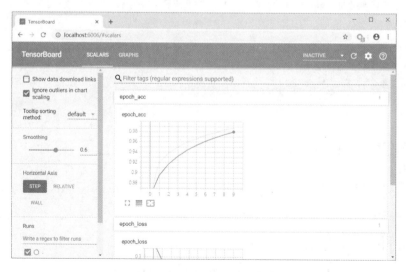

图 4.6 TensorBoard 可视化页面

2. 在 Linux 下启动 TensorBoard

Linux 下只能用终端程序启动 TensorBoard。按 Ctrl + Alt + T 组合键打开终端程序，然后输入 source activate env_name 命令切换当前环境，再输入 cd 命令进入日志目录所在的目录下，最后输入 tensorboard --logdir logs_path 命令指定日志文件目录。注意到该命令会输出一个类似于 http://cactus:6006 的网址，并且提示按 Ctrl+C 组合键可以退出，如图 4.7 所示。

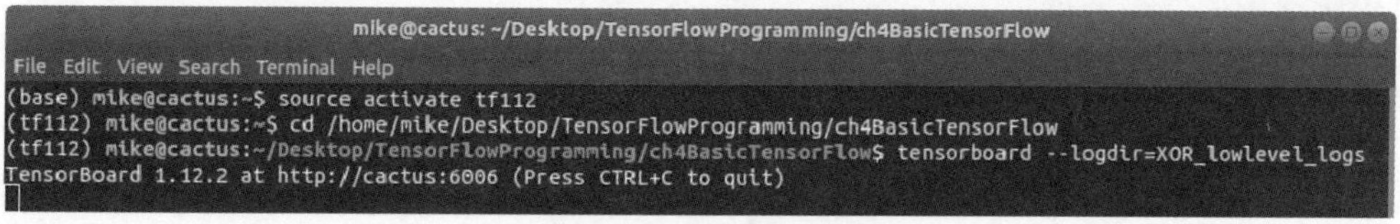

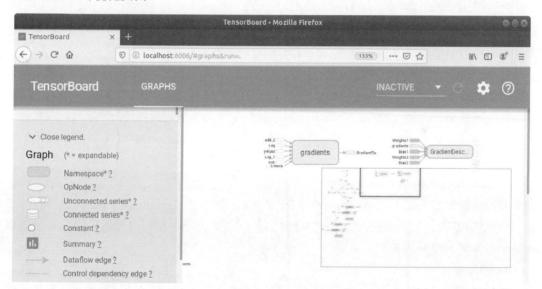

图 4.7　启动 TensorBoard 命令

现在打开任意浏览器，输入网址 http://localhost:6006 可以查看如图 4.8 所示的 TensorBoard 可视化页面。

图 4.8　TensorBoard 可视化页面

4.6.2　在浏览器中查看

本节首先介绍可视化界面，然后用一个简单例子说明如何查看监控数据。

1. 可视化界面介绍

TensorBoard 的可视化界面分为 8 种仪表板(Dashboard)，根据实际监控数据决定显示哪一种或哪几种。下面一一说明。

1) 标量仪表板(Scalar Dashboard)

标量仪表板用于可视化随时间变化的标量统计信息，例如，跟踪模型的损失或学习率。可以比较多次运行的数据，并且可将数据按标签进行组织。

2) 柱状图仪表板(Histogram Dashboard)

柱状图仪表板显示一个张量的统计分布如何随时间变化的情况，它可视化通过 tf.summary.histogram 方法记录的数据。每个图表都显示数据的时间"切片"，其中每个切片是给定步骤中张量的柱状图。其组织方式为，最早的时间步在后，最新的时间步在前。通过将柱状图模式从"偏移"更改为"重叠"，将透视图旋转，以便每个直方图切片都呈现为一条线并彼此重叠。

3) 分布仪表板(Distribution Dashboard)

分布仪表板是另一种可视化 tf.summary.histogram 保存的直方图数据的方法，它显示某个分布的一些高级统计信息。图表上的每条线代表数据分布的百分位数。

4) 图像仪表板(Image Dashboard)

图像仪表板用于显示通过 tf.summary.image 方法保存的 png 图像。仪表盘按照每一行对应一个不同的标签，每一列对应一次运行来设置。由于图像仪表板支持任意 png，因此可以利用该功能将自定义可视化图(如 matplotlib 散点图)嵌入到 TensorBoard 中。本仪表板始终显示每个标签的最新图像。

5) 音频仪表板(Audio Dashboard)

音频仪表板用于嵌入可播放的音频小部件，以存储通过 tf.summary.audio 方法保存的音频。仪表盘按照每一行对应一个不同的标签，每一列对应一次运行来设置。本仪表板始终为每个标签嵌入最新的音频。

6) 图探索者(Graph Explorer)

本仪表板用于可视化 TensorBoard 图，进而检查 TensorFlow 模型。为了充分利用该图可视化工具，编码人员应该使用名称范围对计算图的操作进行分层分组，以免难以解读图。

7) 嵌入投影(Embedding Projector)

本仪表板用于可视化高维数据。例如，可以在模型将输入数据嵌入到高维空间后查看输入数据。嵌入投影仪表板从模型检查点文件读取数据，可以配置其他元数据。

8）文本仪表板(Text Dashboard)

显示通过 tf.summary.text 方法保存的文本片段，包括超链接、列表和表格在内的 Markdown 功能均受支持。

2．示例

4.5 节文本分类示例的网络模型计算图如图 4.9 所示。TensorBoard 将计算图分为主图 (Main Graph)和辅助节点(Auxiliary Nodes)两个部分，辅助节点按照一定层次来组织节点，可以从辅助节点找到感兴趣的节点，单击该节点就可导航至主图中该节点的位置。

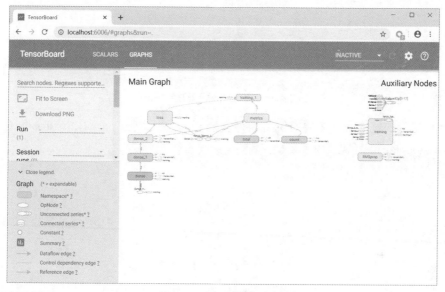

图 4.9　文本分类的计算图

图 4.10 是文本分类模型训练准确率和损失图。左图显示训练准确率随着训练轮次的增大而上升，右图显示训练损失随着训练轮次的增大而下降，这是训练的正常情况。

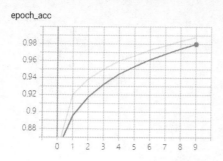
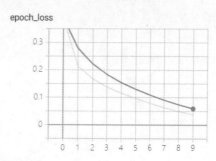

图 4.10　训练准确率和损失图

图 4.11 是文本分类模型验证准确率和损失图。左图显示验证准确率随着训练轮次的增大而下降，右图显示训练损失随着训练轮次的增大而上升，这说明模型过拟合。过拟合是指模型除了学习到数据的规律外还学习到噪点，导致模型的训练集准确率很高，但是验证准确率很低。

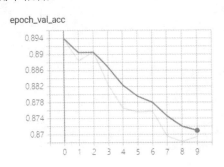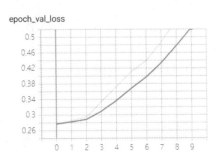

图 4.11　验证准确率和损失图

模型过拟合的解决方案主要有降低模型复杂度、数据增强、正则化、dropout 以及提前终止(early stopping)，详见第 5 章。

```
mirror_mod.use_x = False
mirror_mod.use_y = True
mirror_mod.use_z = False
elif _operation == "MIRROR_Z":
    mirror_mod.use_x = False
    mirror_mod.use_y = False
    mirror_mod.use_z = True

#selection at the end add back the deselected mirror modifier object
mirror_ob.select= 1
modifier_ob.select=1
bpy.context.scene.objects.active = modifier_ob
print("Selected" + str(modifier_ob)) # modifier_ob is the active
```

第5章

神经网络训练与优化

神经网络训练与优化是有效使用神经网络的核心内容，涉及如何构建训练集、验证集和测试集，如何使用各种正则化方法以避免网络过拟合，如何确保优化算法在合理时间内完成学习。

本章首先介绍神经网络迭代的概念，然后介绍几种常用的正则化方法，最后介绍小批量梯度下降算法和几种常用的优化算法。

5.1 神经网络迭代概述

在应用神经网络的过程中，需要通过多次迭代，才能设置一个最合适的超参数组合。这些超参数包括神经网络的层数、每层的神经元个数、学习率以及激活函数的选择。由于深度学习的应用领域非常广泛，在自然语言处理、语音识别、计算机视觉等领域都取得了很大的成功，这些领域跨度很大，即便是一个经验丰富的专家也不太可能在一开始就能设置最合适的超参数组合，因此需要多次循环往复地进行"设置超参数→编码→检查实验结果"过程，而有效利用手头的数据样本，将它们合理地划分为训练集、验证集和测试集无疑会提高循环的效率。

5.1.1 训练误差与泛化误差

误差是目标属性的预测值 $\hat{y}$ 与真实值 y 之差。目标属性的数据类型可分为离散型和连续型两种，对应的学习算法可分为分类和回归两类。为了简单，只讨论分类问题。

假设一个给定的训练集 $S = \left\{ \left(\boldsymbol{x}^{(i)}, y^{(i)} \right); \ i = 1, 2, \cdots, N \right\}$，各个训练样本 $\left(\boldsymbol{x}^{(i)}, y^{(i)} \right)$ 独立同分布，都是由某个未知的特定分布 D 生成。对于假设函数 h，定义训练误差(training error)为：

$$\hat{\varepsilon}(h) = \frac{1}{N} \sum_{i=1}^{N} I\left(h(\boldsymbol{x}^{(i)}) \neq y^{(i)} \right) \tag{5-1}$$

其中，$I(.)$ 为指示函数。如果强调假设函数 h 为参数 θ 的函数，可将 h 写为 $h(\theta)$。

训练误差也称为经验风险(empirical risk)或经验误差(empirical error)，是模型在训练集中错误分类样本数占总体的比例。

定义泛化误差(generalization error)如下：

$$\varepsilon(h) = P_{(\boldsymbol{x}, y) \sim D} \left(h(\boldsymbol{x}) \neq y \right) \tag{5-2}$$

其中，$(\boldsymbol{x}, y) \sim D$ 表示样本 $(\boldsymbol{x}, y)$ 服从分布 D。泛化误差是一个概率，表示特定分布 D 生成的样本 $(\boldsymbol{x}, y)$ 中的真实值 y 与通过假设函数 $h(\boldsymbol{x})$ 生成的预测值 $\hat{y}$ 不等的概率。

注意，这里假设训练集数据通过某种未知分布 D 生成，以此为依据来衡量假设函数，有时将这样的假设称为 PAC(Probably Approximately Correct，大概近似正确)假设。

一种常用的方法是调整参数 θ 使训练误差 $\hat{\varepsilon}(h(\theta))$ 最小，即：

$$\hat{\theta} = \underset{\theta}{\arg\min} \ \hat{\varepsilon}(h(\theta)) \tag{5-3}$$

这种最小化训练误差的方法称为经验风险最小化(Empirical Risk Minimization，ERM)。

要清楚地看到，训练误差的降低并不意味着泛化误差的降低。神经网络的学习中，既需要降低训练误差，更重要的是需要降低泛化误差。因此，我们需要将数据集划分为多个子集，从而对模型性能进行合理的评估。

5.1.2 训练集、验证集和测试集的划分

通常面对一个学习问题，我们手头都会有一个原始的训练数据集，简称训练集。如果将全部的训练集都用于训练深度学习算法模型，那么除得到训练误差外，没法知道模型的泛化误差，也就不了解模型的泛化能力。另外，研究者一般都会准备多个候选模型，通过实验从中选取一个性能最佳的模型。因此，为了模型评估和估计泛化误差，要将原始的训练数据集划分为三个较小的互斥子集，如图 5.1 所示，第一个子集还是称为训练集，用于训练模型；第二个子集称为验证集，用于评估和选择最好的模型；最后一个子集称为测试集，用于估计所选定模型的泛化误差，即无偏估计模型的性能。这种验证方式又称为 Holdout(留出法)验证，验证集往往还可用于调节学习算法的超参数，如神经网络中的隐藏层数目、每层单元数以及激活函数等。

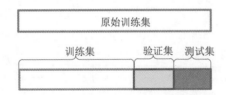

图 5.1 训练集、验证集和测试集的划分

传统机器学习的最佳实践是将训练集、验证集和测试集按照 60%、20%和 20%的比例进行划分，这种划分方法比较适合原始训练样本数在数万以内的情形。一般来说，验证集和测试集数据占原始训练样本的比例不宜太高，以避免造成训练样本不足。但是，对于深度神经网络来说，其原始训练样本数一般都会非常大，可以适当降低验证集和测试集的比例，一般可以只占原训练集的10%以下。例如，对于样本数为百万级别的数据集，1%的数据已经有 1 万个样本，用于验证和评估都绰绰有余。因此，具体怎样划分，还要具体问题具体分析。

训练集、验证集和测试集必须不重复地独立选取，一般先要对原始训练集随机置乱，然后再进行划分。验证集必须不同于训练集，才能在模型评估和选择阶段获得好的性能，测试集也不能与验证集和训练集相同，才能获得泛化误差的可靠估计。

要注意的是，测试集只是为了估计泛化误差，任何时候都不应该寻找种种理由去"偷看"测试集数据，以免最终结果过于乐观。

最后，有些划分不考虑测试集。这是因为设置测试集的目的是最终选定的学习算法作无偏估计，如果不需要无偏估计，可以不设置测试集。这样，要完成的工作变为：尝试多种不同的网络模型框架，在训练集上训练模型，然后在验证集上评估这些模型，迭代选取最佳的模型。训练集和验证集划分原理如图 5.2 所示。

图 5.2　训练集、验证集划分原理

要说明的是，由于历史的原因，人们往往把训练集、验证集划分中的验证集称为测试集，但实际上只是将测试集当成验证集来使用，并没有用到测试集获取无偏估计的功能。混淆验证集和测试集并不是错误，而只是习惯。因此，读者有时需要根据上下文来判断文献中所说的测试集到底是真的测试集还是验证集。

除了 Holdout 方法以外，通常还采用交叉验证法(Cross Validation，CV)来划分训练集和验证集。交叉验证一般将原始训练集分为 K 等份，称为 K 折交叉验证(K-fold cross-validation)，K 常取 5 或 10，取 10 时称为十折交叉验证。将原始训练集划分成 K 折子集之后，顺序选取保留一折子集作为验证数据集，其余 $K-1$ 折子集用作训练集。交叉验证会重复迭代 K 次，每折子集都会验证一次，对 K 次结果平均或者直接累加预测错误的样本数后再除以总样本数，得到错误率及其他评估指标。图 5.3 展示十折交叉验证的原理，最终错误率 E 取十次迭代错误率的平均值。

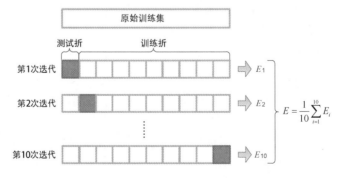

图 5.3　十折交叉验证原理

交叉验证的优势在于，在训练样本不足的情况下，最大限度地有效重复使用各个样本进行训练和验证，避免训练集或测试集样本不足而得到评估指标偏差大的问题。如果想得到更客观的评价结果，可先对原始数据随机置乱，然后再划分 K 折，还可以做 10 次十折交叉验证。

当把折数 K 取值为等于原始训练集的样本数 N 时，称为留一法交叉验证(Leave-One-Out Cross Validation，LOOCV)，即每个样本单独作为测试集，其余 $N-1$ 个样本作为训练集，因此一次 LOOCV 需要建立 N 个模型。LOOCV 每次验证中几乎全部样本都用于训练模型，最大限度地利用了训练样本，估计的泛化误差比较可靠。LOOCV 的缺点是计算成本高。

虽然通常将交叉验证视为在训练样本不足的情况下提高训练和验证效率的方式，但 Kaggle 最新的用户排行榜上排名第一位的 Bestfitting(https://www.kaggle.com/bestfitting，真名为 Shubin Dai)在分享他的成功经验[①]中极其推崇交叉验证方法，他最为重要的经验是"有了好的交叉验证方法就成功了一半"。

5.1.3　偏差与方差

深度神经网络的宽度和深度决定了模型的复杂度，宽度和深度越大，模型的复杂度越高，反之则模型的复杂度较低。模型的复杂度也称为容量(capacity)，容量较低的模型不能很好地捕捉到训练集数据的模式,称之为有较大的偏差(bias),也就是模型欠拟合(underfitting)训练数据。非正式地，我们将模型的偏差定义为拟合非常大的训练集时所期望的泛化误差。容量较高的模型很好地拟合了训练样本，偏差较小，然而不一定能很好地预测训练集以外的数据，这称为有较大的方差(variance)，也叫过拟合(overfitting)。

通常，偏差和方差有这样一种规律：如果模型过于简单，就具有大的偏差；反之，如果模型过于复杂，就有大的方差。偏差、方差与模型复杂度的关系如图 5.4 所示，偏差和方差共同构成总误差(即泛化误差)，我们构建深度网络的目标是使总误差最小化。因此，如何调整模型的复杂度，建立适当的误差模型，就变得非常重要。

机器学习通常需要通过实验确定最优的模型复杂度，使得模型的泛化能力强而且不产生过拟合是非常有挑战性的工作，这也称为偏差-方差折中(bias-variance tradeoff)。

但在深度学习时代，很少需要去偏差和方差，一般都是分别考虑偏差和方差，很少需要权衡这两者。

---

① My brief overview of my solution. https://www.kaggle.com/c/planet-understanding-the-amazon-from-space/discussion/36809.

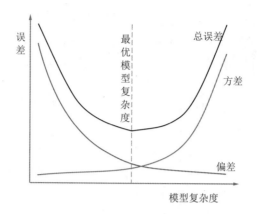

图 5.4   偏差、方差与模型复杂度的关系

在训练深度学习网络模型时，首先考虑偏差问题。先要评价模型的偏差是否很高，如果偏差高，无法拟合训练集，就要考虑以下两种解决方案：①选择更复杂的网络，增加隐藏层数和隐藏单元数；②增加训练轮次，或者尝试更为先进的优化算法。一般来说，采用规模更大的网络通常都会有帮助，增加训练时间不一定有用，但值得尝试。不断尝试这些方法直到偏差降低到可以接受为止，至少能够拟合训练集。

然后再通过查看模型在验证集上的性能，判断模型是否存在高方差问题。判断的根据是，与训练集性能相比，模型在验证集上的性能是否差别不是很大。如果存在高方差，解决办法主要有以下两种：①想办法收集更多的数据，这通常开销较大，但会有帮助；②如果不能收集更多的数据，只能尝试使用 5.2 节的正则化方法来减少过拟合。

虽然难以直接收集更多数据，但可以采用一些替代办法。常用的替代方案是数据增强，它可以增加训练集的样本数量，得到一定的性能提升。数据增强主要用于图像处理。常识告诉我们，对一幅图像进行旋转、翻转、平移、缩放、裁剪等几何变换都不会改变图像的类别。通常使用 tf.image 模块中的图片处理函数，随机对图片进行变换操作，得到更多的训练样本。详见 7.2.2 节。

5.2   正则化方法

我们已经知道，过拟合(高方差)问题是深度学习的常见问题，解决方案有两种：一种是收集更多的数据，但这种方法的代价相当高昂，因为获取更多数据并且标注的成本很高；另一种方法就是正则化，它可以帮助避免过拟合以减少测试误差。

5.2.1　提前终止

提前终止(early stopping)是一种简单有效的正则化方法，其基本思想是在网络出现过拟合的苗头时终止训练。具体方法是，使用梯度下降等优化算法进行网络优化时，使用验证误差来表示期望泛化误差。在验证集上的误差不降反升之前，就停止迭代。

在实际操作时，往往需要绘制一个训练准确率和验证准确率随训练轮次变化的曲线，以便观察网络的拟合程度，决定在何时终止训练。

图 5.5 所示为 imdb_early_stopping.py 程序绘制的训练和验证准确率曲线。可以看到，随着训练轮次的增加，训练准确率不断上升，但验证准确率不升反降，模型存在严重过拟合。

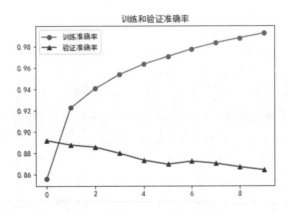

图 5.5　IMDB 训练和验证准确率曲线

提前终止的方法很简单，将 imdb_early_stopping.py 程序中的 EPOCHS 超参数从原来的 10 改为 1 即可，仅训练 1 轮。要修改的语句如下：

```
EPOCHS = 1 # 将原来的训练轮次从 10 改为 1
```

测试准确率就从原来的 0.8498 上升至 0.8872，大幅提升。

很多时候，验证准确率通常会先呈现上升趋势，然后在某个轮次以后开始下降。我们就选择这个轮次为提前终止的时刻，也就是说，既然神经网络在这个轮次已经表现很好了，就此打住，就可以得到比较好的性能。

5.2.2　正则化

神经网络中，正则化是通过对权重参数施加惩罚达到的。神经网络的交叉熵代价函数

通常写为

$$J(\boldsymbol{\theta}) = -\frac{1}{N}\sum_{i=1}^{N}\sum_{j=1}^{k} y_j^{(i)} \log \hat{y}_j^{(i)} \tag{5-4}$$

如果加上正则化项，式(5-4)可改写为：

$$J(\boldsymbol{\theta}) = -\frac{1}{N}\sum_{i=1}^{N}\sum_{j=1}^{k} y_j^{(i)} \log \hat{y}_j^{(i)} + \frac{\lambda}{2}\sum_{l=1}^{L}\left\|\boldsymbol{W}^{[l]}\right\|_2^2 \tag{5-5}$$

其中，λ 为正则化参数，$\|\cdot\|_2$ 为 L2 范数，$\left\|\boldsymbol{W}^{[l]}\right\|_2^2 = \sum_{i=1}^{d^{[l]}}\sum_{j=1}^{d^{[l-1]}}\left(W_{ij}^{[l]}\right)^2$，为权重矩阵中所有元素的平方和。

采用 L2 范数作为正则化惩罚项的方法称为 L2 正则化；有时也采用 L1 范数作为正则化惩罚项，称为 L1 正则化。

正则化方法中，正则化参数 λ 需要靠经验来设置。如果 λ 值很小，极端值为 0，显然正则化项的影响就小，无法改变过拟合状态。反之，如果将 λ 值设置过大，就对权重矩阵的值惩罚较严重，因此就会将权重矩阵 $\boldsymbol{W}$ 设置为接近于 0 的值，由于多个隐藏单元的权重值都接近 0，就会消除这些隐藏单元的影响，从而降低模型复杂度，将模型从过拟合状态纠正为高偏差状态。显然正则化参数 λ 有一个合适的中间值，这需要反复实验才能确定。

在 TensorFlow Keras 中，tf.keras.regularizer 实现了正则化，全连接层 Dense 和卷积层 Conv1D、Conv2D 和 Conv3D 都有共同的 API 接口，有如下三种正则化项。

- kernel_regularizer：权重正则项，tf.keras.regularizer.Regularizer 实例
- bias_regularizer：偏置正则项，tf.keras.regularizer.Regularizer 实例
- activity_regularizer：激活正则项，tf.keras.regularizer.Regularizer 实例

imdb_regularization.py 使用 L2 正则化使网络模型避免过拟合，关键代码如代码 5.1 所示。首先导入正则化 l2(注意这里是小写)，然后在 Dense 类构造函数中设置 kernel_regularizer 属性，两个隐藏层都使用 L2 正则化。

代码 5.1 正则化关键代码

```
from tensorflow.keras.regularizers import l2

……
# 构建简单的网络模型
model = Sequential()
model.add(Dense(UNITS, activation = 'relu', input_shape = (MAX_FEATURES, ),
kernel_regularizer=l2(0.02)))
model.add(Dense(UNITS, activation = 'relu', kernel_regularizer=l2(0.02)))
model.add(Dense(1, activation = 'sigmoid'))
print(model.summary())
```

运行结果如图 5.6 所示。可以看到，使用 L2 正则化以后验证准确率曲线有些震荡，如果配合使用提前终止方法，可以得到更好的结果。

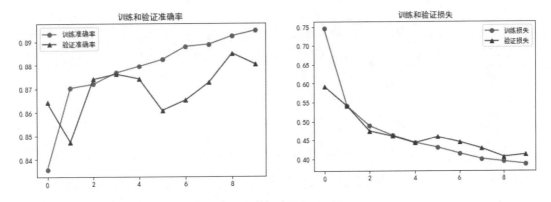

图 5.6　L2 正则化的运行结果

最终的测试准确率为 0.8746，高于不使用正则化的 0.8498。

5.2.3　Dropout

在训练一个深度神经网络时，可以选择一个概率 p，以随机丢弃部分神经元的方式来避免过拟合，这种方法叫作 Dropout。

以如图 5.7 所示的神经网络为例进行说明，假设该网络存在过拟合，需要使用 Dropout 来进行处理。

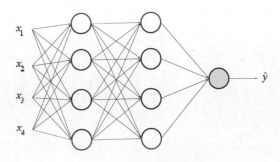

图 5.7　过拟合的神经网络

设置丢弃网络节点的概率 p，Dropout 会遍历神经网络的每一层的每一个节点，都以概率 p 来决定是丢弃还是保留。事实上，可以单独设置每一层网络丢弃节点概率 p，图 5.8 展示两层都以概率 $p = 0.5$ 来丢弃节点。遍历完成后，会丢弃一些节点，可以删除从丢弃节点进出的连线，从而得到一个节点数量更少、规模较小的网络，再使用反向传播进行训练。

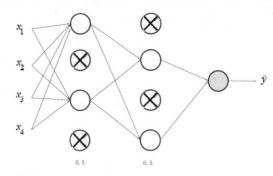

图 5.8　Dropout 完成后的网络

Dropout 还有一些细节需要注意。在训练阶段，每一个小批量在训练前都需要重新随机选择要丢弃或保留的神经元，因此每一次更新参数，都会丢弃一定比例的神经元，从而改变网络结构，导致每次都使用改变后的新网络结构来训练权重参数。在测试阶段，则不使用 Dropout，而是启用全部神经元进行预测。由于训练是按照比例 p 丢弃神经元，只保留了比例为 $(1-p)$ 的神经元，因此，在测试阶段，就需要将权重都乘以 $(1-p)$，以保证两个阶段的输出在大小上保持一致。

中国台湾大学李宏毅老师在机器学习公开课中举了一个形象的例子来说明 Dropout 的作用：团队工作中，假如每个人都期望同伴做好工作，那么就成了三个和尚没水喝。但如果每个人都知道同伴已经无法依靠(Dropout)，那就只能依靠自己，从而激发每个人的潜能。随机性 Dropout 保证网络有一定的适应能力，这样就消除了神经元之间的相互依赖。

imdb_dropout.py 实现了 Drop 正则化，其核心代码如代码 5.2 所示。首先从 tf.keras.layers 模块中导入 Dropout 类，然后在网络的两个隐藏层中将 $p=0.4$ 的 Dropout 实例添加到模型中。

代码 5.2　Dropout 核心代码

```
from tensorflow.keras.layers import Dropout

……
# 构建简单的网络模型
model = Sequential()
model.add(Dense(UNITS, activation = 'relu', input_shape = (MAX_FEATURES, )))
model.add(Dropout(0.4))     # 丢弃 40%的神经元
model.add(Dense(UNITS, activation = 'relu'))
model.add(Dropout(0.4))     # 丢弃 40%的神经元
model.add(Dense(1, activation = 'sigmoid'))
print(model.summary())
```

运行结果如图 5.9 所示。可以看到，使用 Dropout 正则化以后验证准确率曲线先上升后下降，如果配合使用提前终止方法，可以得到更好的结果。

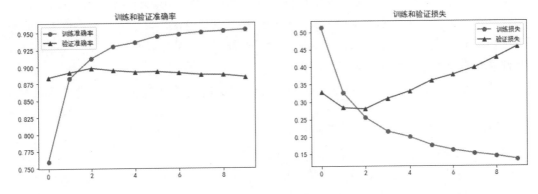

图 5.9　Dropout 的运行结果

最终的测试准确率为 0.87308，高于不使用 Dropout 正则化的 0.8498。

5.3　优化算法

优化算法用于训练深度学习模型，也就是寻找模型的最优参数。在训练模型时，优化算法不断迭代更新模型参数，以降低代价函数值。迭代终止时，最终的模型参数就是训练得到的优化后的参数。优化算法是深度学习的重要部分，它直接影响模型的训练效率。训练一个比较复杂的深度学习模型会花费很长的时间，如数小时乃至数天。深度学习需要训练多个模型，才能找到最合适的那一个。目前已有多种优化学习算法可供选择使用，好的优化算法能够帮助人们快速训练模型，其性能直接影响到模型的训练速度，选择合适的优化算法可以提高训练网络模型的效率。更重要的是，理解各种优化算法的工作原理和超参数含义能够帮助我们有针对性地调整参数，提高模型训练效率。

本节首先介绍深度学习中最常使用的小批量梯度下降，然后介绍几个常用的优化算法。

5.3.1　小批量梯度下降

早期的梯度下降算法使用批量更新，计算训练集的全部 N 个样本的平均梯度后，才运行一步梯度下降算法，这称为批量梯度下降(Batch Gradient Descent，BGD)算法。在训练集样本数较少的情况下，批量梯度下降算法工作得很好。但是，当 N 很大时，如百万级或千万级，这时，需要处理完整个训练集中的 N 个样本，才能运行一步梯度下降算法，然后再次处理 N 个样本，才能运行下一步。显然，这种优化算法相当低效。

　　与此对应的另一种极端的方式是随机梯度下降(Stochastic Gradient Descent，SGD)算法，它只计算训练集中一个样本的梯度，就运行一步梯度下降算法。显然，随机梯度下降运行得非常快，但优化过程较为曲折，因为它只看一个样本就决定前进的方向，但并非每一次迭代都能向正确的方向迈进。

　　小批量梯度下降(Mini-Batch Gradient Descent，MBGD)结合了批量梯度下降和随机梯度下降的优点。小批量梯度下降需要设置批量大小(batch_size)的值，其值往往设置为几十到数百，每次迭代使用 batch_size 个样本来计算平均梯度，并对网络参数进行更新。

　　算法 5.1 是小批量梯度下降算法的伪代码。算法有一个需要考虑的小问题，N / batch_size 的求值结果可能会有余数，也就是训练集样本总数 N 不一定能被 batch_size 整除，可能会剩余不足 batch_size 的少量样本，最简单的处理方式是丢弃这部分样本。另一个注意事项是在划分小批量之前，最好先对训练集 S 的样本顺序进行随机置乱。

算法 5.1　小批量梯度下降

函数：MBGD (S，θ，η，batch_size, num_epochs)
输入：训练集 S，初始参数 θ，学习率 η，批量大小 batch_size，训练批次 num_epochs
输出：最小化 $J(\theta)$ 的参数 θ

for e = 1 **to** num_epochs **do**
　　for t = 1 **to** N / batch_size **do**
　　　　从 S 中得到一个小批量的 $X^{\{t\}}$ 和 $Y^{\{t\}}$
　　　　前向传播计算 $\hat{Y}^{\{t\}}$
　　　　计算代价 $J^{\{t\}}(\theta) = \dfrac{1}{\text{batch\_size}} \text{cost}\left(\hat{Y}^{\{t\}}, Y^{\{t\}}\right)$
　　　　for 每一个参数 θ_i **do**
　　　　　　// 同时更新每一个 θ_i
　　　　　　$\theta_i = \theta_i - \eta \dfrac{\partial}{\partial \theta_i} J^{\{t\}}(\theta)$
　　　　end for
　　end for
end for
return θ

　　批量梯度下降一次遍历整个训练集只能完成一次参数更新，而小批量梯度下降法遍历一次训练集，通常称为一个轮次(epoch)，一轮能完成 N / batch_size 次参数更新。当然，确

切地说，训练往往需要遍历训练集多次，每次更新 N / batch_size 次参数，因此需要两重循环，外循环遍历训练轮次，内循环遍历整个训练集。训练过程就是一直在遍历训练集，直到网络性能达到理想的期望值。

如果训练集非常大，这对深度学习来说十分常见，小批量梯度下降算法比批量梯度下降算法运行得更快，因此几乎每个深度学习的研究人员在训练巨大的数据集时都会用到小批量梯度下降算法，只是有可能将原始的梯度下降替换为较为高级的优化算法，详见后文。

5.3.2 Momentum 算法

Momentum 算法也称为动量梯度下降算法(Gradient descent with Momentum)，其运算速度较快，常用于替换标准的梯度下降算法。Momentum 算法的基本思路是计算梯度的指数加权平均，然后用于更新权重。

假如要优化的代价函数的等高线图如图 5.10 所示，中心点为全局最优的位置。如果自某一个起始点开始运行梯度下降算法，由于待优化的两个参数形成的等高线扁平，纵轴比横轴窄，因此无论使用批量优化算法或小批量优化算法，上下摆动都会减慢梯度下降的速度，无法使用稍大的学习率，因为较大的学习率会引发结果偏离函数范围，引起震荡而无法收敛，如图 5.11 所示。为了避免波动过大，只能使用较小的学习率，使得优化过程漫长而低效。

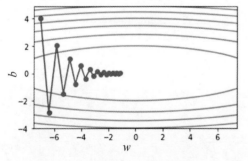

图 5.10 梯度下降算法的问题

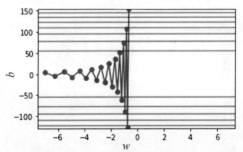

图 5.11 较大学习率无法收敛

图 5.10 和图 5.11 都由 gradient_descent.py 绘制。图中只考虑了标量参数 w 和 b 的情形，这只是为了便于可视化，真实情况可能有 w_1、w_2 等多个参数，以 BP 神经网络为例，小写 w 就会变成大写 W，表示权重矩阵，b 也由标量变为向量。后文同理，不再赘述。

动量梯度下降算法的基本思路是，在两个轴上使用不同的学习率。对于本例，在纵轴上希望有较小的学习率，使摆动幅度较小，而在横轴上希望有较大的学习率，加快学习尽快收敛至最优。具体做法是，在第 t 次迭代中，先计算微分 dW 和 db。这里既可以使用批量梯度下降算法，也可以使用小批量梯度下降算法。然后再计算式(5-6)：

$$v_{dW} = \gamma v_{dW} + (1-\gamma)dW \tag{5-6}$$

其中，γ 是 $0\sim1$ 范围内的超参数。式(5-6)为 dW 的移动平均，显然，γ 取值越小，dW 占的权重越大，其影响力越大；反之，γ 取值越大，dW 占的权重越小，其影响力越小。

同样计算 db 的移动平均：

$$v_{db} = \gamma v_{db} + (1-\gamma)db \tag{5-7}$$

然后使用梯度下降法更新权重参数：

$$W = W - \eta v_{dW} \tag{5-8}$$

$$b = b - \eta v_{db} \tag{5-9}$$

其中，η 为超参数学习率。

动量梯度下降算法的改进主要是用 v_{dW} 和 v_{db} 来分别替换梯度下降算法中的 dW 和 db，梯度下降算法的每一步都独立于以前的步骤，动量梯度下降算法则不然，它的每一步除了和当前的微分 dW 和 db 相关，还和以前的移动平均有关。这样做的好处可以用图 5.10 来说明，图中在纵轴上的摆动平均值接近于零，因为平均过程中的正负数相互抵消。但在横轴方向，微分值同号，平均值不会因抵消而变小。因此动量梯度下降算法使得纵轴的摆动变小，而横轴的移动加快，算法在迭代优化至最小值的过程中减小了摆动，因此走了快速的捷径。

动量梯度下降算法描述如算法 5.2 所示。

算法 5.2　动量梯度下降算法

函数：momentum（S，γ，η，num_epochs）
输入：训练集数据 S，动量 γ，学习率 η，训练批次 num_epochs
输出：优化后的参数 dW 和 db

$v_{dW} = 0$
$v_{db} = 0$
for t = 1 **to** num_epochs **do**
　　计算在当前小批量训练样本上的 dW 和 db
　　$v_{dW} = \gamma v_{dW} + (1-\gamma)dW$
　　$v_{db} = \gamma v_{db} + (1-\gamma)db$
　　$W = W - \eta v_{dW}$
　　$b = b - \eta v_{db}$
end for

上述算法有学习率 η 和动量参数 γ，参数 γ 通常取值为 0.9。

图 5.12 是由 momentum.py 绘制的优化过程示例，与图 5.10 比较而言，抑制了纵轴的摆动幅度，从而加快了算法的收敛速度。

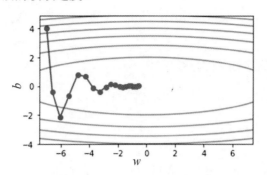

图 5.12　动量梯度下降算法示例

要注意，在实用中，动量梯度下降算法实际上并不使用 $(1-\gamma)$，而是使用 $v_{dW} = \gamma v_{dW} + dW$ 来替代 $v_{dW} = \gamma v_{dW} + (1-\gamma)dW$，并使用 $v_{db} = \gamma v_{db} + db$ 来替代 $v_{db} = \gamma v_{db} + (1-\gamma)db$。这样就相当于原 v_{dW} 和 v_{db} 都乘以 $1/(1-\gamma)$，因此要保持算法效果不变，需要同步修改原学习率 η 的值，变为 $(1-\gamma)\eta$。按照 TensorFlow 在线帮助的说法，accumulation = momentum × accumulation + gradient，对照前面公式，accumulation 对应 v_{dW} 或 v_{db}，gradient 对应 dW 或 db，momentum (动量)对应动量参数 γ，动量梯度下降算法因参数 γ 而得名。

tf.train 模块的 MomentumOptimizer 类实现了动量梯度下降算法，其主要参数有 learning_rate 和 momentum，这两个参数分别为学习率和动量，其类型都是张量或浮点数。MomentumOptimizer 类的主要方法有 compute_gradients()、apply_gradients()和 minimize ()，compute_gradients()方法计算 var_list 中变量的损失(loss)梯度，apply_gradients()方法将梯度应用于变量，minimize()方法通过更新 var_list 变量，添加操作以最小化损失(loss)。

5.3.3　RMSProp 算法

RMSProp 算法的全称是 Root Mean Square Propagation 算法，它同样可以加快梯度下降的速度。与 Momentum 算法类似，RMSProp 算法也是想减缓纵轴方向上的学习，同时加快横轴方向上的学习。

具体来说，RMSProp 算法在第 t 次迭代中，先计算微分 dW 和 db。然后使用指数加权平均，这里使用新符号 s_{dW} 和 s_{db}，有如下公式：

$$s_{dW} = \gamma s_{dW} + (1-\gamma)dW^2 \tag{5-10}$$

$$s_{db} = \gamma s_{db} + (1-\gamma)\mathrm{d}b^2 \tag{5-11}$$

这里的 γ 也称为遗忘因子。

注意，上述公式的 $\mathrm{d}W^2$ 指的是 $(\mathrm{d}W)^2$，$\mathrm{d}b^2$ 指的是 $(\mathrm{d}b)^2$，因此实际是微分平方的加权平均。

然后使用梯度下降法更新权重参数：

$$W = W - \frac{\eta}{\sqrt{s_{dW}}}\mathrm{d}W \tag{5-12}$$

$$b = b - \frac{\eta}{\sqrt{s_{db}}}\mathrm{d}b \tag{5-13}$$

现在来解读 RMSProp 算法原理。在图 5.10 中，我们希望在横轴方向(w 方向)的学习速度加快，而在纵轴方向(b 方向)的学习速度减缓。由于图中的等高线扁平，同一条等高线中，纵向距离比横向距离短得多，这意味着纵向梯度比横向梯度大得多。如果不理解这一点，可以把图 5.10 的等高线想象为一个大的盆地，横向的坡比较舒缓，经过很长的横向距离才能到达坡顶；而纵向的坡非常陡峭，经过很短的纵向距离就能到达坡顶。由于 s_{dW} 和 s_{db} 是 $\mathrm{d}W$ 和 $\mathrm{d}b$ 的移动平均数，因此 s_{dW} 相对小而 s_{db} 相对大。我们把学习率由原来的 η 更改为横向的 $\frac{\eta}{\sqrt{s_{dW}}}$ 和纵向的 $\frac{\eta}{\sqrt{s_{db}}}$，显然 $\frac{\eta}{\sqrt{s_{dW}}}$ 会增大而 $\frac{\eta}{\sqrt{s_{db}}}$ 会减小，进一步导致的结果就是横向学习率增大而纵向学习率减小。

由于 $\sqrt{s_{dW}}$ 和 $\sqrt{s_{db}}$ 是微分的平方和的加权平均后再使用平方根，因此算法得名为均方根(Root Mean Square，RMS)。

需要注意的是，在实际操作中要保证算法不会发生零除错误，也就是，要保证分母 $\sqrt{s_{dW}}$ 和 $\sqrt{s_{db}}$ 都不能为 0，因此要在分母上加上一个取值非常小的 ε，ε 可以取 10^{-8}，以保证不会发生数值运算的错误。还有，有的文献将 ε 放到平方根里面，TensorFlow 就是这样实现的，有的将 ε 放到平方根外面，由于 ε 值非常小，放在哪里对数值运算结果几乎没有什么影响。

事实上，前面讲述的仅仅是简化版的 RMSProp 算法原理，真实的 RMSProp 算法实现还加上动量因子，不是直接使用 $W = W - \frac{\eta}{\sqrt{s_{dW}}}\mathrm{d}W$ 和 $b = b - \frac{\eta}{\sqrt{s_{db}}}\mathrm{d}b$ 来进行更新的，而是按照下面的公式：

$$\mathrm{mom}_W = m \times \mathrm{mom}_W^{\mathrm{last}} + \frac{\eta}{\sqrt{s_{dW}+\varepsilon}}\mathrm{d}W \tag{5-14}$$

$$W = W - \mathrm{mom}_W \tag{5-15}$$

$$\text{mom}_W^{\text{last}} = \text{mom}_W \tag{5-16}$$

公式(5-14)中的 m 称为动量(momentum)超参数，它决定以前的 $\text{mom}_W^{\text{last}}$ 在权重更新中所占的比例，如果 m 值设为 0，则 RMSProp 算法退化为简化版。$\text{mom}_W^{\text{last}}$ 的初值应设为 0。

对偏置参数 b 的更新也照样处理。

这称为朴素动量(plain momentum)RMSProp 算法，还有另一种称为 Nesterov 动量 RMSProp 算法，该算法也是在更新过程中稍微做了一点改进，限于篇幅，就不再展开讨论了。

RMSProp 算法描述如算法 5.3 所示。

算法 5.3   RMSProp 算法

函数：RMSProp (S , γ , m , η , ε , num_epochs)

输入：训练集数据 S ，遗忘因子 γ ，动量 m ，学习率 η ，极小值 ε ，训练批次 num_epochs

输出：优化后的参数 dW 和 db

$s_{dW} = 0$

$s_{db} = 0$

$\text{mom}_W^{\text{last}} = \text{mom}_b^{\text{last}} = 0$

$\varepsilon = 1e - 8$

for t = 1 **to** num_epochs **do**

    计算在当前小批量训练样本上的 dW 和 db

    $s_{dW} = \gamma s_{dW} + (1 - \gamma) dW^2$

    $s_{db} = \gamma s_{db} + (1 - \gamma) db^2$

    $\text{mom}_W = m \times \text{mom}_W^{\text{last}} + \dfrac{\eta}{\sqrt{s_{dW} + \varepsilon}} dW$

    $W = W - \text{mom}_W$ // 更新权重参数

    $\text{mom}_W^{\text{last}} = \text{mom}_W$

    $\text{mom}_b = m \times \text{mom}_b^{\text{last}} + \dfrac{\eta}{\sqrt{s_{db} + \varepsilon}} db$

    $b = b - \text{mom}_b$ // 更新偏置参数

    $\text{mom}_b^{\text{last}} = \text{mom}_b$

end for

图 5.13 是由 rmsprop.py 绘制的优化示例，可以看到，优化过程所走的路径较短，纵轴完全没有摆动，算法的收敛速度很快。

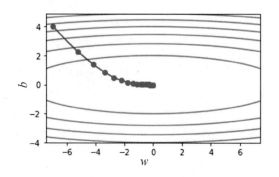

图 5.13 RMSProp 算法示例

tf.train 模块的 RMSPropOptimizer 类实现了 RMSProp 算法，其主要参数有 learning_rate、decay、momentum 和 epsilon。其中，learning_rate 参数为学习率；decay 参数就是遗忘因子 γ，默认值为 0.9；momentum 参数为动量，默认值为 0.0；epsilon 参数为避免零分母的很小值，默认值为 1e-10。

5.3.4 Adam 算法

Adam 算法是英文 Adaptive Moment Estimation 的简称，它是 RMSProp 算法的更新版本。确切地说，Adam 算法就是 Momentum 算法和 RMSProp 算法的结合。

Adam 算法描述如算法 5.4 所示。

算法 5.4 Adam 算法

函数：momentum $(S，\beta_1，\beta_2，\eta，\varepsilon，$ num_epochs$)$

输入：训练集数据 S，第一矩 β_1，第二矩 β_2，学习率 η，极小值 ε，训练批次 num_epochs

输出：优化后的参数 $\mathrm{d}W$ 和 $\mathrm{d}b$

// 初始化

$v_{\mathrm{d}W} = 0$

$s_{\mathrm{d}W} = 0$

$v_{\mathrm{d}b} = 0$

$s_{\mathrm{d}b} = 0$

for t = 1 **to** num_epochs **do**

  计算在当前小批量训练样本上的 $\mathrm{d}W$ 和 $\mathrm{d}b$

  // momentum 参数 β_1

  $v_{\mathrm{d}W} = \beta_1 v_{\mathrm{d}W} + (1 - \beta_1)\mathrm{d}W$

$$v_{db} = \beta_1 v_{db} + (1 - \beta_1)db$$

// RMSProp 参数 β_2

$$s_{dW} = \beta_2 s_{dW} + (1 - \beta_2)dW^2$$

$$s_{db} = \beta_2 s_{db} + (1 - \beta_2)db^2$$

// 偏差修正

$$v_{dW}^{corrected} = \frac{v_{dW}}{1 - \beta_1^{t+1}}$$

$$v_{db}^{corrected} = \frac{v_{db}}{1 - \beta_1^{t+1}}$$

$$s_{dW}^{corrected} = \frac{s_{dW}}{1 - \beta_2^{t+1}}$$

$$s_{db}^{corrected} = \frac{s_{db}}{1 - \beta_2^{t+1}}$$

// 更新网络参数

$$W = W - \frac{\eta}{\sqrt{s_{dW}^{corrected}} + \varepsilon} v_{dW}^{corrected}$$

$$b = b - \frac{\eta}{\sqrt{s_{db}^{corrected}} + \varepsilon} v_{db}^{corrected}$$

end for

Adam 算法中，使用超参数 β_1 来计算 Momentum 指数加权平均，再使用超参数 β_2 来计算 RMSProp 指数加权平均，然后计算偏差修正，最后更新权重。由于不只是使用 Momentum，因此要除以修正后的 $s_{dW}^{corrected}$ 或 $s_{db}^{corrected}$ 的平方根加 ε。

Adam 算法有多个超参数，学习率 η 需要采用试错法调试；β_1 参数常用的默认值为 0.9，是 Momentum 涉及的超参数，由于它计算微分 dW 和 db 的指数加权平均，因此也称为第一矩；β_2 参数常用的默认值为 0.999，由于它计算微分的平方 $(dW)^2$ 和 $(db)^2$ 的指数加权平均，因此也称为第二矩；ε 参数为避免零分母的很小值，Adam 算法发明人建议把 ε 设为 1e-8。事实上，尽管有多个参数，超参数 β_1、β_2 和 ε 通常都使用默认值，很少有人尝试去调整这三个超参数，唯一要调整的只是学习率 η。

图 5.14 是由 adam.py 绘制的优化示例。

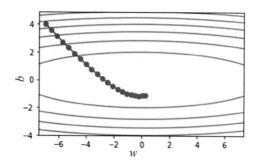

图 5.14　Adam 算法示例

　　tf.train 模块的 AdamOptimizer 类实现了 Adam 算法，其主要参数有 learning_rate、beta1、beta2 和 epsilon。其中，learning_rate 参数为学习率 η，默认值为 0.001；beta1 参数为第一矩 β_1，默认值为 0.9；beta2 参数为第二矩 β_2，默认值为 0.999；epsilon 参数为避免零分母的很小值，默认值为 1e-8。

第6章

卷积神经网络原理

卷积神经网络(convolutional neural networks,CNN)主要用于计算机视觉和自然语言处理等领域。卷积神经网络中有多个卷积层,其功能是对输入数据进行特征提取。卷积层由多个卷积核组成,其优点是先局部感知,然后在高层综合局部信息从而得到全局信息;卷积核参数共享极大地减少了运算量;多个卷积核从多个视角提取图像信息。卷积层后往往紧接池化层,能够对一块数据进行聚合,通过降维来减少运算量。二维的卷积神经网络主要应用在图像和视频分析上,其运算效率和准确率较高;一维的卷积神经网络应用于自然语言处理;一些卷积神经网络也应用在推荐系统等领域。

本章首先介绍卷积神经网络,接着介绍 CNN 与图像处理的基本概念,然后介绍 CNN 的 LeNet-5 网络实现,最后介绍使用 TensorFlow Estimator 完成 CIFAR-10 图像识别的示例。

6.1 CNN 介绍

卷积神经网络(CNN)是一种局部连接和权重共享的神经网络,其主要优势在于参数共享和稀疏连接。卷积神经网络卷积层使用若干过滤器,过滤器也称为卷积核,或者直接称为核。参数共享是指网络共享很少的过滤器参数;稀疏连接是指在做卷积计算时,过滤器每次只与输入特征的一小部分特征相连接,因而只有相连接的像素影响输出,其他像素对输出不起作用。通过这两种机制减少 CNN 的参数,可以使用更小的训练集来训练网络,抑制过拟合。

典型的卷积神经网络由卷积层、池化层和全连接层堆叠而成,一般用 CONV(convolution 缩写)、POOL(pooling 缩写)和 FC(fully connected 缩写)来分别表示这三层,使用反向传播(BP)算法进行网络训练。

6.1.1 CNN 与图像处理

图像处理面临的挑战是输入数据非常大。例如,CIFAR-10 数据集样本只是一张 32 像素宽、32 像素高的小图片,每张图片都有 3 个颜色通道,因此,数据量为 32×32×3=3072,输入特征向量 x 的维度为 3072。这容易接受,毕竟 32×32 的图片非常小,分辨率极低。

如果要处理更大的图片,比如 1000×1000 的图片,输入特征向量 x 的维度一下就变得高达 1000×1000×3=300 万。如果使用全连接网络,哪怕第一个隐藏层只用到 1000 个神经元,权重矩阵 $W^{[1]}$ 的大小将达到 1000×300 万,这意味着这一层就有 30 亿个参数,优化这么多的参数对计算机的处理能力提出了更高的要求。

事实上,1000×1000 的图片也算不上是大图。如果要处理更大的图片,全连接网络显然力不从心,就需要引入卷积神经网络,它通过共享参数和稀疏连接来减少参数,使得计算机容易处理。

6.1.2 卷积的基本原理

卷积运算非常适用于图像处理,这是由图像的特性决定的。

第一,图像中待识别物体的模式(比如眼睛或鼻子)远小于整个图像,神经元不需要完整看到整张图像才能识别这些模式,因此,一个神经元只需要连接图像上的一小部分区域,这样就可以大大减少参数。第二,同样的模式可能出现在图像的不同区域,待识别头像在图像中的位置是可变的，不可能为每一个区域都构建一个检测神经元，可以使用同一个神经元来检测不同区域的相同模式，这样可以使用同样的参数，实现参数共享。第三，待识别物体的远近、大小不应该影响识别的结果，通常使用子抽样(subsampling)技术去掉部分行列(如奇数行和奇数列)的像素，使处理后的图像只有原来图像大小的 1/4，这不会改变待识别物体的形状，但更少的数据使网络更容易进行处理。

卷积神经网络就是针对图像的上述三个特性而设立的，具体来说，卷积层用于处理第一个、第二个特性，池化层用于处理第三个特性。

1. 卷积运算

卷积运算往往构造一个或多个 3×3 的过滤器来对图像进行处理，常用过滤器矩阵的行数和列数都是奇数，且行、列数一般都相同，如 3×3、5×5 和 7×7，这样就存在一个便于标定过滤器位置的中心像素点。

图 6.1 展示了一个 6×6 的灰度图像和两个 3×3 的过滤器。图像的最小组成单位为像素，灰度图像仅有一种颜色，即一个通道，彩色图像有 RGB 三色，即三个通道，每个通道的一个像素取值为 0～255 范围内的整数或 0～1 范围内的浮点数。卷积运算中，每个过滤器检测很小区域的模式，过滤器矩阵中的值是待学习的参数，图中过滤器的取值是人为设定的，只是为了便于说明问题。

1	0	0	0	1	0
0	1	0	0	1	0
0	0	1	0	1	0
1	0	0	0	0	1
0	1	0	0	1	0
0	0	1	1	0	0

6×6图像

1	-1	-1
-1	1	-1
-1	-1	1

过滤器1

-1	1	-1
-1	1	-1
-1	1	-1

过滤器2

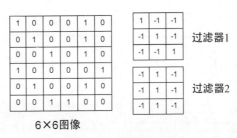

图 6.1 CNN 过滤器

图 6.2 演示了过滤器的卷积运算原理。图中的“*”表示卷积运算，首先是左上角阴影部分与过滤器 1 做卷积运算，即将阴影部分与过滤器的对应元素相乘，实质就是元素乘法(element-wise products)运算，最后相加得到运算结果。计算过程是

$$\begin{bmatrix} 1\times1 & 0\times(-1) & 0\times(-1) \\ 0\times(-1) & 1\times1 & 0\times(-1) \\ 0\times(-1) & 0\times(-1) & 1\times1 \end{bmatrix} = \begin{bmatrix} 1 & 0 & 0 \\ 0 & 1 & 0 \\ 0 & 0 & 1 \end{bmatrix}$$

，然后将结果矩阵的每个元素相加得到图中等号右边结果矩阵的最左上角的元素，即 1+0+0+0+1+0+0+0+1=3。

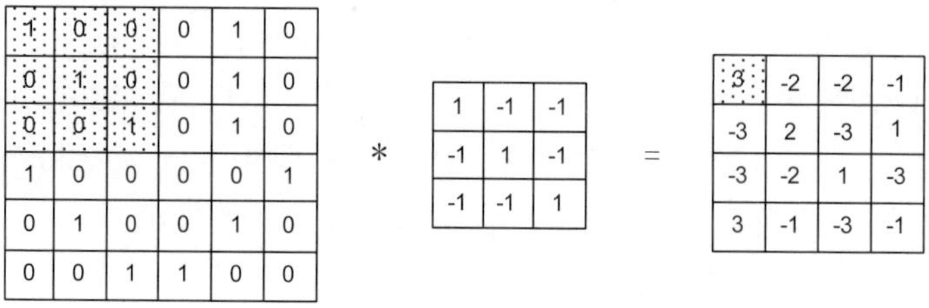

图 6.2　过滤器 1 的卷积运算

接着，将阴影部分形成的方块向右移动一像素，现在的卷积运算是

$$\begin{bmatrix} 0\times1 & 0\times(-1) & 0\times(-1) \\ 1\times(-1) & 0\times1 & 0\times(-1) \\ 0\times(-1) & 1\times(-1) & 0\times1 \end{bmatrix} = \begin{bmatrix} 0 & 0 & 0 \\ -1 & 0 & 0 \\ 0 & -1 & 0 \end{bmatrix}$$，然后将结果相加，得到-2，填到结果矩阵的 1

行 2 列，以此类推，再右移一次，得到-2，再右移得到-1，都填充到相应位置。

为了得到下一行的元素，把图 6.2 的阴影方块下移一像素，继续计算卷积结果为-3，填到结果矩阵的 2 行 1 列，按照这个计算方法继续，直到计算完结果矩阵中的全部元素。

总结一下，6×6 图像矩阵和 3×3 过滤器矩阵进行卷积运算，最终得到 4×4 结果矩阵。

结果矩阵的 1 行 1 列和 4 行 1 列的元素值都是 3，比其他值都大，说明过滤器检测到感兴趣的模式，这个模式就是 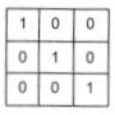 。

将过滤器 1 换为过滤器 2，按照同样的计算方法，得到如图 6.3 所示的结果矩阵。

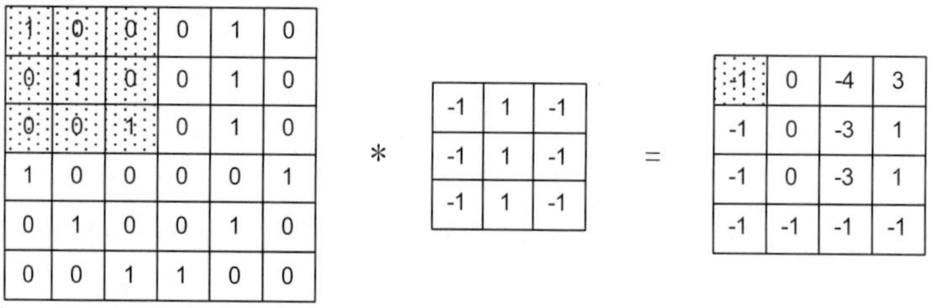

图 6.3　过滤器 2 的卷积运算

实际的卷积层往往有多个过滤器，图 6.4 展示了两个过滤器的情形。这时，输出两个通道，即两个 4×4 的矩阵，确切地说，输出是形状为(1, 4, 4, 2)的张量。注意，在卷积网络中，一般都使用四维张量来表示输入输出，其形状为(样本数, 高, 宽, 通道数)。例如，图 6.4 的图像输入先要转换为形状为(1, 6, 6, 1)的张量，然后再与两个过滤器做卷积运算，输出两个通道的结果矩阵。

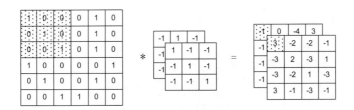

图 6.4   两个过滤器的情形

前面讲述的图像输入都只有一个通道，很多图像是彩色的 RGB 三通道，对应的过滤器通常也只说高宽形状为 3×3，但真实的过滤器实际是三维的，也就是 3×3×3，过滤器的深度维一定要和输入的通道数一致。图 6.5 展示了输入为 RGB 三通道的情形，这时过滤器的深度等于输入通道数 3，得到一个通道的输出。如果有 n_c 个过滤器，就会得到 n_c 个通道的输出。过滤器一般用四维张量来表示，它的形状为(核高, 核宽, 输入通道数, 输出通道数)，这里的核就是指过滤器。

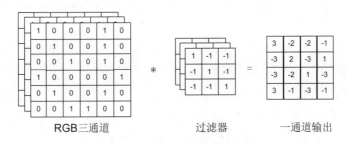

RGB三通道   过滤器   一通道输出

图 6.5   RGB 三通道的情形

2. Padding

我们已经知道，用一个 3×3 的过滤器对一个 6×6 的图像做卷积运算，最终会得到一个 4×4 的输出矩阵。这是因为，把 3×3 过滤器放到 6×6 矩阵中，只有 4×4 种可能的不同放法。将这种情形进行推广，假设图像为 $n×n$ 的矩阵，过滤器为 $f×f$ 的矩阵，卷积运算后输出矩阵的维度就是 $(n-f+1)×(n-f+1)$。本例中，6-3+1=4，因此输出矩阵的维度是 4×4。

可见，每一次这样的卷积操作都会缩小图像尺寸，多次卷积以后，图像就会变得非常小。另一个问题是四个角落的像素点每个只能与一个过滤器做卷积，而中间像素点可能会有多个过滤器重叠覆盖。四周边缘也存在同样问题，只是没有四个角严重。因此，在卷积操作的输出信息中，角落和四周边缘的像素信息量就会比中间区域的像素信息量少，导致角落和边缘位置的部分信息的丢失。

为了解决这个问题，需要在卷积之前先进行 Padding 操作，Padding 的中文含义是填充。

举例来说，沿前述的 6×6 的图像四周边缘填充一圈像素，将 6×6 的图像变成 8×8 的图像，如图 6.6 所示。这样，再使用 3×3 过滤器进行卷积操作，得到的输出就与原图像的尺寸一致，都是 6×6 的图像。习惯上，填充的像素通常取 0 值。

	1	0	0	0	1	0	
	0	1	0	0	1	0	
	0	0	1	0	1	0	
	1	0	0	0	0	1	
	0	1	0	0	1	0	
	0	0	1	1	0	0	

图 6.6 Padding 原理

假设用 p 来表示填充的像素数量，图 6.6 中，$p=1$，因为我们在四周都填充了一圈像素，输入图像变大，需要在原来尺寸基础上加上 $2p$，输出矩阵相应变成 $(n+2p-f+1)\times(n+2p-f+1)$，本例的形状为$(6+2\times1-3+1)\times(6+2\times1-3+1)=6\times6$，和输入的图像一样尺寸。

我们已经演示了在四周填充 1 个像素点，实际上，p 不会只取 1，也可以取其他值，例如取值 2，这样填充 2 个像素点。甚至也没有规定上、下、左、右填充的像素数量必须相同，左边填充 1 像素，右边填充 2 像素也是可以接受的。

通常并不需要直接指定 p 值，而是选择使用 Valid 卷积算法还是 Same 卷积算法。例如，tf.nn.conv2d 函数的 padding 参数指定卷积算法的类型，取值只能是"VALID"或"SAME"之一。

Valid 卷积就是不填充，即 $p=0$。如果图像为 $n\times n$，过滤器为 $f\times f$，卷积输出就是 $(n-f+1)\times(n-f+1)$。

Same 卷积就是让输出大小与输入大小一样。如果图像为 $n\times n$，当填充 p 个像素点后，n 就变成了 $n+2p$，因此输出 $n-f+1$ 就变成 $n+2p-f+1$，即输出矩阵的形状为 $(n+2p-f+1)\times(n+2p-f+1)$。如果想让输出和输入的大小相等，即 $n+2p-f+1=n$，求解 p，得 $p=(f-1)/2$。当 f 为奇数时，只要选择合适的 p，就能保证得到的输出与输入尺寸相同。本例中，过滤器为 3×3，当 $p=(3-1)/2=1$ 时，也就是填充 1 像素就得到与输入尺寸相同的输出。

3. 卷积步长

在前面的例子中，我们使用的步长都是 1，第一次移动阴影方块后的情形如图 6.7 的左图所示。我们还可以设置步长更大一点，比如，设置步长为 2，让过滤器一次就跳过两像素，第一次移动阴影方块跳过两格后的情形如图 6.7 的右图所示。这是水平步长，垂直步长也类似，如果垂直步长为 2，意味着一次移动阴影方块向下跳过两像素。

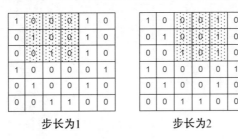

步长为1　　　　　步长为2

图 6.7　步长

输出矩阵大小可以由下面的公式计算。假设输入图像大小为 $n \times n$，过滤器大小为 $f \times f$，padding 为 p，步长为 s，输出矩阵的计算公式为：$\left(\dfrac{n+2p-f}{s} + 1 \right) \times \left(\dfrac{n+2p-f}{s} + 1 \right)$。

如果 $n=7, f=3, p=0, s=2$，$\dfrac{7+2\times0-3}{2} + 1 = 3$，即输出为 3×3。但如果 $n=6$，显然 $\dfrac{6+2\times0-3}{2}$ 不能除尽，商不为整数。这时，按照惯例，需要向下取整，也就是说，只有当过滤器完全处于图像区域内才能输出卷积运算结果，我们用符号 $\lfloor\quad\rfloor$ 来表示向下取整，这样就把输出矩阵的计算公式修正为：$\left\lfloor \dfrac{n+2p-f}{s} + 1 \right\rfloor \times \left\lfloor \dfrac{n+2p-f}{s} + 1 \right\rfloor$。

4. 卷积与全连接对照

将卷积神经网络与全连接网络做一个对照，能让我们更好地理解为什么在视觉处理中要使用卷积神经网络而不是全连接网络。

如果输入为 6×6 的灰度图像，全连接网络会用连接线将输入层的全部节点与中间层的全部节点都两两相连，即便不考虑偏置，权重参数的总数为输入节点与中间层节点的乘积，参数数量也相当大，例如，假设中间节点数为 32，则参数数量为 36×32=1152，如图 6.8 所示。

与全连接网络相比，卷积神经网络的参数则少了很多。还是以 3×3 的过滤器对 6×6 的灰度图像做卷积运算为例来进行说明，第一次卷积运算所得结果为 3，如图 6.9 的左图所示。

由于输入为 6×6 图像，可以用 36 个输入节点来表示，即 x_1，x_2，…，x_{36}，那么，卷积运算过程可用图 6.9 的右图来表示。可见，输入层只有 9 个节点和中间层节点③相连，圆圈中的数字表示计算结果为 3。9 根连接线中，每一根线都标注了类似 f11 的权重，f11 就是过滤器的 1 行 1 列的权重值，f12 为 1 行 2 列的权重值，以此类推。

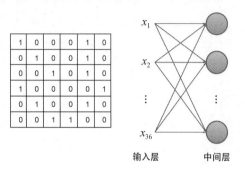

图 6.8　全连接网络

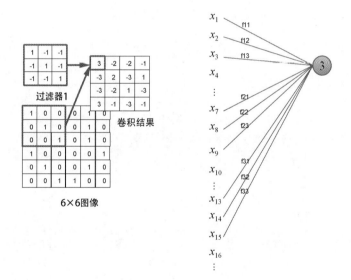

图 6.9　只考虑一次卷积运算的卷积网络

图 6.9 只考虑一次卷积运算，如果要进行下一次卷积，只需要在中间层添加另一个节点 ②，分别从 x_2、x_3、x_4、x_8、x_9、x_{10}、x_{14}、x_{15} 和 x_{16} 引出 9 根连接线指向该节点。

5. 编程验证卷积运算

如代码 6.1 所示的 conv_op_demo1.py 程序验证了图 6.9 的计算结果。先使用 tf.Variable

定义了 6×6 的灰度图像，并调用 tf.reshape 函数将图像转换为形状(样本数, 高, 宽, 通道数)
的张量，以符合卷积网络输入的要求。然后定义过滤器 1，并调用 tf.reshape 函数将过滤器
转换为形状(核高, 核宽, 输入通道数, 输出通道数)的张量，这是对卷积网络过滤器的要求。
下一步定义步长 strides，形状为(1, 水平步长, 垂直步长, 1)，这里将水平步长和垂直步长都
设为 1。最后调用 tf.nn.conv2d 函数完成卷积运算并打印运算结果，这里用到 4 个输入参数，
第一个参数 input 为卷积的输入，第二个参数 filter 为卷积核，第三个参数 strides 为步长，
第四个参数 padding 定义卷积方式，取值只能是"VALID"或"SAME"。

代码 6.1　卷积运算原理代码

```python
import tensorflow as tf

# 6×6 灰度图像
img = tf.Variable([[1, 0, 0, 0, 1, 0],
                   [0, 1, 0, 0, 1, 0],
                   [0, 0, 1, 0, 1, 0],
                   [1, 0, 0, 0, 0, 1],
                   [0, 1, 0, 0, 1, 0],
                   [0, 0, 1, 1, 0, 0]
                   ], dtype = tf.float32)
# 转换为形状(样本数, 高, 宽, 通道数)的张量
img = tf.reshape(img, [1, img.shape[0], img.shape[1], 1])

# 过滤器 1 的定义
filter1 = tf.Variable([[1, -1, -1],
                       [-1, 1, -1],
                       [-1, -1, 1]
                       ], dtype = tf.float32)
# 转换为形状(核高,核宽,输入通道数,输出通道数)的张量
filter1 = tf.reshape(filter1, [filter1.shape[0], filter1.shape[1], 1, 1])

# 步长。形状(1,水平步长,垂直步长,1)
strides = [1, 1, 1, 1]

# 卷积运算
init = tf.global_variables_initializer()
with tf.Session() as sess:
    sess.run(init)
    conv2d = tf.nn.conv2d(img, filter1, strides = strides, padding = "VALID")
    print(sess.run(conv2d))
```

执行 conv_op_demo1.py 程序得到如下卷积运算结果，与图 6.2 所示的运算结果一致。

```
[[[[ 3.]
   [-2.]
   [-2.]
   [-1.]]

  [[-3.]
   [ 2.]
   [-3.]
   [ 1.]]

  [[-3.]
   [-2.]
   [ 1.]
   [-3.]]

  [[ 3.]
   [-1.]
   [-3.]
   [-1.]]]]
```

如代码 6.2 所示的 conv_op_demo2.py 程序验证了图 6.4 的计算结果。先使用 tf.Variable
定义了 6×6 的灰度图像，并调用 tf.reshape 函数将图像转换为形状(样本数，高，宽，通道数)
的张量，以符合卷积网络输入的要求。然后定义过滤器 1 和过滤器 2，调用 tf.stack 函数将
两个过滤器堆叠起来，然后调用 tf.reshape 函数将过滤器转换为形状(核高，核宽，输入通道
数，输出通道数)的张量，满足卷积网络过滤器的要求。下一步定义步长 strides，形状为(1，水
平步长，垂直步长，1)，这里将水平步长和垂直步长都设为 1。最后调用 tf.nn.conv2d 函数完
成卷积运算并打印运算结果。

代码 6.2　两个过滤器的卷积运算

```python
import tensorflow as tf

# 6×6 灰度图像
img = tf.Variable([[1, 0, 0, 0, 1, 0],
            [0, 1, 0, 0, 1, 0],
            [0, 0, 1, 0, 1, 0],
            [1, 0, 0, 0, 0, 1],
            [0, 1, 0, 0, 1, 0],
            [0, 0, 1, 1, 0, 0]
            ], dtype = tf.float32)
# 转换为形状(样本数，高，宽，通道数)的张量
img = tf.reshape(img, [1, img.shape[0], img.shape[1], 1])

# 过滤器 1 的定义
```

```
filter1 = tf.Variable([[1, -1, -1],
                       [-1, 1, -1],
                       [-1, -1, 1]
                       ], dtype = tf.float32)
# 过滤器 2 的定义
filter2 = tf.Variable([[-1, 1, -1],
                       [-1, 1, -1],
                       [-1, 1, -1]
                       ], dtype = tf.float32)

# 堆叠起来
filters = tf.stack([filter1, filter2], axis = -1)

# 转换为形状 (核高, 核宽, 输入通道数, 输出通道数) 的张量
filters = tf.reshape(filters, [filters.shape[0], filters.shape[1], 1,
filters.shape[2]])

# 步长。形状 (1, 水平步长, 垂直步长, 1)
strides = [1, 1, 1, 1]

# 卷积运算
init = tf.global_variables_initializer()
with tf.Session() as sess:
    sess.run(init)
    conv2d = tf.nn.conv2d(img, filters, strides = strides, padding = "VALID")
    print(sess.run(conv2d))
```

执行 conv_op_demo2.py 程序得到如下卷积运算结果，与图 6.4 所示的运算结果一致。

```
[[[[ 3. -1.]
   [-2.  0.]
   [-2. -4.]
   [-1.  3.]]

  [[-3. -1.]
   [ 2.  0.]
   [-3. -3.]
   [ 1.  1.]]

  [[-3. -1.]
   [-2.  0.]
   [ 1. -3.]
   [-3.  1.]]

  [[ 3. -1.]
   [-1. -1.]
   [-3. -1.]
   [-1. -1.]]]]
```

如代码 6.3 所示的 conv_op_demo3.py 程序展示了图 6.5 所示的三个输入通道的计算过程。先使用 tf.Variable 定义了 6×6 的彩色图像，像素为随机值。然后定义过滤器 1 和步长 strides。最后调用 tf.nn.conv2d 函数完成卷积运算并打印运算结果。

代码 6.3　三个输入通道一个输出通道的卷积运算

```
import tensorflow as tf

# 6×6 彩色图像
img = tf.Variable(tf.random_normal([1, 6, 6, 3]))

# 过滤器 1 的定义
filter1 = tf.Variable(tf.ones([3, 3, 3, 1]))

# 步长。形状(1,水平步长,垂直步长,1)
strides = [1, 1, 1, 1]

# 卷积运算
init = tf.global_variables_initializer()
with tf.Session() as sess:
    sess.run(init)
    conv2d = tf.nn.conv2d(img, filter1, strides = strides, padding = "VALID")
    print(sess.run(conv2d))
```

由于图像由随机值组成，因此卷积运算结果不确定。

6.1.3　池化的基本原理

池化层通常用于缩减模型的规模，提高运算速度。池化层通常和卷积层联合使用，这是因为，池化层减小图像尺寸有助于卷积层过滤器捕捉到稍大一些的特征。比如，3×3 的过滤器，在图像尺寸不变的条件下，只能捕捉到 3×3 的特征，但是当图像缩小一半的时候，就能捕捉到大一倍的特征。

1. 池化运算

有两种池化运算，最大池化(max pooling)和平均池化(average pooling)。其中，最大池化用得较多，很少用平均池化。

先举例说明最大池化运算过程，如图 6.10 所示。假如输入是一个 4×4 的矩阵，使用 2×2(即 f=2)的最大池化，步长 s=2。运算过程比较简单，先把 4×4 的输入划分为 4 个不同区域，用不同阴影来表示，输出的每个元素取对应区域的元素最大值。例如，左上区域的最大值是 2，右上区域 的最大值为 4，左下区域 的最大值是 6，右下区域 的最大值是 8，最后得到运算结果 。

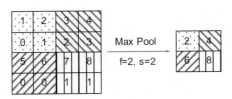

图 6.10　最大池化示例

池化核的移动规律与过滤器一致，2×2 的池化核首先覆盖左上区域 ，随后向右移动，由于步长为 2，跳过两格移动到右上区域 ，然后下移两行像素覆盖 ，最后覆盖 。

计算池化层输出大小的公式同样与过滤器一致，池化运算很少用 padding，因此一般设置 $p=0$。假设池化层的输入为 $n_H \times n_W \times n_c$，不用 padding，则输出大小为 $\left\lfloor \dfrac{n_H-f}{s}+1 \right\rfloor \times \left\lfloor \dfrac{n_W-f}{s}+1 \right\rfloor \times n_c$。由于需要对每个通道都做池化，因此输入通道与输出通道的数量相同。

如果将输入看成是某些特征的集合，数值大意味着可能检测到一些特征，最大池化运算就是保证只要提取到某些特征，就会保留在最大池化输出中。

池化运算只有一组超参数，如 f 和 s，但没有需要优化的参数。优化算法没有什么可以学习，确定了超参数后，池化运算只是一个固定运算，不需要改变任何参数。

平均池化与最大池化的运算过程基本一致，唯一不同的是平均池化将求最大值运算换成了求平均值运算。

2. 编程验证池化运算

如代码 6.4 所示，pool_op_demo1.py 程序验证了图 6.10 的计算结果。先使用 tf.Variable 定义了 4×4 的单通道输入图像，并调用 tf.reshape 函数将图像转换为形状(样本数, 高, 宽, 通道数)的张量，以符合卷积网络输入的要求。然后定义池化核 pool1 为 4 维张量，形状为(1, 池化核高, 池化核宽, 1)的张量。下一步定义步长 strides，形状为(1, 水平步长, 垂直步长, 1)，这里将水平步长和垂直步长都设为 2。最后调用 tf.nn.max_pool 函数完成池化运算并打印运算结果，这里用到 4 个输入参数，第一个参数 value 为池化的输入，第二个参数 ksize 为池化核的大小，第三个参数 strides 为步长，第四个参数 padding 定义卷积方式，取值只能是"VALID"或"SAME"。

代码 6.4　池化示例 1

```python
import tensorflow as tf

# 6×6灰度图像
img = tf.Variable([[1, 2, 3, 4],
        [0, 1, 2, 3],
        [5, 6, 7, 8],
        [0, 0, 1, 1]
        ], dtype = tf.float32)
# 转换为形状(样本数, 高, 宽, 通道数)的张量
img = tf.reshape(img, [1, img.shape[0], img.shape[1], 1])

# 池化核1的定义
pool1 = [1, 2, 2, 1]

# 步长。形状(1, 水平步长, 垂直步长, 1)
strides = [1, 2, 2, 1]

# 池化运算
init = tf.global_variables_initializer()
with tf.Session() as sess:
    sess.run(init)
    pool2d = tf.nn.max_pool(img, pool1, strides = strides, padding = "VALID")
    print(sess.run(pool2d))
```

运行结果如下，可以将结果和图 6.10 对照。

```
[[[[2.]
   [4.]]

  [[6.]
   [8.]]]]
```

　　如代码 6.5 所示的 pool_op_demo2.py 程序演示对一幅图像的池化运算。首先加载并显示图像，进行图像预处理，以符合卷积神经网络的输入要求，然后定义池化核和步长，最后进行池化运算并显示处理后的图像。

代码 6.5　池化示例 2

```python
import tensorflow as tf
import numpy as np
from tensorflow.keras.preprocessing import image
from skimage import io

image_path="../images/lena.jpg"
```

```
# 加载图像
img = io.imread(image_path)

# 显示图像
io.imshow(img)
io.show()

# 图像预处理
x = image.img_to_array(img)
x = np.expand_dims(x, axis = 0)

# 池化核 1 的定义
pool1 = [1, 2, 2, 1]

# 步长。形状(1, 水平步长, 垂直步长, 1)
strides = [1, 2, 2, 1]

# 池化运算
init = tf.global_variables_initializer()
with tf.Session() as sess:
    sess.run(init)
    pool2d = tf.nn.max_pool(x, pool1, strides = strides, padding = "VALID")
    pool2d = tf.reshape(pool2d, [pool2d.shape[1], pool2d.shape[2],
pool2d.shape[3]])
    result = sess.run(pool2d)

# 显示图像
io.imshow(result.astype('uint8'))
```

运行结果如图 6.11 所示。左图为原始图像，右图为池化运算后的图像，可以看到，处理后的图像几乎和原图像一样，但是高和宽都缩小了一半。

图 6.11　图像的池化运算

6.2 Keras 实现 LeNet-5 网络

本节使用 TensorFlow Keras 技术实现著名的 LeNet-5 网络，先介绍 LeNet-5 的历史，然后使用 Keras 实现 LeNet-5 网络，识别 MNIST 手写数字。

6.2.1 LeNet-5 介绍

LeNet-5 是神经网络专家 Yann LeCun 于 1998 年设计的卷积神经网络，用于手写数字识别。当时美国很多银行使用 LeNet-5 来识别支票上面的手写数字，因而成为非常有代表性的卷积神经网络系统。

可以把 LeNet-5 视为卷积神经网络的开端，不包括输入层的 LeNet-5 共有 7 层，具体为 2 个卷积层、2 个下抽样层(池化层)和 3 个全连接层，每层的可训练参数不一，其网络结构如图 6.12 所示。

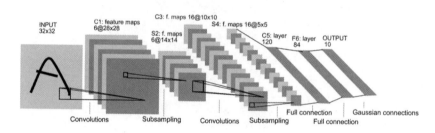

图 6.12　LeNet-5 网络结构

输入图像的尺寸为 32×32，比 MNIST 数据集字母的尺寸 28×28 大。实用中，LeNet-5 可以接受稍大或稍小尺寸的图像。

C1 层是 LeNet-5 的第一个卷积层，有 6 个输出通道。过滤器的形状为 5×5，每个过滤器有 5×5 个权重参数加上 1 个偏置参数，一共 26 个参数。步长 $s=1$，填充 $p=0$，这样，输出矩阵的形状为(32−5+1)×(32−5+1)=28×28。容易计算得到，C1 层共有 26×6=156 个可训练参数。

S2 层是一个池化层。S2 层对 C1 层 6 个通道的 28×28 输出矩阵进行池化操作，池化核的形状为 2×2，得到 6 个通道的((28−2)/2+1)×((28−2)/2+1)=14×14 的输出。

C3 层是第二个卷积层，有 6 个输入通道和 16 个输出通道。过滤器的形状与 C1 层一样，为 5×5，步长 $s=1$，填充 $p=0$，因此输出矩阵的形状为(14−5+1)×(14−5+1)=10×10。可以计算出 C3 层共有(5×5×6+1)×16=2416 个可训练参数。

S4 是第二个池化层。S4 对 C3 层 16 个通道的 10×10 输出矩阵进行池化操作，池化核的形状为 2×2，得到 16 个通道的((10-2)/2+1)×((10-2)/2+1)=5×5 的输出。

C5 层在当时的版本为卷积层，有 120 个输出通道，过滤器大小同样是 5×5。由于 S4 层的 16 个通道的大小为 5×5，与过滤器的大小相同，因此卷积操作后的输出矩阵大小为 1×1，可以计算出共有(5×5×16+1)×120 = 48 120 个参数。现在的版本将 C5 层实现为全连接层，有 120 个神经元。由于 S4 层输出 16 个通道的大小为 5×5 的矩阵，经过 Flatten 后的神经元个数为 5×5×16，与本层的 120 个神经元相连接，所以共有(5×5×16+1)×120 = 48 120 个参数，与原来版本的参数数量一致。

F6 是全连接层，有 84 个神经元，这 84 个神经元与 C5 层的 120 个神经元相连接，所以可训练的参数为(120+1)×84=10 164。

最后一层是输出层，共有 10 个输出节点，分别代表数字 0 到 9。当时使用的是径向基函数(radial basis function)单元，现在已经很少使用这种方式，当前版本使用 Softmax 激活函数输出 10 种分类结果。

6.2.2 使用 Keras 实现 LeNet-5 网络

本例使用 TensorFlow Keras 实现一个 LeNet-5 网络，完成 MNIST 手写数字识别，完整程序请参见 mnist_keras.py。

首先是调用 load_data 函数加载 MNIST 数据集，训练集的图像数据和标签分别加载到 train_images 和 train_labels 变量中，测试集的图像数据和标签分别加载到 test_images 和 test_labels 变量中。由于加载进来的图像数据是形状为(样本数，高，宽)的张量，没有指定通道，不符合 CNN 网络输入的要求，因此需要调用 reshape 函数将训练集和测试集的图像数据都转换为形状 (样本数，高，宽，通道数)的张量。然后除以 255，将原来为 0~255 范围内的像素值转换为 0~1 范围内的 float32 数据类型。最后将训练集和测试集的标签都转换为独热码。如代码 6.6 所示。

代码 6.6　加载数据集和预处理

```
# 导入模块
from tensorflow import keras
from tensorflow.keras import layers, models
from tensorflow.keras.utils import to_categorical
import matplotlib.pyplot as plt
import matplotlib as mpl
```

```
# MNIST 数据集参数
IMAGE_SIZE = 28
NUM_TRAIN_EXAMPLES = 60000
NUM_TEST_EXAMPLES = 10000

TRAIN_EPOCHS = 5
BATCH_SIZE = 64

# 防止 plt 汉字乱码
mpl.rcParams[u'font.sans-serif'] = ['simhei']
mpl.rcParams['axes.unicode_minus'] = False

# 加载数据
mnist = keras.datasets.mnist
(train_images, train_labels), (test_images, test_labels) = mnist.load_data()

# reshape 为(样本数, 高, 宽, 通道数)
train_images = train_images.reshape((NUM_TRAIN_EXAMPLES, IMAGE_SIZE,
IMAGE_SIZE, 1))
test_images = test_images.reshape((NUM_TEST_EXAMPLES, IMAGE_SIZE, IMAGE_SIZE,
1))
# 转换为 0~1 范围
train_images = train_images.astype('float32') / 255
test_images = test_images.astype('float32') / 255
# 转换为独热码
train_labels = to_categorical(train_labels)
test_labels = to_categorical(test_labels)
```

下一步是建立 LeNet-5 模型。新建一个 Sequential 实例，然后添加一个 5×5 通道数为 6 的 2D 卷积层和一个 2×2 最大池化层，再次添加一个 2D 卷积层和一个最大池化层，只是通道数变为 16。下面再添加一个 Flatten 层将三维数据转换为一维数据，最后添加三个全连接层并显示模型。注意到最后一个全连接层的神经元个数为 10，这要和分类任务的类别数一致，而且要使用 Softmax 激活函数。如代码 6.7 所示。

⌨ **代码 6.7　建立 LeNet-5 模型**

```
# LeNet-5 CNN 模型
model = models.Sequential()

# 6 个过滤器，形状为 5*5
model.add(layers.Conv2D(6, kernel_size = (5, 5), activation = 'relu',
input_shape=(IMAGE_SIZE, IMAGE_SIZE, 1)))
# 最大池化核，形状为 2*2
model.add(layers.MaxPooling2D(pool_size=(2, 2)))
```

```
model.add(layers.Conv2D(16, kernel_size = (5, 5), activation = 'relu'))
model.add(layers.MaxPooling2D(pool_size = (2, 2)))
model.add(layers.Flatten())
model.add(layers.Dense(120, activation = 'relu'))
model.add(layers.Dense(84, activation = 'relu'))
model.add(layers.Dense(10, activation = 'softmax'))

# 显示模型
model.summary()
```

上述代码的执行结果如下：

```
Layer (type)                 Output Shape              Param #
=================================================================
conv2d (Conv2D)              (None, 24, 24, 6)         156

max_pooling2d (MaxPooling2D) (None, 12, 12, 6)         0

conv2d_1 (Conv2D)            (None, 8, 8, 16)          2416

max_pooling2d_1 (MaxPooling2 (None, 4, 4, 16)          0

flatten (Flatten)           (None, 256)                0

dense (Dense)               (None, 120)                30840

dense_1 (Dense)             (None, 84)                 10164

dense_2 (Dense)             (None, 10)                 850
=================================================================
Total params: 44,426
Trainable params: 44,426
Non-trainable params: 0
```

我们显示模型的目的是更清楚地分析各层的结构。可以看到，卷积层的参数数量和 6.1 节的计算结果一致，池化层没有参数，因此参数数量为 0，但三个全连接层的参数数量与 6.1 节有差别，各层的输出形状(Output Shape)栏与 6.1 节有差别，这是因为原始的 LeNet-5 的网络输入为 32×32，但 MNIST 的输入为 28×28。整个 LeNet-5 网络的参数数量为 44 426，对于一个很小的"玩具"数据集来说，需要优化的参数也很多。

下面的步骤是训练模型。使用 RMSProp 优化器，使用交叉熵损失函数，性能评估指标使用准确率(accuracy)。然后调用 fit 函数进行训练，其中，validation_split 设为 0.2 是将 20%的训练数据划分为验证集，用于评估模型性能。最后保存模型，如代码 6.8 所示。

代码 6.8 训练模型

```python
# 设置优化方法等
model.compile(optimizer = 'rmsprop',
              loss = 'categorical_crossentropy',
              metrics = ['accuracy'])
# 训练
history = model.fit(train_images, train_labels, epochs = TRAIN_EPOCHS,
              batch_size = BATCH_SIZE, validation_split = 0.2)

# 保存模型
model.save('mnist.h5')
```

为了更好地观察模型的性能，我们绘制出准确率和损失指标图表，如代码 6.9 所示。

代码 6.9 绘制性能指标图表

```python
# 性能指标
acc = history.history['acc']
val_acc = history.history['val_acc']
loss = history.history['loss']
val_loss = history.history['val_loss']

epochs = range(len(acc))

# 绘图
plt.plot(epochs, acc, color='green', marker='o', linestyle='solid', label =
u'训练准确率')
plt.plot(epochs, val_acc, color='red', label = u'验证准确率')
plt.title(u'训练和验证准确率')
plt.legend()

plt.figure()
plt.plot(epochs, loss, color='green', marker='o', linestyle='solid', label =
u'训练损失')
plt.plot(epochs, val_loss, color='red', label = u'验证损失')
plt.title(u'训练和验证损失')
plt.legend()

plt.show()
```

绘制的训练和验证准确率及损失曲线分别如图 6.13 和图 6.14 所示。可以看到，如图 6.13 所示的训练准确率随训练轮次的增长而上升，验证准确率在第 0～2 轮持续上升，但在第 3 轮开始走平，说明模型有些接近过拟合。图 6.14 显示训练损失不断下降，但验证损失在第 0～2 轮持续下降，在第 3 轮开始有点上升趋势，同样说明有些过拟合。如果使用提前终止法降低过拟合的影响，可以将训练轮次 TRAIN_EPOCHS 超参数设置为 3，在过拟合发生之前停止训练。

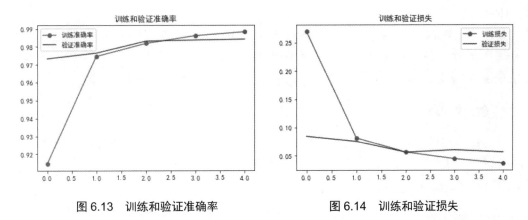

图 6.13　训练和验证准确率　　　　图 6.14　训练和验证损失

最后，代码 6.10 调用 evaluate 函数在测试集上评估模型性能，然后打印测试准确率指标。

代码 6.10　模型性能评估

```
# 在测试集上评估
test_loss, test_acc = model.evaluate(test_images, test_labels)
# 打印测试准确率
print("测试准确率: ", test_acc)
```

在测试集上评估的准确率输出如下：

测试准确率: 0.989

6.3　用 Estimator 实现 CIFAR-10 图像识别

Estimator 是 TensorFlow 的高阶 API，是一个完整的模型，Estimator API 提供训练模型、判断模型的准确率并生成预测的方法。在第 2 章我们已经使用 Estimator 的数据集 Dataset API，加载和操作 TFRecords 数据，本节介绍如何使用 Estimator 来编写程序。

6.3.1　预创建的 Estimator

Estimator 是 TensorFlow 完整模型的高级表示，TensorFlow 提供一组预创建的 Estimator

来实现常见的机器学习算法，例如 BoostedTreesClassifier、BoostedTreesRegressor、DNNClassifier 等。这里以 DNNClassifier 为例介绍如何使用预创建的 Estimator 来实现 CIFAR-10 的图像识别。

使用预创建的 Estimator 来编写 TensorFlow 程序，一般需要完成如下步骤：创建一个或多个输入函数；定义模型的特征列；实例化 Estimator，并指定特征列和各种超参数；在 Estimator 对象上调用一个或多个方法，传递适当的输入函数作为数据的来源。

1. 创建输入函数

输入函数提供用于训练、评估和预测的数据，它返回 tf.data.Dataset 对象，该对象包含 features 和 label 两个元素构成的元组。一般可使用 TensorFlow 的 Dataset API 来解析文本文件或 TFRecord 文件中的数据，这样可以简化编程。

本例直接调用 tf.keras.datasets.cifar10 模块的 load_data 函数来加载 CIFAR-10 数据集，如代码 6.11 所示。代码还定义一些超参数，其中，IMG_SIZE 为图像的高和宽；NUM_CLASSES 为类别数；NUM_HIDDEN_UNITS 为全连接网络隐藏层的神经元数目列表，本例有三个隐藏层，各层神经元数目用逗号分隔；TRAIN_STEPS 为训练步数；BATCH_SIZE 为批大小。tf.logging.set_verbosity 函数用于设置日志信息的级别。

代码 6.11 加载数据集

```
import numpy as np
import tensorflow as tf

#%% 加载数据集
cifar10 = tf.keras.datasets.cifar10
(images, labels), (images_test, labels_test) = cifar10.load_data()

# 超参数
IMG_SIZE = images.shape[1]
NUM_CLASSES = 10
NUM_CHANNELS = 3
IMG_SHAPE = [IMG_SIZE, IMG_SIZE, NUM_CHANNELS]
NUM_HIDDEN_UNITS = [1024, 512, 256]
TRAIN_STEPS = 20000
BATCH_SIZE = 128

tf.logging.set_verbosity(tf.logging.INFO)
```

下一步创建输入函数，如代码 6.12 所示。调用 tf.estimator.inputs.numpy_input_fn 方法来返回所创建的输入函数，用于将 Numpy 数组类型的数据输入到模型中。使用到的输入参数有：x 为特征，类型是 Numpy 数组或 Numpy 数组字典；y 为标签，类型是 Numpy 数组或 Numpy 数组字典；num_epochs 为要训练的轮次，值为 None 则一直运行；batch_size 为批量大小；shuffle 为是否随机置乱以打乱样本顺序。注意到训练输入函数允许随机置乱，而测试输入函数一般都不随机置乱。

代码 6.12 创建输入函数

```
#%% 创建输入函数
# 训练输入函数
train_input_fn = tf.estimator.inputs.numpy_input_fn(
    x = {"image" : images},
    y = labels.astype(np.int32),
    num_epochs = None,
    batch_size = BATCH_SIZE,
    shuffle = True)

# 测试输入函数
test_input_fn = tf.estimator.inputs.numpy_input_fn(
    x = {"image" : images_test},
    y = labels_test.astype(np.int32),
    num_epochs = 1,
    batch_size = BATCH_SIZE,
    shuffle = False)
```

2. 定义特征列

特征列是一个用于说明模型应该如何使用输入数据的对象，随后，在实例化 Estimator 时，需要传递这个特征列的列表。

本例直接调用 tf.feature_column 模块中的 numeric_column 函数来指定输入特征，输入参数 key 用于标识输入特性，输入参数 shape 指定特征张量的形状，最后按照要求将多个输入特征组合为列表，如代码 6.13 所示。

代码 6.13 定义特征列

```
#%% 定义特征列
# 使用内置 Estimator，必须指定输入特征
feature_image = tf.feature_column.numeric_column("image", shape = IMG_SHAPE)

# 多个输入特征组合为列表
feature_columns = [feature_image]
```

3. 实例化 Estimator

TensorFlow 已经提供了几个预创建的分类器 Estimator，其中，DNNClassifier 是一个适合用于多元分类的深度模型。CIFAR-10 数据集有 10 种类别，适合选用 DNNClassifier。

代码 6.14 用来实例化一个 DNNClassifier 模型。其中，feature_columns 指定模型使用的特征列列表；hidden_units 指定每个隐藏层的神经元数，所有隐藏层采用全连接方式；n_classes 指定标签类别的数量；optimizer 指定训练模型的优化器，是 tf.Optimizer 的实例；model_dir 指定保存模型参数、图形等的目录。

代码 6.14　实例化 DNNClassifier 模型

```
#%% 实例化 DNNClassifier 模型
model = tf.estimator.DNNClassifier(feature_columns = feature_columns,
                        hidden_units = NUM_HIDDEN_UNITS,
                        n_classes = NUM_CLASSES,
                        optimizer = tf.train.AdamOptimizer(),
                        model_dir = "log"
                        )
```

4. Estimator 对象训练和评估

实例化 Estimator 之后，就到了模型训练和评估阶段。

代码 6.15 调用实例化的 Estimator 对象的 train 函数来训练模型，调用其 evaluate 函数来评估模型，最后打印评估结果。其中，train 函数使用两个输入参数——input_fn 参数指定提供小批量训练数据的训练输入函数，steps 参数指定训练模型的步数；evaluate 函数使用一个参数——input_fn 参数指定提供评估数据的输入函数。

代码 6.15　模型训练和评估

```
#%% 训练和评估
# 训练
model.train(input_fn = train_input_fn, steps = TRAIN_STEPS)

#%% 评估
results = model.evaluate(input_fn = test_input_fn)
print("评估结果: ", results)
test_accuracy = results["accuracy"]
print("\n 评估准确率: %g %%" % (test_accuracy * 100))
```

完整的程序可参见 cifar10_estimator_DNNClassifier.py，执行该程序后，输出评估结果如下。

评估结果: {'accuracy': 0.4825, 'average_loss': 1.4945133, 'loss': 189.1789, 'global_step': 20000}

评估准确率: 48.25 %

可见，评估准确率比较低，不到 50%。要获得更高准确率的模型，不能采用预创建的 DNNClassifier 模型，最好对 Estimator 模型进行定制，用卷积神经网络模型来识别 CIFAR-10 图像。

6.3.2 定制 Estimator

定制 Estimator 与预创建的 Estimator 的唯一区别是后者的模型函数已经是现成的，但前者必须自己编写模型函数。定制 Estimator 是 tf.estimator.Estimator 的实例，它可以更精细地控制 Estimator 的行为，例如，以某种特别的方式连接隐藏层，或者为模型评估使用独特的性能指标。一句话，如果需要针对具体问题进行优化的 Estimator，就可以自己定制。

使用定制 Estimator 来编写 TensorFlow 程序的步骤与使用预创建的 Estimator 的步骤基本相同，区别主要体现在模型函数上，模型函数通过使用 Layers API 和 Metrics API，可以灵活地实现各种算法，定制自己的隐藏层和性能指标。

下面以创建一个卷积神经网络模型来说明如何定制 Estimator。

1. 创建输入函数

本例使用第 2 章创建的 TFRecords 文件，因此首先要解析 TFRecords 文件。代码 6.16 定义一些超参数，然后定义一个如何解析 TFRecords 文件的 parse 函数，该函数体里定义一个包含数据名称和类型的字典，然后调用 tf.parse_single_example 函数解析序列化数据，进行简单预处理，最后返回图像数据 image 和标签 label。

代码 6.16　解析 TFRecords 文件

```python
import tensorflow as tf
import os

#%%
# 数据集目录
DATASET_DIR = '../datasets/cifar-10-batches-py'

# 训练和测试 TFRecords 文件
TRAIN_TFRECORDS = os.path.join(DATASET_DIR, 'train.tfrecords')
TEST_TFRECORDS = os.path.join(DATASET_DIR, 'test.tfrecords')
```

```
# 超参数
NUM_EPOCHS = 25
BATCH_SIZE = 32
PARAMS = {"learning_rate": 4.2e-4}
BUFFER_SIZE = 2048
NUM_CLASSES = 10
IMG_SIZE = 32
NUM_CHANNELS = 3
IMG_SHAPE = [IMG_SIZE, IMG_SIZE, NUM_CHANNELS]
tf.set_random_seed(1234)

def parse(serialized):
    """
    定义如何解析 TFRecords 文件
    """
    # 数据名称和类型的字典
    features = {
        'image': tf.FixedLenFeature([], tf.string),
        'label': tf.FixedLenFeature([], tf.int64)
    }

    # 解析序列化数据，得到数据的字典
    parsed_example = tf.parse_single_example(serialized = serialized,
                                             features = features)
    # 获取 image 和 label
    image_raw = parsed_example['image']
    label = parsed_example['label']

    # 将图像字节解码为张量
    image = tf.decode_raw(image_raw, tf.uint8)
    # float32 是最终需要的类型
    image = tf.cast(image, tf.float32)
    # 0~255 --> 0~1
    image /= 255

    return image, label
```

下一步是定义输入函数，如代码 6.17 所示。由于有两个 TFRecords 文件需要输入，因此先定义一个输入函数 input_fn，这样可以复用代码。然后再定义训练集的输入函数 train_input_fn 和测试集的输入函数 test_input_fn。

代码6.17 定义输入函数

```
def input_fn(filenames, train, batch_size = BATCH_SIZE, buffer_size =
BUFFER_SIZE):
    """
    Estimator API 要用到的输入函数，读取 TFRecords 文件
    输入参数
    filenames -- TFRecords 文件名
    train --  布尔值。训练为 True，测试为 False
    batch_size -- 批大小
    buffer_size -- 读数据的缓冲。随机置乱是在缓冲区里进行，因此要足够大
    返回
    读取的批数据和批标签
    """

    # TensorFlow Dataset 对象
    dataset = tf.data.TFRecordDataset(filenames = filenames)

    # 解析 TFRecords 文件中的序列化数据
    dataset = dataset.map(parse)

    if train:
        # 如果是训练阶段，随机置乱
        dataset = dataset.shuffle(buffer_size = buffer_size)

        # 只读取全部样本 num_epochs 次。如果希望在 model.train 函数中指定 steps，可以设置
为 None(无限次读取)
        num_repeat = NUM_EPOCHS
    else:
        # 如果是训练阶段，不需要随机置乱
        # 只读取一次
        num_repeat = 1

    # 设置重复次数
    dataset = dataset.repeat(num_repeat)
    # 设置批大小
    dataset = dataset.batch(batch_size)
    # 创建迭代器
    iterator = dataset.make_one_shot_iterator()
    # 获取下一批数据和标签
    images_batch, labels_batch = iterator.get_next()

    # 输入函数要求必须返回字典包装的图像
    x = {'image': images_batch}
    y = labels_batch
```

```
        return x, y


    def train_input_fn():
        """ 训练集的输入函数 """
        return input_fn(filenames = TRAIN_TFRECORDS, train = True)


    def test_input_fn():
        """ 测试集的输入函数 """
        return input_fn(filenames = TEST_TFRECORDS, train = False)
```

2. 定义特征列

定义模型特征列是用于告知模型应该怎样去使用特征，由于已经在输入函数定义中编码实现了如何使用特征的代码，因此这里不用重复定义。

3. 实例化 Estimator

定制 Estimator 的核心就是编写模型函数。模型函数的一个重要部分就是定义自己的网络，代码 6.18 定义了一个卷积神经网络的函数 my_net，x 参数为网络的输入，is_training 参数为布尔型，表示当前是否为训练模式。卷积神经网络采用两层卷积层加一个最大池化层和一个 dropout 的结构，重复两次，然后使用两个全连接层。第一个全连接层使用 tf.nn.relu 激活函数，第二个全连接层没有使用任何激活函数，这是因为习惯上将该输出称为 logits，计算交叉熵的函数如 tf.nn.sparse_softmax_cross_entropy_with_logits 就要使用 logits 作为输入参数。

⌨ **代码 6.18　定制 CNN 网络**

```
def my_net(x, is_training):
    """
    定制 CNN 模型
    """
    # 由于x只有两维，而卷积层要求4维，因此要 reshape
    net = tf.reshape(x, [-1, IMG_SIZE, IMG_SIZE, NUM_CHANNELS])

    # 连续定义卷积层池化层
    net = tf.layers.conv2d(inputs = net, name = 'conv1',
                    filters = 32, kernel_size = 3,
                    padding = 'same', activation = tf.nn.relu)
    net = tf.layers.conv2d(inputs = net, name = 'conv2',
                    filters = 32, kernel_size = 3,
```

```
                                 padding = 'valid', activation = tf.nn.relu)
    net = tf.layers.max_pooling2d(inputs = net, pool_size = 2, strides = 2)
    net = tf.layers.dropout(net, rate = 0.25, training = is_training)

    net = tf.layers.conv2d(inputs = net, name = 'conv3',
                           filters = 64, kernel_size = 3,
                           padding = 'same', activation = tf.nn.relu)
    net = tf.layers.conv2d(inputs = net, name = 'conv4',
                           filters = 64, kernel_size = 3,
                           padding = 'valid', activation = tf.nn.relu)
    net = tf.layers.max_pooling2d(inputs = net, pool_size = 2, strides = 2)
    net = tf.layers.dropout(net, rate = 0.25, training = is_training)

    # 随后是全连接层，因此要 flatten
    net = tf.layers.flatten(net)

    # 第一全连接层
    net = tf.layers.dense(inputs = net, name = 'fc1',
                          units = 512, activation = tf.nn.relu)
    net = tf.layers.dropout(net, rate = 0.5, training = is_training)

    # 第二全连接层。最后一层，因此不使用激活函数
    net = tf.layers.dense(inputs = net, name = 'fc2',
                          units = NUM_CLASSES)
    return net
```

按照规定，模型函数需要 4 个输入参数，features 参数为从输入函数得到的小批量样本的特征，labels 参数为从输入函数得到的小批量样本的标签，mode 参数为 tf.estimator.ModeKeys 的实例，表示调用程序是请求训练、预测，还是评估，params 参数为附加的配置，如超参数，调用程序只需将 params 参数传递给 Estimator 的构造函数，Estimator 框架就会将 params 传递给模型函数。

代码 6.19 按照上述规定定义了一个模型函数 model_fn，调用 my_net 函数得到自定义的 CNN 网络的输出，再调用 tf.nn.softmax 函数得到预测结果 y_pred，调用 tf.argmax 函数得到预测类别 y_pred_cls。模型函数 model_fn 的最后步骤是编写实现预测、评估和训练的代码，分别对应调用 Estimator 的 train、evaluate 和 predict 函数，此时，Estimator 框架会调用模型函数并将 mode 参数分别设置为 ModeKeys.TRAIN、ModeKeys.EVAL 和 ModeKeys.PREDICT。因此，代码中就有类似 if mode == tf.estimator.ModeKeys.PREDICT 语句，判断是预测、评估，还是训练，以便进行相应处理。

代码 6.19　定义模型函数

```python
def model_fn(features, labels, mode, params):
    """
    模型函数。Estimator API 的要求
    features -- 输入函数的数据部分
    labels -- 输入函数的标签部分
    mode -- 模式。取值为 TRAIN、EVAL 或 PREDICT
    params -- 超参数，如学习率
    """

    is_training = (mode == tf.estimator.ModeKeys.TRAIN)
    net = my_net(features["image"], is_training)

    logits = net
    y_pred = tf.nn.softmax(logits = logits)

    # 预测类别
    y_pred_cls = tf.argmax(y_pred, axis = 1)

    if mode == tf.estimator.ModeKeys.PREDICT:
        # 预测模式。只预测，不优化
        spec = tf.estimator.EstimatorSpec(mode = mode, predictions = y_pred_cls)
    else:
        # 否则为训练模式或评估模式，都要计算损失函数

        # 计算交叉熵
        cross_entropy = tf.nn.sparse_softmax_cross_entropy_with_logits(
                labels = labels, logits = logits)

        # 得到一批样本交叉熵的均值，用于优化
        loss = tf.reduce_mean(cross_entropy)

        # 优化器
        optimizer = tf.train.AdamOptimizer(learning_rate =
params["learning_rate"])

        # 单个优化步骤的训练操作
        train_op = optimizer.minimize(
            loss = loss, global_step = tf.train.get_global_step())

        # 定义评估指标
        metrics = {"accuracy": tf.metrics.accuracy(labels, y_pred_cls)}

        # 包装为 EstimatorSpec
        spec = tf.estimator.EstimatorSpec(mode = mode, loss = loss,
```

```
        train_op = train_op, eval_metric_ops = metrics)

    return spec
```

要注意的是，模型函数必须返回一个 **tf.estimator.EstimatorSpec** 对象，如果为训练模式，该对象用 loss 参数来输入模型损失，用 train_op 来输入训练操作；如果为评估模式，该对象用 loss 参数来输入损失，用 eval_metric_ops 参数来输入一个或多个指标(可选)；如果为预测模式，该对象用 predictions 参数来输入预测结果。

代码 6.20 通过 Estimator 基类创建 Estimator 实例。其中，model_fn 参数指定模型函数；params 参数指定额外参数；model_dir 参数指定保存模型参数的目录，以便保存检查点和供 TensorBoard 使用。

代码 6.20 创建 Estimator 实例

```
# 创建 Estimator 实例
model = tf.estimator.Estimator(model_fn = model_fn, params = PARAMS, model_dir
= "log")
```

4. Estimator 对象训练和评估

最后是模型训练和评估，如代码 6.21 所示。

代码 6.21 模型训练和评估

```
#%% 训练
# 前面的输入函数已经指定了 num_epochs，因此不需要指定 steps
#model.train(input_fn = train_input_fn, steps = train_steps)
model.train(input_fn = train_input_fn)

#%% 评估
result = model.evaluate(input_fn = test_input_fn)

print("评估结果: ", result)
print("分类准确率: {0:.2%}".format(result["accuracy"]))
```

运行结果如下，分类准确率在 70%左右，远比使用预创建的 Estimator 效果好。

```
评估结果: {'accuracy': 0.703, 'loss': 0.90115345, 'global_step': 39063}
分类准确率: 70.30%
```

6.3.3 用 TensorBoard 查看

Estimator 在训练中会自动保存模型参数，以便从检查点恢复或查看训练结果。可以在

TensorBoard 中查看 Estimator 的训练结果，步骤是，先启动命令行，然后输入命令 tensorboard--logdir=PATH 启动 TensorBoard，注意将 PATH 替换为 model_dir 参数指定的目录名，如图 6.15 所示。

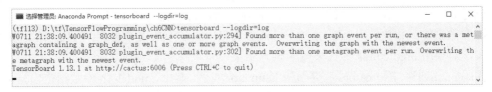

图 6.15　从命令行启动 TensorBoard

然后，打开任意浏览器，在地址栏输入 http://localhost:6006，就可以打开 TensorBoard。

预创建的 Estimator 会自动记录大量信息， TensorBoard 可以查看这些报告。但是，定制 Estimator 只会为 TensorBoard 提供一个默认日志(损失图)以及用代码明确表示要记录的信息。例如，对于 6.3.2 节的定制 Estimator，TensorBoard 会看到以下结果。

图 6.16 显示准确率，但图中只有一个表示验证准确率的点，这是在调用 evaluate 函数时在图上生成的，代表整个评估的平均值。由于我们在训练中并没有评估准确率指标，因此图中没有显示准确率曲线。

图 6.16　准确率

图 6.17 显示模型在训练期间的损失曲线，损失曲线在训练期间持续下降。其中，起伏变化的曲线表示训练损失，曲线右端上方的点表示评估损失。

图 6.18 显示 global_step/sec 性能指标，这是模型训练时每秒处理的批次数，也就是梯度更新的速度。

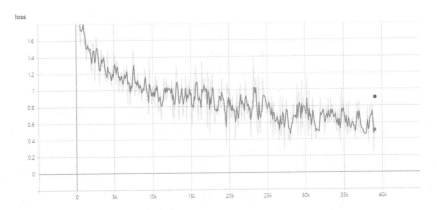

图 6.17　损失曲线

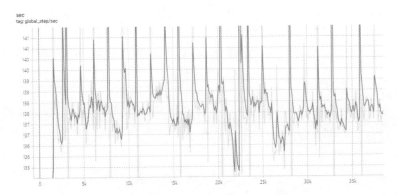

图 6.18　global_step/sec

第 7 章

卷积神经网络示例

在过去若干年中，计算机视觉领域已经有大量的研究主题是如何将卷积层、池化层以及全连接层这些基本组件进行优化组合，形成非常实用的卷积神经网络。因此，研究别人构建的 CNN 案例是一个好的思路，可以借鉴别人的卷积神经网络框架来解决自己的问题。借鉴别人的 CNN 有两种方式，第一是完全使用已经被证实有效的网络结构，第二是将预训练的网络"借用"到自己的应用问题上。

本章首先介绍经典的卷积神经网络，然后介绍如何使用预训练的卷积神经网络，最后介绍卷积神经网络的可视化。

7.1 经典 CNN 案例

TensorFlow Keras 提供如下 5 种开箱即用型的 CNN 网络：VGG16、VGG19、ResNet50、Inception v3 和 Xception，这些网络不仅仅是网络架构，还保存有大型数据集 ImageNet 训练好的权重参数。研究这几种CNN网络并将这些网络应用到自己手上的工作是非常有价值的。

7.1.1 VGG

VGG 网络分为 VGG16 网络和 VGG19 网络，由于 VGG16 网络的表现几乎和 VGG19 网络相当，且 VGG16 网络更为简单，因此有很多人使用 VGG16。VGG 网络由牛津大学视觉几何组(Visual Geometry Group，VGG)的 Karen Simonyan 和 Andrew Zisserman 在 2014 年合写的论文 *Very deep convolutional networks for large-scale image recognition*[1]中提出，是一种简单但广泛使用的卷积神经网络。VGG 网络没有设很多超参数，是一种只专注于构建卷积层的简单网络。

VGG16 的网络结构如图 7.1 所示。数字 16 是指在该网络中，卷积层和全连接层一共有 16 层。

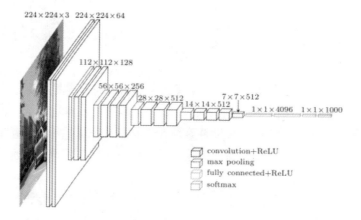

图 7.1　VGG16[2]

---

① 来源：https://arxiv.org/pdf/1409.1556.pdf

② 来源：https://www.cs.toronto.edu/~frossard/post/vgg16/vgg16.png

输入图像的长和宽都是 224，RGB 三通道。首先使用两个同样参数的卷积层，过滤器大小为3×3、步幅为 1、padding 参数为 same，一共 64 个过滤器，输出形状为$224\times224\times64$。然后再用一个大小为2×2、步幅为 2 的最大池化层，输出形状为$112\times112\times64$。后面紧接两个同样参数(过滤器大小为3×3、步幅为 1、padding 参数为 same，一共 128 个过滤器)的卷积层，输出形状为$112\times112\times128$。然后再进行池化，可以推算出池化后的形状为$56\times56\times128$。接着再用 256 个3×3的过滤器进行三次卷积操作，然后再池化。随后再卷积三次，再池化。这样，最后对得到的$7\times7\times512$的特征进行拉伸操作，得到 4096 个单元，然后经过两个 4096 个神经元的全连接层，再经过一个 1000 个神经元的全连接层，最后经过 Softmax 层，输出从 1000 种类别中的分类结果。

VGG16 网络总共有约 1.38 亿个参数，可以算是很大的网络。但 VGG16 的结构不复杂，很有规律，都是在几个卷积层后紧跟一个压缩图像大小的池化层，缩小图像的高度和宽度。另外，卷积层的过滤器数量变化同样存在一定规律，由 64 变成 128，再到 256 和 512。

VGG 网络结构的规律性强，对研究者很有吸引力，而它的主要缺点是需要训练的网络参数的数量非常大，从而导致训练非常慢。由于 VGG 网络的 3 层全连接的节点数较多，再加上网络比较深，VGG16 参数占空间超过 533MB，VGG19 参数占空间超过 574MB，使得部署 VGG 比较麻烦。

尽管我们还在一些图像分类问题中使用 VGG，但是，显然更小的网络架构更具吸引力。

7.1.2 ResNet

ResNet 又称为残差网络(Residual Nets)。随着对网络性能的要求不断提高，神经网络也随着不断加深，ResNet 神经网络能够训练一个深达 152 层的神经网络。ResNet 网络是 2015 年由微软亚洲研究院的何恺明等人在论文 *Deep Residual Learning for Image Recognition*[①]中提出的，论文提供了全面的经验证据，表明 ResNet 更易于优化，并且可以通过显著加深网络深度而获得准确性的提升。

常识告诉我们，深度 CNN 网络越深，则网络越复杂，参数越多，网络表达能力越强。但实践发现深度 CNN 网络达到一定深度后，再增加层数并不能带来分类性能的进一步提高，反而会导致网络优化收敛更慢，测试集的分类准确率变得更差，这就是网络的退化问题。

---

① 来源：https://arxiv.org/abs/1512.03385

论文提出一种叫作深度残差学习框架(deep residual learning framework)来解决该退化问题。

ResNet 作者提出一种修正方法,将原始映射记为 $\mathcal{F}(x):=\mathcal{H}(x)-r$,残差映射记为 $\mathcal{H}(x)$,不再学习从 x 到 $\mathcal{H}(x)$ 的基本映射关系,而是学习这两者之间的差异,也就是"残差"(residual) $\mathcal{F}(x)+x$。为此,ResNet 引入了一个"恒等快捷连接"(identity shortcut connection),直接跳过一个或多个层,如图 7.2 所示。

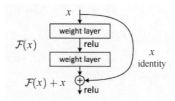

图 7.2 ResNet 模块[①]

ResNet 网络值得注意的细节就是 $\mathcal{F}(x)$ 和 x 的维度要相同,因此残差网络使用 same 卷积,保留输入的维度,保证快捷连接的两个向量维度一致。

ResNet 网络也有卷积层和池化层,与普通 CNN 的唯一区别就是添加了快捷连接。因此,ResNet 和普通 CNN 的通用结构是:卷积层—卷积层—卷积层—池化层—卷积层—卷积层—卷积层—池化层……,以此类推,最后一层一般是 Softmax 的全连接层,预测图像的类别,如图 7.3 所示。

图 7.3 34 层的 ResNet[②]

ResNet 的作者实验了 ResNet-34B、ResNet-34C、ResNet-50、ResNet-101 和 ResNet-152 (ResNet-后面的数字代表网络层数),最终使用集成(ensemble)方法将 ImageNet 测试集 top 5 错误率[③]缩小至 3.57%,名列 ILSVRC'15 第一。

---

① 来源:何恺明等人论文 *Deep Residual Learning for Image Recognition*,arXiv:1512.03385v1

② 来源:何恺明等人论文 *Deep Residual Learning for Image Recognition*,arXiv:1512.03385v1

③ top 5 错误率:对每一个样本都预测 5 个类别,只要其中有一个和真实类别相同就算预测正确,否则算预测错误。

7.1.3 Inception

Inception 网络是由 Google 公司的 Christian Szegedy 等人提出的,最初发表论文为 *Going deeper with convolutions*[①]。为了致敬 LeNet 网络，Inception 网络也称为 GoogleLeNet。

最初的 Inception 网络将 1×1、3×3、5×5 的过滤器和 3×3 的池化层堆叠在一起,这样做的一个好处是增加了网络的宽度；另一个好处就是在构建网络层时，不想预先决定到底使用哪一种过滤器，也不想决定是否使用池化层，那么最好选择 Inception 模块，它应用多种类型的过滤器,最后把输出连接起来。Inception 模块如图 7.4 所示。可以看到,前一层(Previous layer)中间用了三种过滤器(Conv)和一种最大池化(MaxPool)，最后将它们的输出按深度进行拼接(DepthConcat)。

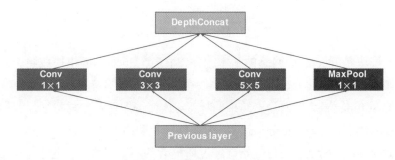

图 7.4　初级的 Inception 模块

注意，上述过滤器都应用 same 卷积，输出维度与输入维度相同，即高度和宽度相同，只是深度可变。同样，最大池化使用 padding，这是一种特殊的池化形式，使得输出维度与输入维度相同。这样，各个过滤器和池化器输出的高度和宽度都完全一样，只有深度不同，因此可以按深度进行拼接。

这种初级的 Inception 模块的最大问题就是计算成本较高。因此使用 1×1 的过滤器先把输入的通道数减少一些，然后再使用 3×3 和 5×5 的过滤器来进行卷积操作，这样可以大大降低计算量。这样得到最终的 Inception 模块如图 7.5 所示。

可以看到，Inception 模块经常使用 1×1 的过滤器，这称为网络中的网络(Network in Network)。1×1 的过滤器有两个重要的作用，第一个作用是用于压缩通道数，假如输入为 28×28×192，如果想把它的通道数(深度)进行压缩，如压缩为 28×28×32，可以用 32 个 1×1

---

① 来源：https://arxiv.org/pdf/1409.4842v1.pdf

的过滤器，严格来讲该过滤器的形状都是 1×1×192，这是因为过滤器的通道数量必须与输入层的通道数量相同。使用 32 个过滤器使得输出为 28×28×32，这就压缩了通道数。第二个作用是为网络增加一个非线性函数，其间可以改变或保持输入通道的数量不变。

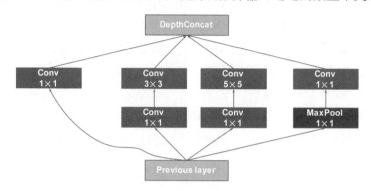

图 7.5　最终的 Inception 模块

Inception 模块是 Inception 网络的基本构件，很多个 Inception 模块按照一定规律连接起来就组成了如图 7.6 所示的 Inception 网络。图中有一些分支，标记为 softmax0、softmax1 和 softmax2，是用于预测的 Softmax 层，它们输出结果的标签。这使得即便是参与特征计算的隐藏层也能预测输入图片的类别，它在 Inception 网络中能够防止网络的过拟合。

自从 Inception 模块诞生之日开始，经过研究者的不断努力，衍生了 Inception v2、v3 以及 v4 版本。其中，v2 版本加入了 BN(Batch Normalization)层，使每一层的输出都规范化到一个标准的高斯分布，并且使用两个 3×3 的卷积替换 5×5 的卷积，降低参数量并减轻过拟合。v3 引入分解的思想，将一个较大的二维卷积拆成两个较小的一维卷积，例如，将 7×7 卷积分解为 1×7 和 7×1 的两个卷积，将 3×3 也分解为 1×3 和 3×1 的两个卷积，优点是加速计算并增加了网络的非线性。v4 版本将 Inception 模块与 ResNet 相结合，充分利用 ResNet 加速训练和提升性能的优点，研究的成果是 Inception-ResNet v2 网络和 Inception v4 网络。

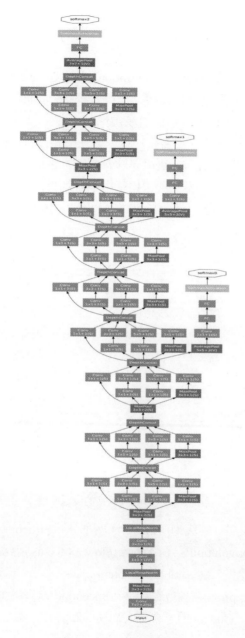

图 7.6　Inception 网络[①]

① 来源：Christian Szegedy et al. Going deeper with convolutions. arXiv:1409.4842v1 [cs.CV] 17 Sep 2014

7.1.4　Xception

Xception 网络的名称来源于 Extreme Inception，它是 Google 公司继 Inception 提出之后，对 Inception v3 的另一种改进，主要采用一种称为深度可分卷积(depthwise separable convolution)来替换原来 Inception v3 中的卷积操作。

我们已经知道，Inception 将一个卷积层拆分为几个并行的结构，即 Inception v3 模块，Xception 网络的相关论文将 Inception 结构变形为简化的 Inception 模块，然后再变为等价形式，最后变为 Inception 模块的极端形式，用一个 1×1 的过滤器对输入进行卷积操作，在其每一个输出通道都使用若干 3×3 过滤器后拼接，如图 7.7 所示。

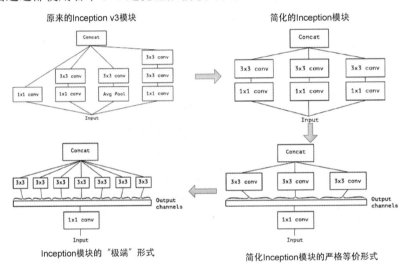

图 7.7　Xception 网络的变迁路线[①]

Xception 将一般卷积层分解成为两部分：深度可分卷积(depthwise separable convolutions)和点态卷积(pointwise convolution)。在 TensortFlow 和 Keras 等深入学习框架中，将通常深度可分卷积称为"可分卷积"(separable convolution)。

从实验结果来看，Xception 在参数数量上与 Inception v3 基本相等，两种网络在 Imagenet 上的表现也很接近，但在 Google 的一个更大规模的私有数据集上，Xception 稍微占优势。

---

① 来源：Francois Chollet. Xception: Deep Learning with Depthwise Separable Convolutions. correarXiv: 1610.02357v3 [cs.CV] 4 Apr 2017

7.2 使用预训练的 CNN

前人已经通过大量实践证明了一些成熟的诸如 VGG、ResNet 的卷积神经网络架构性能较好，如果每次都从头开始训练自己的卷积神经网络，手头又没有大量的训练数据，加上计算资源匮乏，显然要进一步提高性能非常困难。要想做出更好的效果，直接使用预训练的模型无疑是条捷径，毕竟站在巨人的肩膀上可以看得更远。

预训练网络也称为基网络，是一个已经在大型数据集上训练好，并且将训练好的网络权重参数保存为文件，以备将来使用的网络。如果原来训练所使用的原始数据集足够大且有一定的通用性，那么该预训练网络所需的特征空间的层次结构可以作为一个通用模型，用于解决一些相近但不同的问题，即便新的问题所涉及的数据和标签与原始问题不同。例如，ImageNet 数据集是一个含 140 万张照片和 1000 个不同类别的大型数据集，Keras 上有多个使用 ImageNet 数据集训练好的大型卷积神经网络，可以将这些现成的预训练网络应用于一些相似但有所不同的任务。ImageNet 包含一些动物图像，其中包括不同种类的猫和狗图像，自然可以认为 ImageNet 预训练网络可以推广至猫狗数据集的分类问题。具体来说，通过特征提取和微调两种方法之一，可以将预训练网络的卷积层部分所学到的特征应用于不同的问题，这种方法对解决小数据问题非常有效。

一般来说，不会将整个预训练网络都用于新问题，而仅仅使用预训练网络中的卷积层部分。原因在于，新问题的类别往往与原模型的类别在数量上不一致，例如，使用 ImageNet 数据集训练的网络有 1000 个类别，但猫狗数据集仅有两个类别。因此，使用某种预训练网络(如 VGG16)的卷积层部分来提取特征，然后用这些特征来训练猫狗分类器更为合理。另一个原因是，卷积层表示的通用性取决于该层的深度，模型越靠近图像输入的层(Keras 称为底部)提取的是局部而通用的特征，如边缘、颜色和纹理，更深的层(Keras 称为顶部)提取的是更为抽象的特征，如眼睛、鼻子。因此，如果新数据集与预训练网络所使用的数据集存在较大差异，可以只使用模型的前面几层来抽取局部而通用的特征，不需要使用全部的卷积层。

7.2.1 直接使用预训练 CNN

如果手头的任务与预训练 CNN 的原始任务差不太多，可以直接使用预训练的模型，这样会大大节省计算开销。例如，Inception v3 在 8 块 Tesla K40 GPUs 超级计算机上训练数周，在一般计算机上肯定无法训练。因此，最好的办法是直接下载别人已经训练好的将近

2500 万参数的模型，直接对手头的样本进行分类。

代码 7.1 展示了如何实例化预训练 Inception v3 模型。本例的 Inception v3 构造函数使用了如下的两个参数。

include_top：是否要在网络顶部包含三个全连接层。默认情况下，这个全连接层分类器对应 ImageNet 的 1000 个类别，本例假设我们的预测数据集与预训练的 ImageNet 类似，因此取值设为 True。

weights：该参数的取值有 None(随机初始化)、'imagenet' (使用 ImageNet 数据集的预训练权重来初始化)和要加载的权重文件路径。

代码 7.1 实例化 Inception v3

```
from tensorflow.keras.applications.inception_v3 import InceptionV3,
preprocess_input, decode_predictions
from tensorflow.keras.preprocessing import image
import numpy as np
from IPython.display import Image, display

# 实例化 InceptionV3
model = InceptionV3(include_top = True,
            weights='imagenet')
```

代码 7.2 自定义一个 classify 函数，对给定的图像进行分类。首先加载图像并对图像做一些必要的预处理，然后调用 predict 函数，用预训练好的 Inception v3 模型进行分类，最后调用 decode_predictions 函数将概率转换为类标签。

代码 7.2 直接调用预训练 Inception v3 模型来分类

```
def classify(image_path):
    """ 对 image_path 分类
    """
    # 显示图像
    display(Image(image_path))

    # 加载图像
    img = image.load_img(image_path)

    # 图像预处理
    x = image.img_to_array(img)
    x = np.expand_dims(x, axis = 0)
    x = preprocess_input(x)

    # 使用预训练好的 Inception 模型进行分类
    pred = model.predict(x)
```

```
# 将概率转换为类标签
label_pred = decode_predictions(pred)

# 输出预测 top 5 类别及概率
print('预测 top 5: \n', label_pred)

classify(image_path="../images/willy_wonka_old.jpg")
classify(image_path="../images/willy_wonka_new.jpg")
```

上述代码最后调用两次 classify 函数对两张演员的照片进行分类，分类结果为概率最高的 5 个类别，即 top 5。

第一张照片的预测结果如下：

```
预测top 5:
 [[('n02883205', 'bow_tie', 0.9962209),
('n03124170', 'cowboy_hat', 0.001454486),
('n04259630', 'sombrero', 0.0002121826),
('n07768694', 'pomegranate', 6.2553205e-05),
('n03325584', 'feather_boa', 5.326825e-05)]]
```

预测概率最高的是 bow_tie(蝴蝶结领结)，概率约为 99.62%。

第二张照片的预测结果如下：

```
预测top 5:
 [[('n04356056', 'sunglasses', 0.66245145),
('n04355933', 'sunglass', 0.3082672),
('n04325704', 'stole', 0.0023991952),
('n04584207', 'wig', 0.001367349),
('n04525038', 'velvet', 0.00083003176)]]
```

预测概率最高和次高的分别是 sunglasses(太阳镜)和 sunglass(太阳镜)，概率分别约为

66.25%和 30.83%。

7.2.2 数据生成器

第 2 章已经编写过一个数据生成器，那是为训练集和验证集单独编写的数据生成器。为了更好地进行复用，本节对第 2 章的数据生成器进行改写，把训练集、验证集和测试集的数据生成器全部合并为一个函数(data_generator)来生成。该函数有两个参数，data_dir 参数指定图像数据目录，取值只能是'train'、'validation'或'test'，分别对应猫狗小数据集的训练集、验证集和测试集；mode 参数为是否使用数据增强，默认为 False。例如，如果要获得一个训练数据生成器，并且使用数据增强，调用格式为 data_generator('train', True)。

数据生成器的完整代码如代码 7.3 所示。

代码 7.3   新的数据生成器

```python
import os
from tensorflow.keras.preprocessing.image import ImageDataGenerator

# 较小的猫狗数据集的目录
BASE_DIR = '../datasets/kaggledogvscat/small'
IMAGE_SIZE = 150
BATCH_SIZE = 20

def data_generator(data_dir, mode = False):
    """ data_dir 为图像数据目录，只能是'train'、'validation'或'test'
    mode 为 True，使用数据增强 """
    if mode:
        datagen = ImageDataGenerator(
            rescale = 1. / 255,            # 所有图像都除以 255
            rotation_range = 40,
            width_shift_range = 0.2,
            height_shift_range = 0.2,
            shear_range = 0.2,
            zoom_range = 0.2,
            horizontal_flip = True )
    else:
        datagen = ImageDataGenerator(rescale = 1. / 255)

    data_dir = os.path.join(BASE_DIR, data_dir)

    result_generator = datagen.flow_from_directory(
            # 图片目录
            data_dir,
```

```
    # 原来图像分辨率不同，统一裁剪为同一尺寸
    target_size = (IMAGE_SIZE, IMAGE_SIZE),
    batch_size = BATCH_SIZE,
    # 要使用 binary_crossentropy 损失，因此需要指定 binary
    class_mode = 'binary')
return result_generator
```

7.2.3 特征提取

本节使用预训练的 VGG16 和 ResNet50 模型来完成特征提取，VGG16 是 Keras 内置模型中层数最少、最简单的模型，ResNet50 性能好且易于优化。

我们已经知道，VGG16 的原始输入为 $224 \times 224 \times 3$。由于猫狗数据集的图像尺寸不一，因此统一剪切为 $150 \times 150 \times 3$，经过 VGG16 的 block5_pool(MaxPooling2D) 层后的输出为 $4 \times 4 \times 512$，详见后文，我们将在 block5_pool 层之后添加一个 256 个神经元 Relu 激活函数的全连接层和一个 Sigmoid 激活函数的全连接层，构成一个猫狗分类器。

特征抽取有如下两种方法。

第一种方法是将预训练网络的卷积层和新增的全连接层分类器作为相互独立的网络，先将新数据集输入到预训练卷积层，得到提取的特征，然后再将这些特征作为新增全连接层分类器的输入，得到分类结果。这种方法只训练新增全连接层的参数，计算代价非常低，一般不使用数据增强。

第二种方法是将预训练卷积层和新增全连接层合并为一个网络，但冻结预训练卷积层的参数，不参与训练，只训练新增全连接层的网络参数。这种方法可以使用数据增强，输入图像都先流经卷积层再到全连接层，计算代价高于第一种方法。

下面用实例来分述这两种方法。

1. 独立的特征抽取

首先将 VGG16 模型实例化，如代码 7.4 所示。

⌨ **代码 7.4　实例化 VGG16 模型**

```
IMAGE_SIZE = 150

# 实例化 VGG16 模型，用于抽取特征
cnn_base = VGG16(weights = 'imagenet',
                 include_top = False,
                 input_shape = (IMAGE_SIZE, IMAGE_SIZE, 3))
```

```
cnn_base.summary()
```

本例的 VGG16 构造函数使用了如下三个参数。

weights：该参数的取值有 None(随机初始化)、'imagenet'(使用 ImageNet 数据集的预训练权重来初始化)和要加载的权重文件路径。这里使用 ImageNet 数据集的预训练权重，因此使用'imagenet'选项。

include_top：是否要在网络顶部包含三个全连接层。默认情况下，这个全连接层分类器对应 ImageNet 的 1000 个类别，因为我们的数据集只有两个猫和狗类别，所以肯定要替换为自己的全连接层，因此取值设为 False。

input_shape：可选的输入图像张量的形状。只有在 include_top 为 False 时才需要指定，否则输入形状必须是(224, 224, 3)，最后的值 3 为通道数。一般应该有 3 个输入通道，宽度和高度应不小于 48。本例设为(150, 150, 3)。

VGG16 构造函数的其余参数请参见相关文档。

代码 7.4 中的 cnn_base.summary()语句输出如下：

```
Layer (type)                 Output Shape              Param #
=================================================================
input_3 (InputLayer)         (None, 150, 150, 3)       0

block1_conv1 (Conv2D)        (None, 150, 150, 64)      1792

block1_conv2 (Conv2D)        (None, 150, 150, 64)      36928

block1_pool (MaxPooling2D)   (None, 75, 75, 64)        0

block2_conv1 (Conv2D)        (None, 75, 75, 128)       73856

block2_conv2 (Conv2D)        (None, 75, 75, 128)       147584

block2_pool (MaxPooling2D)   (None, 37, 37, 128)       0

block3_conv1 (Conv2D)        (None, 37, 37, 256)       295168

block3_conv2 (Conv2D)        (None, 37, 37, 256)       590080

block3_conv3 (Conv2D)        (None, 37, 37, 256)       590080

block3_pool (MaxPooling2D)   (None, 18, 18, 256)       0

block4_conv1 (Conv2D)        (None, 18, 18, 512)       1180160
```

```
block4_conv2 (Conv2D)          (None, 18, 18, 512)        2359808

block4_conv3 (Conv2D)          (None, 18, 18, 512)        2359808

block4_pool (MaxPooling2D)     (None, 9, 9, 512)             0

block5_conv1 (Conv2D)          (None, 9, 9, 512)          2359808

block5_conv2 (Conv2D)          (None, 9, 9, 512)          2359808

block5_conv3 (Conv2D)          (None, 9, 9, 512)          2359808

block5_pool (MaxPooling2D)     (None, 4, 4, 512)             0
=================================================================
Total params: 14,714,688
Trainable params: 14,714,688
Non-trainable params: 0
```

重点关注上述输出的三个数据。第一个数据是 input_3 (InputLayer)层的输出形状为 (None, 150, 150, 3)，这是使用 VGG16 构造函数的 input_shape 参数设置的；第二个数据是 block5_pool (MaxPooling2D)层的输出形状为(None, 4, 4, 512)，这在本节前文已经提到过；第三个数据是可训练参数(Trainable params)数量约为 1471 万，达到千万量级，训练这些参数将会非常耗时，采用预训练网络节省不少时间。

抽取特征的部分代码如代码 7.5 所示。extract_features 函数实现了用指定的数据生成器，从指定图像目录中读取指定样本数的样本，然后循环遍历生成器，调用预训练网络 cnn_base 的 predict 函数来提取图像中的特征，然后将抽取到的特征组合为完整的特征 features 和标签 labels 并返回。后面的代码调用三次 extract_features 函数分别抽取训练集、验证集和测试集的特征和标签，最后，对特征进行展平(flatten)操作，以便输入到新增的全连接层。

代码 7.5 抽取特征

```
def extract_features(datagen, img_dir, num_sample, mode = False):
    """
    使用预训练的网络来抽取特征
    输入：
        datagen --数据生成器
        img_dir -- 图像目录
        num_sample -- 抽样样本数
        mode -- 是否使用数据增强
    输出：
        features, labels -- 返回抽取到的特征和标签
    """
```

```
features = np.zeros(shape = (num_sample, HEIGHT, WIDTH, CHANNEL))
labels = np.zeros(shape = (num_sample))
generator = datagen(img_dir, mode)
i = 0      # 批序号
for inputs_batch, labels_batch in generator:
    features_batch = cnn_base.predict(inputs_batch)
    features[i * BATCH_SIZE : (i + 1) * BATCH_SIZE] = features_batch
    labels[i * BATCH_SIZE : (i + 1) * BATCH_SIZE] = labels_batch
    i += 1
    if (i * BATCH_SIZE >= num_sample):
        # 因为 Python 生成器总是不停输出数据，因此在每一轮 break 就能组合为完整数据集
        break
return features, labels
```

```
# 获取抽取的特征
train_features, train_labels = extract_features(data_generator, train_dir,
NUM_TRAIN, False)
validation_features, validation_labels = extract_features(data_generator,
validation_dir, NUM_VALIDATION)
test_features, test_labels = extract_features(data_generator, test_dir,
NUM_TEST)
```

```
# 对特征 flatten
train_features = np.reshape(train_features, (NUM_TRAIN, -1))
validation_features = np.reshape(validation_features, (NUM_VALIDATION, -1))
test_features = np.reshape(test_features, (NUM_TEST, -1))
```

下面是定义新增的全连接网络模型，使用 Dropout 正则化以防止过拟合。使用抽取到的训练集特征来训练模型，并使用抽取到的验证集特征来获取模型性能指标，最后绘制训练和验证准确率以及训练和验证损失曲线，如代码 7.6 所示。

代码 7.6 训练新增全连接模型

```
# 构建模型
model = models.Sequential()
model.add(layers.Dense(256, activation = 'relu', input_dim =
EXTRACTED_FEATURE_DIM))
model.add(layers.Dropout(0.5))
model.add(layers.Dense(1, activation = 'sigmoid'))

model.compile(optimizer = optimizers.RMSprop(lr = 2e-5),
        loss = 'binary_crossentropy',
        metrics = ['acc'])

# 模型训练
history = model.fit(train_features, train_labels,
```

```
                    epochs = EPOCHS,
                    batch_size = BATCH_SIZE,
                    validation_data = (validation_features, validation_labels))

# 性能指标
acc = history.history['acc']
val_acc = history.history['val_acc']
loss = history.history['loss']
val_loss = history.history['val_loss']

epochs = range(len(acc))

# 绘图
plt.plot(epochs, acc, color='green', marker='o', linestyle='solid', label =
u'训练准确率')
plt.plot(epochs, val_acc, color='red', label = u'验证准确率')
plt.title(u'训练和验证准确率')
plt.legend()

plt.figure()
plt.plot(epochs, loss, color='green', marker='o', linestyle='solid', label =
u'训练损失')
plt.plot(epochs, val_loss, color='red', label = u'验证损失')
plt.title(u'训练和验证损失')
plt.legend()

plt.show()
```

完整的程序代码请参见 feature_extraction_vgg16.py。运行该程序后，绘制出独立的特征抽取模型的准确率和损失曲线分别如图 7.8 和图 7.9 所示。

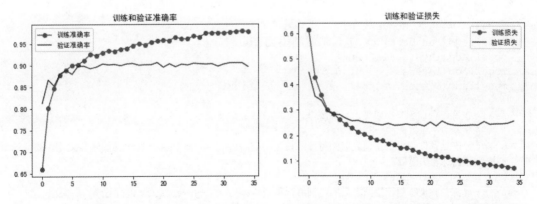

图 7.8　独立的特征抽取模型的训练和验证准确率　　图 7.9　独立的特征抽取模型的训练和验证损失

可以看到，在约第 10 轮以后，验证准确率就略微超过 90%。尽管训练准确率仍然在不断提升，但验证准确率只是在 90%附近摆动，说明 Dropout 并没有完全抑制过拟合。

按照同样的方法，可以将预训练网络从 VGG16 替换为 ResNet50。注意到两种网络的卷积层输出的张量形状不一样，需要同步更改，VGG16 的输出为 $4 \times 4 \times 512$，ResNet50 的输出为 $5 \times 5 \times 2048$。完整的代码请参见 feature_extraction_resnet50.py，可惜的是，验证准确率只能达到 70%左右。所以，使用独立的特征抽取方法，更复杂的网络在小样本上不一定比简单网络表现更好。

2. 统一的特征抽取

统一的特征抽取还是使用预训练的卷积层，只不过把卷积层与新增的全连接层合并为一个完整的网络。虽然网络训练的计算代价高一些，但可以使用数据增强。

后面的例子使用 ResNet50 预训练网络，不再赘述。

代码 7.7 是将预训练模型作为统一模型卷积层的代码。同样需要实例化一个 ResNet50 模型，然后像添加一个层一样，调用 add 函数向 Sequential 模型中添加新建的 ResNet50 模型，最后再添加两个全连接(Dense)层。我们只准备训练新增的全连接层的网络参数，不想改变预训练的卷积层，这就需要将卷积层冻结，在训练过程中不会改变冻结层的权重参数。Keras 冻结模型或层的方法是将它的 trainable 属性设为 False。

代码 7.7　预训练模型作为卷积层

```
# 实例化 ResNet50 模型，用于抽取特征
cnn_base = ResNet50(weights = 'imagenet',
                include_top = False,
                input_shape = (IMAGE_SIZE, IMAGE_SIZE, 3))

model = models.Sequential()
model.add(cnn_base)        # 预训练模型作为卷积层
model.add(layers.Flatten())
model.add(layers.Dropout(0.5))
model.add(layers.Dense(1, activation='sigmoid'))

#%% 以下冻结预训练卷积模型，只训练全连接层

print('冻结预训练卷积模型之前的可训练权重层数：', len(model.trainable_weights))
# 冻结预训练卷积模型
cnn_base.trainable = False
print('冻结预训练卷积模型之后的可训练权重层数：', len(model.trainable_weights))

model.summary()
```

代码 7.7 的输出如下。可以看到，冻结前预训练卷积模型的可训练权重有 214 层，冻结之后只有 2 层参与训练。这里只有一个全连接层参与训练，将权重矩阵和偏置向量分开计算为 2 层。

```
冻结预训练卷积模型之前的可训练权重层数：214
冻结预训练卷积模型之后的可训练权重层数：2

Layer (type)              Output Shape           Param #
=================================================================
resnet50 (Model)          (None, 5, 5, 2048)     23587712

flatten (Flatten)         (None, 51200)          0

dropout (Dropout)         (None, 51200)          0

dense (Dense)             (None, 1)              51201
=================================================================
Total params: 23,638,913
Trainable params: 51,201
Non-trainable params: 23,587,712
```

下面的步骤就是编译及训练模型，得到性能指标，绘制性能图表，最后保存模型以供微调例子使用。

⌨ **代码 7.8　训练模型及绘制性能指标图**

```python
# 得到三个数据子集的生成器
train_generator = data_generator(train_dir, True)
validation_generator = data_generator(validation_dir, False)
test_generator = data_generator(test_dir, False)

model.compile(loss='binary_crossentropy',
        optimizer=optimizers.RMSprop(lr = 1e-5),
        metrics=['acc'])

# 模型训练
history = model.fit_generator(
    train_generator,
    steps_per_epoch = train_generator.samples // BATCH_SIZE,
    epochs = EPOCHS,
    validation_data = validation_generator,
    validation_steps = validation_generator.samples // BATCH_SIZE,
    verbose = 2)

# 性能指标
acc = history.history['acc']
```

```
val_acc = history.history['val_acc']
loss = history.history['loss']
val_loss = history.history['val_loss']

epochs = range(len(acc))

# 绘图
plt.plot(epochs, acc, color='green', marker='o', linestyle='solid', label =
u'训练准确率')
plt.plot(epochs, val_acc, color='red', label = u'验证准确率')
plt.title(u'训练和验证准确率')
plt.legend()

plt.figure()
plt.plot(epochs, loss, color='green', marker='o', linestyle='solid', label =
u'训练损失')
plt.plot(epochs, val_loss, color='red', label = u'验证损失')
plt.title(u'训练和验证损失')
plt.legend()

plt.show()

# 保存模型,供微调例子使用
model.save('model_resnet50.h5')
```

完整的程序代码请参见 feature_extraction_v2_resnet50.py。运行该程序后,绘制出统一的特征抽取模型的准确率和损失曲线分别如图 7.10 和图 7.11 所示。

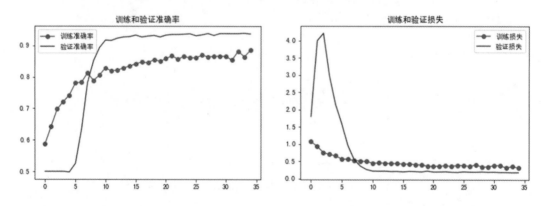

图 7.10　统一的特征抽取模型的训练和验证准确率　图 7.11　统一的特征抽取模型的训练和验证损失

可以看到,在约第 10 轮以后,验证准确率就略微超过 90%,最好的验证准确率为 93.90%,比独立的特征抽取好得多。另外,验证准确率高于训练准确率,这是因为本例使用了数据增强,每一轮的数据都和上一轮略有区别。

7.2.4　微调

微调是在特征提取基础上的改进。在统一的特征抽取方法中，预训练模型是完全冻结的，微调则是将其顶部的几层解冻，让解冻的几层和新增的全连接层一起训练。当然，微调的训练是很讲究策略的，只有网络顶部的全连接层训练好之后，才能解冻并训练预训练模型顶部的几层。如果网络顶部层没有训练好，就急着训练下面的层，那么反向传播的误差信号会非常大，导致预训练模型已经学到的特征表示遭到破坏。因此，微调网络需要按照如下步骤进行训练。

① 冻结预训练网络部分。

② 训练新增的全连接层。

③ 解冻预训练网络的顶部几层，仍然冻结预训练网络的其他层。

④ 训练解冻的顶部几层和新增的全连接层。

如果要继续微调更多的预训练网络层，按照上述步骤逐步解冻。但是，一般不会去微调整个预训练网络层，这是因为：第一，预训练网络的底部层含有通用的可复用的特征，但靠近顶部的层包含更加抽象的特征。微调抽象特征效果更为显著，能针对新问题改变用途。但微调通用层效果不明显。第二，训练参数越多，数据量越少，过拟合风险越大。除非训练集非常大，不建议训练很多参数，以免造成过拟合。

由于在特征提取章节已经把网络参数保存为 model_resnet50.h5 文件，相当于已经完成了步骤①和②。因此，我们要做的就是实例化预训练模型并加载已训练好的 model_resnet50.h5 参数文件，如代码 7.9 所示。注意到实例化 ResNet50 模型时 weights 的参数值为 None，随机初始化网络参数，这是因为我们马上就要加载已训练好的参数。

代码 7.9　实例化 ResNet50 模型并加载已训练好的参数

```
# 实例化 ResNet50 模型，用于微调
cnn_base = ResNet50(weights = None,
              include_top = False,
              input_shape = (IMAGE_SIZE, IMAGE_SIZE, 3))

model = models.Sequential()
model.add(cnn_base)     # 预训练模型作为卷积层
model.add(layers.Flatten())
model.add(layers.Dropout(0.5))
model.add(layers.Dense(1, activation='sigmoid'))

model.load_weights('model_resnet50.h5')
```

下面的步骤是解冻预训练网络的后面的 FREEZE_LAYERS 个卷积层, FREEZE_LAYERS 是一个可调整的变量, 如代码 7.10 所示。

代码 7.10　解冻 cnn_base 的指定卷积层

```
# 得到三个数据子集的生成器
train_generator = data_generator(train_dir, True)
validation_generator = data_generator(validation_dir, False)
test_generator = data_generator(test_dir, False)

#%% 以下使用微调。注意到微调必须在全连接层训练好了之后才能进行

cnn_base.summary()

for layer in cnn_base.layers[: FREEZE_LAYERS]:
    layer.trainable = False
for layer in cnn_base.layers[FREEZE_LAYERS :]:
    layer.trainable = True

model.summary()
```

模型训练与性能参数绘图代码和前面一样, 完整源代码请参见 fine_tune_resnet50.py。微调模型的训练和验证准确率如图 7.12 所示, 微调模型的训练和验证损失如图 7.13 所示。微调模型的验证准确率比特征抽取模型的高, 最高达到 98.10%。

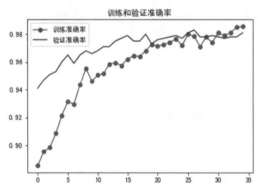

图 7.12　微调模型的训练和验证准确率　　图 7.13　微调模型的训练和验证损失

为了评估微调模型的泛化能力, 新增三行代码打印测试损失和准确率指标, 如代码 7.11 所示。

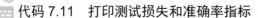

代码 7.11 打印测试损失和准确率指标

```
test_loss, test_acc = model.evaluate_generator(test_generator, steps =
validation_generator.samples // BATCH_SIZE)
print('测试损失: ', test_loss)
print('测试准确率: ', test_acc)
```

打印结果如下:

```
测试损失: 0.1201993177869008
测试准确率: 0.9699999940395355
```

测试准确率达到 97%。

7.3 CNN 可视化

一般而言,由于层数较深,参数众多,深度学习模型通过学习得到的表示很难为人类所理解和可视化。但是,对于卷积神经网络来说,这种说法需要进行修正。其原因在于卷积神经网络是视觉表示,非常适合可视化。

本节主要介绍两种可视化技术,第一种是中间激活可视化,可以帮助理解 CNN 各层如何对网络的输入进行变化,了解过滤器的基本作用。第二种是过滤器可视化,可以帮助更深入地理解各个过滤器的视觉模式。

7.3.1 中间激活可视化

中间层的输出就是激活函数的输出,称为激活。激活有三个维度,分别是宽度、高度和通道。中间层激活可视化,就是可视化这三个维度的特征图。由于每个通道都保持有相对独立的特征,因此将各个通道的特征绘制为二维图像,以便观察每个通道将原始输入变换为什么信息。

首先,实例化预训练的 VGG16 模型,并打印模型结构,如代码 7.12 所示。

代码 7.12 实例化模型

```
IMAGE_SIZE = 150
MAX_LAYER = 7
IMAGES_PER_ROW = 16

# 实例化 VGG16
```

```
model = VGG16(weights='imagenet',
        include_top = False,
        input_shape = (IMAGE_SIZE, IMAGE_SIZE, 3))
# 看一看模型结构
model.summary()
```

上述代码的输出如下：

Layer (type)	Output Shape	Param #
input_1 (InputLayer)	(None, 150, 150, 3)	0
block1_conv1 (Conv2D)	(None, 150, 150, 64)	1792
block1_conv2 (Conv2D)	(None, 150, 150, 64)	36928
block1_pool (MaxPooling2D)	(None, 75, 75, 64)	0
block2_conv1 (Conv2D)	(None, 75, 75, 128)	73856
block2_conv2 (Conv2D)	(None, 75, 75, 128)	147584
block2_pool (MaxPooling2D)	(None, 37, 37, 128)	0
block3_conv1 (Conv2D)	(None, 37, 37, 256)	295168
block3_conv2 (Conv2D)	(None, 37, 37, 256)	590080
block3_conv3 (Conv2D)	(None, 37, 37, 256)	590080
block3_pool (MaxPooling2D)	(None, 18, 18, 256)	0
block4_conv1 (Conv2D)	(None, 18, 18, 512)	1180160
block4_conv2 (Conv2D)	(None, 18, 18, 512)	2359808
block4_conv3 (Conv2D)	(None, 18, 18, 512)	2359808
block4_pool (MaxPooling2D)	(None, 9, 9, 512)	0
block5_conv1 (Conv2D)	(None, 9, 9, 512)	2359808
block5_conv2 (Conv2D)	(None, 9, 9, 512)	2359808
block5_conv3 (Conv2D)	(None, 9, 9, 512)	2359808
block5_pool (MaxPooling2D)	(None, 4, 4, 512)	0

```
================================================================
Total params: 14,714,688
Trainable params: 14,714,688
Non-trainable params: 0
```

注意到 VGG16 模型结构非常规整，2 到 3 个卷积层后面接一个池化层，该模型容易看出输入经过各层的变换。

下一步是输入一张图像，预处理并显示，如代码 7.13 所示。

代码 7.13　输入一张图像

```python
# 输入的图片
img_path = '../datasets/kaggledogvscat/small/test/dogs/dog.1512.jpg'

# 将图片预处理为 4D 张量
img = image.load_img(img_path, target_size = (IMAGE_SIZE, IMAGE_SIZE))
img_tensor = image.img_to_array(img)
img_tensor = np.expand_dims(img_tensor, axis = 0)   # 增加一维

# 0~255 --> 0~1
img_tensor /= 255.

# 确保图像张量形状为(1, 150, 150, 3)
print("图像张量形状： ", img_tensor.shape)

# 打印图像
plt.imshow(img_tensor[0])
plt.show()
```

输入图像张量的形状为(1, 150, 150, 3)，原始图像如图 7.14 所示。

下一步是实例化一个 Model 类，需要指定输入张量 inputs 和输出张量 outputs 这两个参数。然后将四维图像张量作为 Model 实例的输入，输出前面几层的卷积层和池化层的激活，如代码 7.14 所示。代码输入的是图像张量 img_tensor，通过调用 predict 函数，让 Model 实例输出多个层的激活。

图 7.14　原始图像

代码 7.14　构建 Model 实例并输出激活

```
# 抽取前面几层的输出
layer_outputs = [layer.output for layer in model.layers[1 : MAX_LAYER]]
# 创建一个 Model 实例，用于这些层对应输入的输出
activation_model = models.Model(inputs = model.input, outputs = layer_outputs)

# 返回若干 Numpy 数组，每个数组对应一层的激活
activations = activation_model.predict(img_tensor)
```

下面可视化第一层的激活，如代码 7.15 所示。第一层的形状为(1, 150, 150, 64)，图像大小为150×150，有 64 个通道，前面的 block1_conv1 (Conv2D)输出证实这个结果。

代码 7.15　可视化第一层的激活

```
# 先看看第一层的情况
first_layer_activation = activations[0]
print("第一层的形状: ", first_layer_activation.shape)

plt.matshow(first_layer_activation[0, :, :, 0], cmap = 'gray')
plt.show()

plt.matshow(first_layer_activation[0, :, :, 30], cmap = 'gray')
plt.show()
```

上述代码绘制第 0 个通道和第 30 个通道的特征图，结果分别如图 7.15 和图 7.16 所示。这两个通道的图明显不同，一张凹进，一张凸起，似乎是边缘检测的结果。

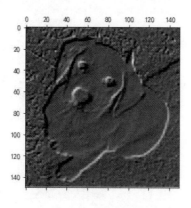

图 7.15　第 0 个通道的特征图

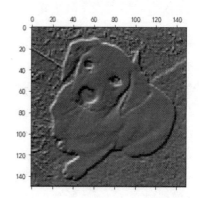

图 7.16　第 30 个通道的特征图

下一步是将卷积层或池化层里的全部通道的特征图可视化在一张图中，方便比较，如代码 7.16 所示。首先得到前面 MAX_LAYER 指定层数的层名称，然后定义一个绘制卷积层

激活的辅助函数 plot_conv_activations，最后迭代显示各指定层的特征图。

代码7.16 迭代可视化每个中间层所有通道的激活

```python
# 层的名称
layer_names = []
for layer in model.layers[1 : MAX_LAYER]:
    layer_names.append(layer.name)

def plot_conv_activations(layer_name, layer_activation):
    """ 绘制卷积层激活的辅助函数
    """
    # 特征数
    n_features = layer_activation.shape[-1]

    # 特征图的形状为(1, size, size, n_features)，因此可以得到size
    size = layer_activation.shape[1]

    # 平铺激活通道
    n_cols = n_features // IMAGES_PER_ROW
    display_grid = np.zeros((size * n_cols, IMAGES_PER_ROW * size))

    # 将每个过滤器平铺到水平网格
    for col in range(n_cols):
        for row in range(IMAGES_PER_ROW):
            channel_image = layer_activation[0, :, :, col * IMAGES_PER_ROW + row]
            # 标准化
            channel_image -= channel_image.mean()
            channel_image /= (channel_image.std() + 1e-31)
            # 缩放至 0~256 范围
            channel_image *= 64
            channel_image += 128
            channel_image = np.clip(channel_image, 0, 255).astype('uint8')
            display_grid[col * size : (col + 1) * size,
                    row * size : (row + 1) * size] = channel_image

    # 显示网格
    scale = 1. / size
    plt.figure(figsize = (scale * display_grid.shape[1],
                    scale * display_grid.shape[0]))
    plt.title(layer_name)
    plt.grid(False)
    plt.imshow(display_grid, aspect = 'auto', cmap = 'gray')

# 迭代显示特征图
for layer_name, layer_activation in zip(layer_names, activations):
```

```
plot_conv_activations(layer_name, layer_activation)
```

```
plt.show()
```

上述代码的执行结果如图 7.17～图 7.22 所示。

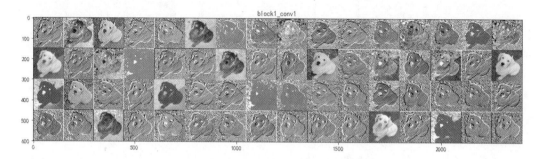

图 7.17　block1_conv1 的特征图

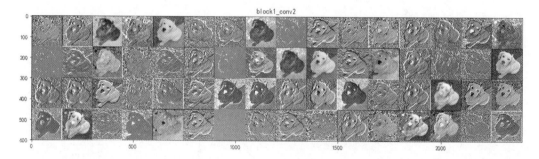

图 7.18　block1_conv2 的特征图

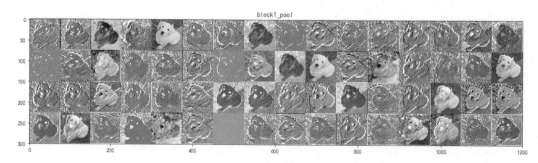

图 7.19　block1_pool 的特征图

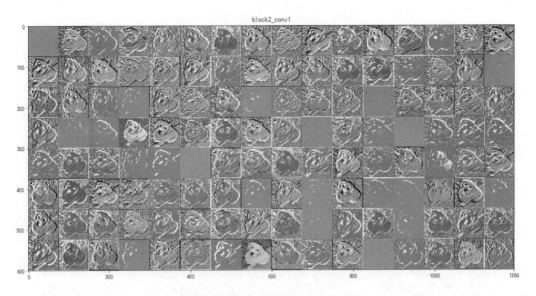

图 7.20　block2_conv1 的特征图

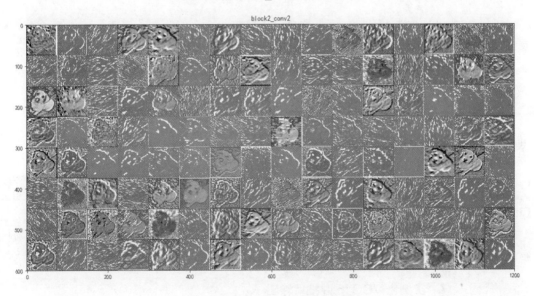

图 7.21　block2_conv2 的特征图

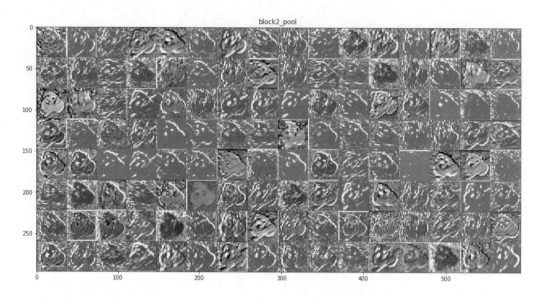

图 7.22　block2_pool 的特征图

可以看到，各层特征图具有如下特点：在前面的层次主要是各种边缘探测器，激活主要保持原始输入图像的信息。随着层数的加深，激活越来越难以直观理解，越来越抽象，表示图像视觉内容的信息越少，而高层次的概念诸如眼睛、耳朵等有助于判断类别的信息越多。

完整代码请参见 visualizing_activations.py。

7.3.2　过滤器可视化

过滤器可视化是显示训练好的过滤器的权重参数，完整代码请参见 visualizing_filters.py。

首先，实例化预训练的 VGG16 模型，并抽取前面几层的输出。由于过滤器权重参数已经预训练好，因此不再需要输入图像，如代码 7.17 所示。

代码 7.17　实例化 VGG16 并抽取输出

```
IMAGE_SIZE = 150
MAX_LAYER = 7
IMAGES_PER_ROW = 16

# 实例化 VGG16
model = VGG16(weights='imagenet',
```

```
                    include_top = False,
                    input_shape = (IMAGE_SIZE, IMAGE_SIZE, 3))
# 看一看模型结构
model.summary()

# 抽取前面几层的输出
layer_outputs = [layer.output for layer in model.layers[1 : MAX_LAYER]]
# 创建一个 Model 实例，用于这些层对应输入的输出
activation_model = models.Model(inputs = model.input, outputs = layer_outputs)
```

然后定义一个绘制卷积层过滤器权重的辅助函数 plot_conv_weights。由于各个过滤器权重值差异较大，直接绘图不容易比较。因此代码先得到权重的最小值和最大值，用于纠正整个图像的颜色强度，以便相互比较，如代码 7.18 所示。

代码 7.18 绘制卷积层过滤器权重的辅助函数

```
def plot_conv_weights(weights, input_channel = 0):
    """ 绘制卷积层权重的辅助函数
    """
    # 得到 weights 的最小值和最大值，用于纠正整个图像的颜色强度，以便相互比较
    w_min = np.min(weights)
    w_max = np.max(weights)

    # 卷积层的过滤器数量
    num_filters = weights.shape[3]

    # 计算网格数。假定要绘制 num_grids × num_grids 的过滤器图像
    num_grids = int(np.ceil(np.sqrt(num_filters)))

    # 创建子图
    fig, axes = plt.subplots(num_grids, num_grids)

    # 迭代绘制全部过滤器权重图像
    for i, ax in enumerate(axes.flat):
        # 确保仅绘制有效的过滤器
        if i < num_filters:
            # 输入通道 input_channel 对应的第 i 个过滤器
            img = weights[:, :, input_channel, i]

            ax.imshow(img, vmin = w_min, vmax = w_max,
                    interpolation = 'nearest', cmap = 'gray')

        ax.set_xticks([])
        ax.set_yticks([])

    plt.show()
```

我们先得到 block1 的两个卷积层，然后获取对应的权重，最后调用两次 plot_conv_weights 函数绘制卷积层过滤器权重的图像，如代码 7.19 所示。

代码 7.19　绘制两个卷积层的过滤器权重

```
# 得到block1的两个卷积层
block1_conv1 = activation_model.layers[1]
block1_conv2 = activation_model.layers[2]

# 获取权重
weights_conv1 = block1_conv1.get_weights()[0]
print(weights_conv1.shape)
# 绘制卷积层权重
plot_conv_weights(weights = weights_conv1, input_channel = 0)

weights_conv2 = block1_conv2.get_weights()[0]
print(weights_conv2.shape)
plot_conv_weights(weights = weights_conv2, input_channel = 0)
```

第一卷积层过滤器的形状为(3, 3, 3, 64)，输入 3 个通道，输出 64 个通道，如图 7.23 所示。

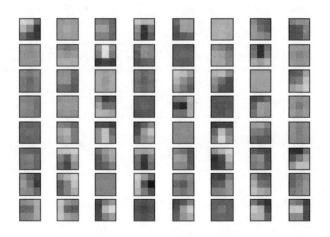

图 7.23　conv1 的 64 个过滤器

第二卷积层过滤器的形状为(3, 3, 64, 64)，输入、输出都是 64 个通道，如图 7.24 所示。

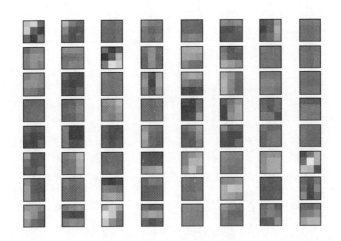

图 7.24　conv2 的 64 个过滤器

过滤器可视化让我们可以直观看到 CNN 如何观察世界，卷积神经网络每一个卷积层都学习一组过滤器，以便把输入进行分解。随着层数的加深，过滤器会变得越来越复杂，越来越精细。CNN 网络的前面层次的过滤器对应边缘、方向和颜色等简单纹理特征，高层过滤器对应更抽象的纹理特征。

第 8 章

词嵌入模型

    词嵌入是英文 Word Embedding 的直译，也称为词向量。词嵌入模型将自然语言中的词转换为计算机可理解的稠密向量形式，然后可用于下游的自然语言处理任务。

    本章首先介绍词嵌入模型，然后介绍词嵌入学习方法，包括词嵌入学习的动机、Skip-Gram 算法、CBOW 算法、负采样和 GloVe 算法，最后用 TensorFlow 编码实现两种 Word2Vec 算法。

8.1　词嵌入模型介绍

　　文本是字符序列或单词序列，一般作为单词序列来处理。深度学习网络只能处理数值张量，因此无法接受原始文本作为直接的输入，必须先将原始文本转换为数值张量，这就是文本向量化。常用的文本向量化方法是将文本分隔为单词或字符，然后再将单词或字符转换为向量。由文本分解而成的单词或字符称为标记，分解过程称为分词或切词。下一步是将数值向量与标记进行某种映射，例如，把标记编码为独热码或标记嵌入。独热码向量中只有一个元素值为 1，其他都为 0，因此独热码一般都是维度都很大而稀疏的向量。标记嵌入中的标记可以是单词或字符，如果是单词，也称为词嵌入，或者称为词向量。标记嵌入的向量维度一般在 100～300 的范围内，且没有只能一个元素值为 1 的限制，元素值可以是任意实数，因此它是维度不大而稠密的向量。

　　词嵌入是一种用于表示词的向量，可以将它认为是将词映射为实数向量的技术。词嵌入克服了独热码的一些缺陷，它将词的语义信息赋予了向量，在连续向量空间中嵌入词，语义相近的词会映射到相邻的点。目前，词嵌入已经成为自然语言处理的基础。

8.1.1　独热码

　　在词嵌入技术诞生之前，通常使用独热码(One-Hot Encoding)向量来表示单词或字符。假设词典大小 $|V|$ 表示词典中不同词的数量，那么，每个词都对应 $0 \sim |V|-1$ 之间的一个整数，这个整数就是该词的索引。独热码就是使用一个 $|V|$ 维的向量来表示词，如果某个词的索引为 i，就将独热码向量的第 i 位设为 1，其余位都为 0。因为只有一位为 1，所以称为独热码，或者一位有效编码。

1. 分词的概念

　　通常国人的自然语言处理针对中文和英文，这两种语言的差异十分明显，主要表现在中文英文分词方法的不同上。英文句子里的单词之间存在空格，自然地分隔各个单词，因此在英文语言处理时，非常容易地通过空格来切分单词。例如，英文句子：

　　Mary had a little lamb.

可以轻松切分为 "Mary/had/a/little/lamb/."，这里使用/表示单词的分隔符。额外的工作只有一件——把句末的标点符号与单词分隔。

　　中文与英文差别较大，每句话的单词之间不存在分隔符，由一序列连续的汉字顺序排列构成句子。现代汉语中表达含义的基本语素是词而不是字，例如"大学"，拆为"大"和"学"都不能表示原意，只有两个字合并为词才有明确的含义，对应英文单词 University。因此分析中文语义时，一般需要首先进行中文分词，按照人类理解汉语的方式，将连续汉字串分隔为多个有单独语义信息的单词。例如，中文句子：

　　玛丽有只小羊羔。

可以分隔为"玛丽/有/只/小/羊羔/。"，其中的/表示单词的分隔符。

　　传统的处理自然语言的最小单位是单词，这样很直观有效。另一种不太直观的方式是直接处理汉字字符，称为字符级模型。字符级模型放弃了单词与生俱来的语义信息，放弃了现成的预训练词向量生态系统。但是，字符级深度学习模型也有自己的优势：第一，在输入上，能极大地提升模型能够处理的词汇量，能弹性地处理拼写错误和罕见词问题。第二，在输出上，由于字符级模型的词汇库很小，因此计算成本更低，训练速度较快。

　　字符级模型的分词更为简单，在每个汉字字符中间插入空格，就可以直接采用英文的分词方式。例如，中文句子：

　　玛丽有只小羊羔。

可以非常容易地分隔为"玛/丽/有/只/小/羊/羔/。"，其中的/表示字符的分隔符。

　　对于汉语来说，字符级模型的单位是汉字，英文的字符级模型的单位就是可打印的(printable)字符。字符级模型可适用于多个语言领域，尽管存在一些缺点，包括有效序列规模的成倍增长、字符固有语义的缺失等，但字符级模型的研究一直在进行中。本书第 9 章的 NMT 示例就采用字符级模型。

2. 独热码示例

one_hot_encoding.py 是一个简单的独热码示例程序，示范了如何使用独热码对汉字单词、汉字字符和英文字符进行编码。

代码 8.1 导入必要的模块，其中的 Tokenizer 为英文的分词器，也可用于用空格分隔的中文句子。由于只是一个非常小的示例，字典的最大长度 NUM_WORDS 只取 100，最大字符数 MAX_LENGTH 只取 50，CORPUS1 为单词级别的中文语料，CORPUS2 为字符级别的中文语料，CORPUS3 为英文语料。

⌨ 代码 8.1　导入模块和定义语料

```
from tensorflow.keras.preprocessing.text import Tokenizer
import numpy as np
import string

NUM_WORDS = 100     # 字典的最大长度
```

```
MAX_LENGTH = 50        # 最大字符数
CORPUS1 = ['昆明理工大学 简称 " 昆工 " ， 位于 云南省 省会 昆明市 。', '昆明 花开不断 四
时 春 ， 人称 " 春城 "']
CORPUS2 = ['昆 明 理 工 大 学 简 称 " 昆 工 " ， 位 于 云 南 省 省 会 昆 明 市 。', '昆 明
花 开 不 断 四 时 春 ， 人 称 " 春 城 "']
CORPUS3 = ['Mary had a little lamb .', 'The lamb was sure to go .']
```

代码 8.2 为中文单词级别的独热编码。

代码 8.2　中文单词级别的独热编码

```
#%% 中文单词级别的独热编码

# 创建分词器，只考虑前 NUM_WORDS 个最常见词
tokenizer = Tokenizer(num_words = NUM_WORDS)
# 构建单词索引
tokenizer.fit_on_texts(CORPUS1)

# 单词索引
word_index = tokenizer.word_index
print('有%s 个唯一单词。' % len(word_index))
print(word_index)

# 将单词串转换为整数索引列表
sequences = tokenizer.texts_to_sequences(CORPUS1)
print(sequences)

# 得到独热码的矩阵表示
one_hot_results = tokenizer.texts_to_matrix(CORPUS1, mode = 'binary')
print(one_hot_results)
```

上述代码首先创建一个分词器，只考虑前 NUM_WORDS 个最常见词，然后构建单词索引字典对象。这部分程序运行的输出如下。

```
有 17 个唯一单词。
{' " ': 1, ' " ': 2, '，': 3, '昆明理工大学': 4, '简称': 5, '昆工': 6, '位于': 7,
'云南省': 8, '省会': 9, '昆明市': 10, '。': 11, '昆明': 12, '花开不断': 13, '四时':
14, '春': 15, '人称': 16, '春城': 17}
```

然后调用分词器的 texts_to_sequences 函数，将字符串转换为整数索引列表，输出如下。

```
[[4, 5, 1, 6, 2, 3, 7, 8, 9, 10, 11], [12, 13, 14, 15, 3, 16, 1, 17, 2]]
```

最后，调用分词器的 texts_to_matrix 函数，得到各个单词的独热码的矩阵表示。该函数的输入参数 mode 取值为 binary、count、tfidf 和 freq 之一，默认为 binary，元素值为 1 表示句子中出现过该索引对应的单词，为 0 则表示该单词未出现。独热码的矩阵表示输出如下。

```
[[0. 1. 1. 1. 1. 1. 1. 1. 1. 1. 1. 1. 1. 0. 0. 0. 0. 0. 0. 0. 0. 0. 0. 0. 0.
  0. 0. 0. 0. 0. 0. 0. 0. 0. 0. 0. 0. 0. 0. 0. 0. 0. 0. 0. 0. 0. 0. 0. 0. 0.
  0. 0. 0. 0. 0. 0. 0. 0. 0. 0. 0. 0. 0. 0. 0. 0. 0. 0. 0. 0. 0. 0. 0. 0. 0.
  0. 0. 0. 0. 0. 0. 0. 0. 0. 0. 0. 0. 0. 0. 0. 0. 0. 0. 0. 0. 0. 0. 0. 0. 0.
  0. 0. 0. 0.]
 [0. 1. 1. 1. 0. 0. 0. 0. 0. 0. 0. 0. 0. 1. 1. 1. 1. 1. 0. 0. 0. 0. 0. 0. 0.
  0. 0. 0. 0. 0. 0. 0. 0. 0. 0. 0. 0. 0. 0. 0. 0. 0. 0. 0. 0. 0. 0. 0. 0. 0.
  0. 0. 0. 0. 0. 0. 0. 0. 0. 0. 0. 0. 0. 0. 0. 0. 0. 0. 0. 0. 0. 0. 0. 0. 0.
  0. 0. 0. 0.]]
```

代码 8.3 为中文字符级别的独热编码。

代码 8.3 中文字符级别的独热编码

```
#%% 中文字符级别的独热编码
# 创建分词器，只考虑前 NUM_WORDS 个最常见词
tokenizer = Tokenizer(num_words = NUM_WORDS)
# 构建字符索引
tokenizer.fit_on_texts(CORPUS2)

# 字符索引
word_index = tokenizer.word_index
print('有%s 个唯一字符。' % len(word_index))
print(word_index)

# 将字符串转换为整数索引列表
sequences = tokenizer.texts_to_sequences(CORPUS2)
print(sequences)

# 得到独热码的矩阵表示
one_hot_results = tokenizer.texts_to_matrix(CORPUS2, mode = 'binary')
print(one_hot_results)
```

此代码与代码 8.2 类似，只是把单词换为字符。输出结果如下。

```
有 28 个唯一字符。
{'昆': 1, '明': 2, '工': 3, '称': 4, '"': 5, '"': 6, '，': 7, '省': 8, '春': 9,
'理': 10, '大': 11, '学': 12, '简': 13, '位': 14, '于': 15, '云': 16, '南': 17,
'会': 18, '市': 19, '。': 20, '花': 21, '开': 22, '不': 23, '断': 24, '四': 25,
'时': 26, '人': 27, '城': 28}
[[1, 2, 10, 3, 11, 12, 13, 4, 5, 1, 3, 6, 7, 14, 15, 16, 17, 8, 8, 18, 1, 2,
19, 20], [1, 2, 21, 22, 23, 24, 25, 26, 9, 7, 27, 4, 5, 9, 28, 6]]
[[0. 1. 1. 1. 1. 1. 1. 1. 1. 1. 0. 1. 1. 1. 1. 1. 1. 1. 1. 1. 0. 0. 0.
  0. 0. 0. 0. 0. 0. 0. 0. 0. 0. 0. 0. 0. 0. 0. 0. 0. 0. 0. 0. 0. 0. 0.
  0. 0. 0. 0. 0. 0. 0. 0. 0. 0. 0. 0. 0. 0. 0. 0. 0. 0. 0. 0. 0. 0. 0.
  0. 0. 0. 0. 0. 0. 0. 0. 0. 0. 0. 0. 0. 0. 0. 0. 0. 0. 0. 0. 0. 0. 0.
```

```
0. 0. 0. 0.]
[0. 1. 1. 0. 1. 1. 1. 1. 0. 1. 0. 0. 0. 0. 0. 0. 0. 0. 0. 0. 1. 1. 1.
1. 1. 1. 1. 1. 0. 0. 0. 0. 0. 0. 0. 0. 0. 0. 0. 0. 0. 0. 0. 0. 0. 0.
0. 0. 0. 0. 0. 0. 0. 0. 0. 0. 0. 0. 0. 0. 0. 0. 0. 0. 0. 0. 0. 0. 0.
0. 0. 0. 0. 0. 0. 0. 0. 0. 0. 0. 0. 0. 0. 0. 0. 0. 0. 0. 0. 0. 0. 0.
0. 0. 0. 0.]]
```

代码 8.4 为英文单词级别的独热编码。

代码 8.4　英文单词级别的独热编码

```python
#%% 英文单词级别的独热编码
word_index = {}      # 标记索引
for sentence in CORPUS3:
    # 英文比较简单，直接调用 split 方法进行分词
    for word in sentence.split():
        if word not in word_index:
            # 为每一个唯一的单词指定一个索引。注意索引 0 不对应单词
            word_index[word] = len(word_index) + 1
print('有%s 个唯一单词。' % len(word_index))
print("word_index\n", word_index)

results = np.zeros(shape = (len(CORPUS3), len(word_index),
max(word_index.values()) + 1))
for i, sentence in enumerate(CORPUS3):
    for j, word in list(enumerate(sentence.split()))[: len(word_index)]:
        index = word_index.get(word)
        results[i, j, index] = 1.

# 打印第一个单词及对应的独热码
print(CORPUS3[0][0 : 4])
print(results[0, 0, :])
```

运行结果如下。总共有 11 个单词，第一个单词 Mary 的独热码向量的第一位为 1，其他都为 0。

```
有 11 个唯一单词。
word_index
 {'Mary': 1, 'had': 2, 'a': 3, 'little': 4, 'lamb': 5, '.': 6, 'The': 7, 'was':
8, 'sure': 9, 'to': 10, 'go': 11}
Mary
[0. 1. 0. 0. 0. 0. 0. 0. 0. 0. 0. 0.]
```

代码 8.5 为英文字符级别的独热编码。

代码8.5　英文字符级别的独热编码

```
#%% 英文字符级别的独热编码
printable_chars = string.printable
char_index = dict(zip(printable_chars, range(1, len(printable_chars) + 1)))
print('有%s个唯一字符。' % len(char_index))
print("char_index\n", char_index)

results = np.zeros((len(CORPUS3), MAX_LENGTH, max(char_index.values()) + 1))
for i, corpus in enumerate(CORPUS3):
    for j, ch in enumerate(corpus[: MAX_LENGTH]):
        index = char_index.get(ch)
        results[i, j, index] = 1.
print(CORPUS3[0][0])
print(results[0, 0, :])
```

上述代码首先打印字符索引字典，有 100 个唯一的可打印字符。然后用两重循环遍历 CORPUS3 的每个字符，外层循环遍历语料中的一个句子，内层循环遍历句子中的字符，并将字符转换为独热码存放在 results 中。最后打印最开始的字符 M 和对应的独热码向量。

运行结果如下。

```
有 100 个唯一字符。
char_index
 {'0': 1, '1': 2, '2': 3, '3': 4, '4': 5, '5': 6, '6': 7, '7': 8, '8': 9, '9':
10, 'a': 11, 'b': 12, 'c': 13, 'd': 14, 'e': 15, 'f': 16, 'g': 17, 'h': 18, 'i':
19, 'j': 20, 'k': 21, 'l': 22, 'm': 23, 'n': 24, 'o': 25, 'p': 26, 'q': 27, 'r':
28, 's': 29, 't': 30, 'u': 31, 'v': 32, 'w': 33, 'x': 34, 'y': 35, 'z': 36, 'A':
37, 'B': 38, 'C': 39, 'D': 40, 'E': 41, 'F': 42, 'G': 43, 'H': 44, 'I': 45, 'J':
46, 'K': 47, 'L': 48, 'M': 49, 'N': 50, 'O': 51, 'P': 52, 'Q': 53, 'R': 54, 'S':
55, 'T': 56, 'U': 57, 'V': 58, 'W': 59, 'X': 60, 'Y': 61, 'Z': 62, '!': 63, '"':
64, '#': 65, '$': 66, '%': 67, '&': 68, "'": 69, '(': 70, ')': 71, '*': 72, '+':
73, ',': 74, '-': 75, '.': 76, '/': 77, ':': 78, ';': 79, '<': 80, '=': 81, '>':
82, '?': 83, '@': 84, '[': 85, '\\': 86, ']': 87, '^': 88, '_': 89, '`': 90,
'{': 91, '|': 92, '}': 93, '~': 94, ' ': 95, '\t': 96, '\n': 97, '\r': 98, '\x0b':
99, '\x0c': 100}
M
[0. 0. 0. 0. 0. 0. 0. 0. 0. 0. 0. 0. 0. 0. 0. 0. 0. 0. 0. 0. 0. 0. 0. 0. 0.
 0. 0. 0. 0. 0. 0. 0. 0. 0. 0. 0. 0. 0. 0. 0. 0. 0. 0. 0. 0. 0. 0. 0. 0.
 0. 1. 0. 0. 0. 0. 0. 0. 0. 0. 0. 0. 0. 0. 0. 0. 0. 0. 0. 0. 0. 0. 0. 0.
 0. 0. 0. 0. 0. 0. 0. 0. 0. 0. 0. 0. 0. 0. 0. 0. 0. 0. 0. 0. 0. 0. 0.
 0. 0. 0. 0. 0.]
```

独热码概念简单，容易构建，但存在两个重大的缺陷。第一个缺陷是当 $|V|$ 很大时，独热码维数过大，且数据稀疏；第二个缺陷是独热码无法表示不同词之间的相似度，因为任意两个不同词的独热码向量内积都为零，即它们都是正交的。

8.1.2 词嵌入

词嵌入使用一个维数低(300 维以下)而稠密的向量来表示单词，这种向量能够表示词之间的相似度，也容易进行类比。

举一个例子来说明词嵌入的思想，king 和 queen 都是王国的最高统治者，只是性别不同。假设男性的性别为-1，女性的性别为+1，那么，king 和 queen 对应的词嵌入向量表示中，存在某一个用于表示性别的特征，使得 king 在该维的值接近-1，queen 在该维的值接近+1。另外，king 和 queen 都很高贵，如果有某一特征表示高贵，那么这两个词在该特征上的值都会很大，而诸如 man 和 woman 的词与高贵没有必然联系，因此在该特征上的值都会接近 0。类似的特征可能有很多，我们假设使用 100 个特征构成 100 维的向量来表示所有的词，就能够发现不同词之间的相似关系。

如果能够学习到单词的特征向量，就能通过 PCA 算法或 t-SNE 算法进行降维，把 100 维的数据嵌入到一个二维平面上，实现可视化。图 8.1 为一些单词的可视化例子，可以看到，相似的词都聚集在一起，man、woman、king 和 queen 都是人，apple、grape 和 orange 都是水果，one、two、three 和 four 都是数字，dog、cat 和 horse 都是动物，它们之间的距离显示了远近亲疏关系，注意到动物和人的词的距离也很接近，因为人是一种高等动物。

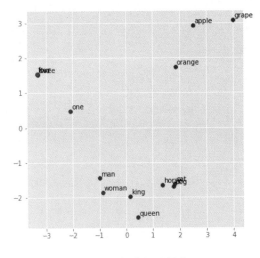

图 8.1　词嵌入可视化

我们已经看到，词嵌入算法能够把相近的单词，通过计算得到相似的特征向量，可视化时的距离也近。而称为"嵌入"的原因是，在 100 维的空间里，每一个单词都对应一个

100 维的特征向量，可以想象为该词嵌入到这个 100 维的空间的一个点上。

词嵌入的一个用途是找出某个词的最相近的词，这就涉及如何计算两个词的相似度。最常用的相似度度量是余弦相似度，它注重两个向量在方向上的差异，而不是距离或长度上的差异。向量 x 和向量 y 之间的余弦相似度定义为：

$$\cos(x, y) = \frac{x \cdot y}{\|x\|_2 \times \|y\|_2} \tag{8-1}$$

其中，$\cdot$ 表示内积，$\|x\|_2$ 表示向量 x 的 L2 范数，即 $\|x\|_2 = \sqrt{\sum_{i=1}^{D} x_i^2}$ 。

通过计算余弦相似度得到两个向量 x 和 y 之间夹角的余弦值，相似性取决于夹角的大小。如果两个向量非常相似，则它们的余弦相似度接近 1；如果不很相似，则余弦相似度将很小。

已经有一些 Python 模块能够直接使用预训练的词嵌入。例如 Gensim 模块，使用命令 conda install -c conda-forge gensim 可以安装该模块。调用 Word2Vec 对象的 most_similar 函数可以得到指定单词的近似词。例如，frog(青蛙)的近似词如下。

```
[('toad', 0.7010513544082642),
('snake', 0.6571155786514282),
('frogs', 0.6290439367294312),
('monkey', 0.6214002370834351),
('turtle', 0.6097555160522461),
('spider', 0.6079937219619751),
('ape', 0.5917872190475464),
('litoria', 0.5854662656784058),
('rabbit', 0.5832657217979431),
('squirrel', 0.5779589414596558)]
```

这是因为，toad(蟾蜍)是青蛙的近亲，snake(蛇)和青蛙是捕食的关系，frogs 是青蛙的复数，等等。每个相似词后面的数字是相似程度，值越大表示越相近。

词嵌入的另一个用途是进行类比推理，类比推理能够帮助人们理解词嵌入能够完成什么工作，捕捉单词的特征表示，深刻理解词嵌入的含义。类比推理是类似于如下的问题，如果 man 对应 woman，那么 king 应该对应哪个单词？用公式可以表示为：man : woman = king : ?，众所周知，答案肯定是 queen。但是，需要有一种算法能够自动推导这种类比关系。

我们用 100 维向量来表示 man 的词嵌入，记为 e_{man}。同样，把 woman、king 和 queen 的词嵌入都按照相同的方式来表示，即 e_{woman}、e_{king} 和 e_{queen}。如果将向量 e_{man} 和 e_{woman} 进行减法运算，由于这两个词嵌入只有在性别特征上有所区别，因此相减以后只有在性别特征对应的维上有值，假设男性的性别为-1，女性的性别为+1，那么相减后得到-2，而 e_{man} 和 e_{woman} 的其他特征相近，相减以后约等于 0。类似地，假如将 e_{king} 减去 e_{queen}，最后也会得到类似的结果，因为 man 和 woman 之间的主要差异是性别差异，而 king 和 queen 之间的主要差异也是性别上的差异，这就是 $e_{man} - e_{woman}$ 与 $e_{king} - e_{queen}$ 的结果会相近的原因。由此可以推出，类比推理的方法就是，在问到 man : woman = king : ?的类比问题时，算法要做的就是先计算 $e_{man} - e_{woman}$，然后找到一个向量 $e_?$，使得 $e_{man} - e_{woman} \approx e_{king} - e_?$，最接近向量 $e_?$ 的词就是目标词，计算向量之间的接近程度就可以使用前面介绍的余弦相似度。

类比的例子非常多，例如，China : Chinese = USA : ?，答案是 American，中国与中国人的关系类比于美国与美国人的关系；China : Beijing = Japan : ?，答案是 Tokyo，中国与北京的关系类比于日本与东京的关系；tall : tallest = long : ?，答案是 longest，高与最高的关系类比于长与最长的关系；等等。当然，预训练得到的词向量也不是完美无缺的，在 bee : hive = cow : ? 类比中，答案本该是 barn，蜜蜂与蜂巢的关系类比于奶牛与牲口棚的关系，但词嵌入给出的答案是奶牛的复数 cows。

词嵌入还可以找出不匹配的词。例如，在 C++、Java、Linux 和 Perl 中，不匹配的词是 Linux，因为它是操作系统，与其他的计算机语言不一样。

本小节的代码请参见 explore_word_vector.py 文件。

8.2　词嵌入学习

学习词嵌入，实际就是通过大量语料来学习得到一个嵌入矩阵。Word2Vec 由 Mikolov 等人在论文 *Efficient Estimation of Word Representations in Vector Space*[①] 中创立，是一种计算效率很高的预测模型，专门用于从原始文本中学习词嵌入。

Word2Vec 算法有两种模型：Skip-Gram 和 CBOW。其中，Skip-Gram 也称为跳字模型，CBOW 是英文 Continuous Bag of Words(连续词袋模型)的字首缩写。下面分别介绍这两种模型的原理，以及负采样的概念和 GloVe 算法。

8.2.1　词嵌入学习的动机

向量空间模型(Vector Space Model，VSM)是自然语言处理领域里有着悠久的历史的一种表示方法，它在连续向量空间中嵌入单词，语义相近的单词会映射到空间上相近的点。VSM 的所有方法都依赖于分布假设，假设在相同上下文中单词的语义相同。词嵌入的各种

---

① 网址：https://arxiv.org/pdf/1301.3781.pdf

算法也不例外地基于这个假设。

统计语言模型通常需要判断一个字符串序列符合人类语言的概率，这就需要根据序列中的历史单词 h 来预测下一个单词 w_t 出现的条件概率。用公式可以表示为

$$P(w_t \mid h) = \text{soft}(\text{score}(w_t, h))$$

$$= \frac{\exp(\text{score}(w_t, h))}{\sum_{w'} \text{score}(w', h)}$$

其中，$\text{score}(w_t, h)$ 计算目标单词 w_t 与历史单词(上下文) h 的关联得分。

图 8.2 是统计语言模型训练的示意图。模型使用投影层、隐藏层和 Softmax 输出层三层神经网络，已知历史单词 the quick brown，预测目标单词 fox 的概率。其中，V 为字典的长度。Softmax 输出层得到的是整个字典中，目标词 w_t 的概率分布。

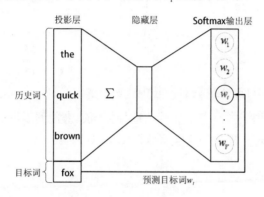

图 8.2　统计语言模型原理

词嵌入学习与统计语言模型类似，只不过在两个方面做了细化：第一是使用上下文词来替换历史词，这样使得前面和后面的词都用于预测中心词，更符合语言的自然规律；第二是使用窗口来界定中心词附近有哪些词为上下文词。例如，假定窗口大小为 2，英文句子 the quick brown fox jumped over the lazy dog 中，中心词 quick 的上下文词有 the、brown 和 fox，这三个词帮助确定中心词。

注意，词嵌入学习通常使用中心词这一术语，本书交替使用目标词和中心词表达同一含义。

8.2.2　Skip-Gram 算法

Skip-Gram 算法是根据某个中心词来生成在它附近的其他词，实际上，我们需要构建一

个只有一个隐藏层的神经网络来完成一个"假"的任务，让神经网络根据句子中的某个特定的中心词，识别该词附近的其他单词的出现模式，也就是让网络判断词典中的各个单词成为附近其他词的概率。之所以说这个任务是"假"的，是因为在训练好神经网络以后，我们并不打算再使用这个网络，而是只关注通过训练得到的隐藏层的权重参数，这个权重就是想学习的词嵌入矩阵。

下面以将一个英文句子 the quick brown fox jumped over the lazy dog 来构建 Skip-Gram 算法的训练数据集为例，来说明如何在句子中抽取中心词和上下文词。

假设窗口大小为 2，上下文词就是一个句子内的中心词的前面和后面的窗口范围内的词。具体地说，如果中心词为 w_t，上下文词就包括 w_{t-2}、w_{t-1}、w_{t+1} 和 w_{t+2}。如果将中心词循环从句子的第一个词取到最后一个词，就可以得到以下数据集：

```
(the, [quick, brown]),
(quick, [the, brown, fox]),
(brown, [the, quick, fox, jumped]),
(fox, [quick, brown, jumped, over]),
……
```

以上数据集包含多组 (c,o) 数据对，其中，c 表示中心词，o 表示上下文词。Skip-Gram 算法的任务是根据中心词来预测上下文词，即根据 the 来预测 quick 和 brown，根据 quick 来预测 the、brown 和 fox，等等。这样，数据集可以改为：

```
(the, quick),
(the, brown),
(quick, the),
(quick, brown),
(quick, fox),
(brown, the),
(brown, quick),
(brown, fox),
(brown, jumped),
……
```

得到上述数据集以后，就可以构建一个如图 8.3 所示的词嵌入学习模型。假定字典的长度为 V，词嵌入的维度为 N，那么，输入一个 V 维独热码的中心词，经过 $\mathcal{R}^{N \times V}$ 的权重矩阵变换，就能得到 N 维的词嵌入向量，然后，再经过一个 Softmax 输出层，得到 4 个 V 维概率分布，其最大概率的索引对应上下文词的 w_{t-2}、w_{t-1}、w_{t+1} 和 w_{t+2} 的独热码。

对于本例，假设字典的长度 V 等于 10000，我们将学习一个 100 维的词嵌入，因此隐藏层将由一个 10000 行和 100 列的权重矩阵来表示。其中，每行表示字典中的一个单词，每列对应隐藏层的一个神经元。如果从行的方向上去检视隐藏层权重矩阵，会发现权重矩阵实际上就是我们最终要求解的词嵌入向量，如图 8.4 所示。

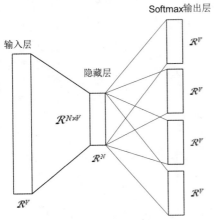

图 8.3　Skip-Gram 词嵌入学习模型

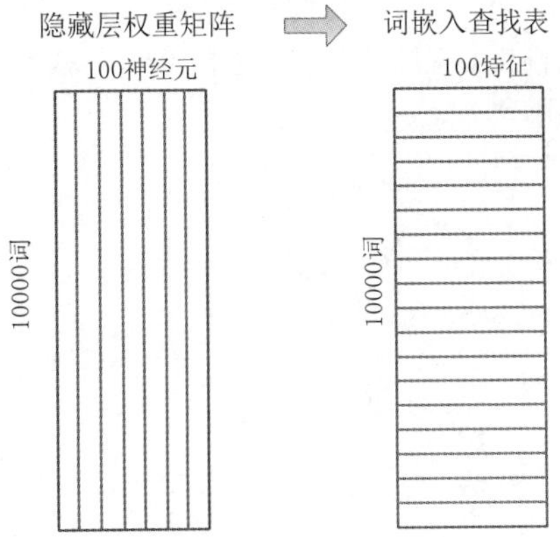

图 8.4　将隐藏层的权重矩阵变为词嵌入矩阵

这里的 100 特征就是词嵌入的维度，在更多的时候可能 300 维的词嵌入用得更普遍一些，例如，谷歌发布的预训练单词和短语向量 GoogleNews-vectors-negative300.bin.gz 就是 300 维的，包含 300 万个单词和短语，网址为：https://drive.google.com/file/d/0B7XkCwpI5KD-YNlNUTTlSS21pQmM/edit?usp=sharing。大部分时候，限于财力物力等开销，我们都会去下载和使用诸如谷歌等大公司预训练的词嵌入，而不是从头开始训练自己的词嵌入矩阵。

8.2.3　CBOW 算法

CBOW 算法是根据文本序列中的某个中心词附近的其他上下文词来生成该中心词。

还是以英文句子 the quick brown fox jumped over the lazy dog 为例，说明 CBOW 算法如何在句子中抽取中心词和上下文词。

假设窗口大小为 2，如果将中心词 w_t 循环从句子的第一个词取到最后一个词，就可以得到以下数据集：

```
( [quick, brown], the),
([the, brown, fox], quick),
([the, quick, fox, jumped], brown),
([quick, brown, jumped, over], fox),
......
```

显然，如果中心词为 fox，那么上下文词就是[quick, brown, jumped, over]。CBOW 使用词袋模型，因此这 4 个上下文词都是平等的，不考虑它们和中心词之间的距离远近，只要在窗口内就可以。

图 8.5 所示为 CBOW 词嵌入学习模型。输入层为上下文词的独热码向量，所有的独热码都要与 $\mathcal{R}^{N \times V}$ 的权重矩阵相乘，然后将乘积向量相加求平均，得到 $\mathcal{R}^{V}$ 隐藏层向量，然后再乘以输出权重矩阵，经过 Softmax 激活函数，得到 $\mathcal{R}^{N}$ 的概率分布，概率最大的索引表示预测的中心词。

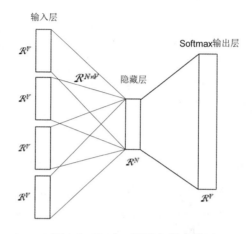

图 8.5　CBOW 词嵌入学习模型

如果中心词为 fox，且上下文词为[quick, brown, jumped, over]，我们根据单词 quick、brown、jumped 和 over 来预测一个单词，并且期望这个单词是 fox。详细过程就是把 4 个单词的独热码 o_{quick}、o_{brown}、o_{jumped} 和 o_{over} 与权重矩阵相乘，得到 4 个词嵌入 v_{quick}、v_{brown}、v_{jumped} 和 v_{over}，然后将这 4 个词嵌入求平均，再将平均词嵌入乘以输出权重矩阵，经过 Softmax 激活函数后，期望得到 fox 的独热码 o_{fox}。

8.2.4　负采样

前面介绍了 Skip-Gram 模型和 CBOW 模型，它们都构造了一个有监督的学习任务，分别完成从中心词映射到上下文词或从上下文词映射到中心词的学习，从而得到词嵌入矩阵。这样的计算方式有一个明显的缺点，就是当词典长度很大的时候，Softmax 计算起来很慢。负采样使用了一种效率更高的学习算法，能够改善 Softmax 计算慢的问题。负采样是由 Word2Vec 的作者 Mikolov 在第二篇论文[①]中提出的，下面以 CBOW 算法为例，说明负采样

---

① Tomas Mikolov,et al. Distributed Representations of Words and Phrases and their Compositionality. arXiv: 1310.4546v1 [cs.CL] 16 Oct 2013

的基本原理。

负采样的原理如图 8.6 所示。它使用二元分类器(逻辑回归)进行训练,在特定上下文中区别真实的目标单词 w_t 和 K 个虚构的噪声单词 $\tilde{w}$。

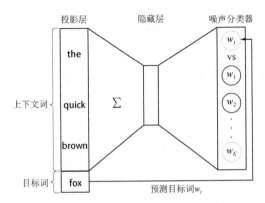

图 8.6　负采样原理

每个样本的优化目标可以使用如下数学公式来表示。

$$J_{\text{NEG}} = \log Q_\theta (D = 1 \mid w_t, h) + KE_{\tilde{w} \sim P_{\text{noise}}} \left[\log Q_\theta (D = 0 \mid \tilde{w}, h) \right] \tag{8-2}$$

其中,$\log Q_\theta (D = 1 \mid w, h)$ 为模型在数据集 D 中的上下文 h 中发现单词 w 的概率,θ 为模型参数,这里是嵌入矩阵。

当模型为真实单词 w_t 分配高概率值,为噪声单词 $\tilde{w}$ 分配低概率值时,最大化目标 J_{NEG}。这种负采样方法大大提升了训练速度,因为它只根据 K 个噪声单词 $\tilde{w}$ 而非字典中的全部单词来计算损失函数。在实践中,通常使用非常相似的噪声对比估算(noise-contrastive estimation,NCE)损失,TensorFlow 提供一个辅助函数 tf.nn.nce_loss() 计算该损失。

具体说,负采样技术的核心就是构造一个新的有监督学习问题,将原来的用多个上下文词来预测一个中心词的学习问题,转换为给定一对单词,预测它们是否是一对中心词-上下文词。例如,在英文句子 the quick brown fox jumped over the lazy dog 中,quick 和 brown 就是一对中心词-上下文词,这是一个标签为 1 的正样本。然后再构建多个负样本,我们假设随机选择一个词,它很可能跟 quick 没什么关联,因此,随机在字典中选一个词,比如 cat,这样 quick 和 cat 就构成一个标签为 0 的负样本。重复选择 king、two 和 apple,构建多个负样本,最终得到如下的训练数据:

```
([quick, brown], 1),
([quick, cat], 0),
([quick, king], 0),
([quick, two], 0),
```

```
([quick, apple], 0),
......
```

上述训练数据的损失可表示为：

$$J_{\text{NEG}} = \log Q_\theta\left(D=1\,|\,\text{quick, brown}\right) + \log Q_\theta\left(D=0\,|\,\text{quick, cat}\right) + \cdots \tag{8-3}$$

这里需要注意两个问题，第一个问题是假如在字典中随机选择的词正好在窗口内怎么办？实际上，由于是随机选择的，一般就不做判断，这种情况即便存在也不影响算法。第二个问题是如何选取负样本的个数 K ？Mikolov 等人推荐 K 与数据集成反比，数据集越小，K 就越大。小的数据集就选择 K 在 5 到 20 之间。很大的数据集就选小一点的 K ，更大的数据集就选择 K 为 2～5。上例中，我们选择 $K=4$。

构建好训练数据以后，下一步就是构造一个有监督学习问题。学习算法的输入 x 就是真实的或随机选取构成的一对词，输出 y 就是要预测的标签。因此，学习问题就是给定一对词，如 quick 和 brown，预测这两个词究竟是对邻近的两个词采样得到的，还是在文本中得到一个词，然后在字典中随机选取得到另一个词？该算法就是要学习如何去分辨这两种不同的生成样本的方法。

还有一个问题，负采样该如何选择负样本？如果根据语料中单词出现的频率按照均匀分布来选择，显然更频繁出现的单词更有可能选择为负样本。例如，假设将整个训练语料库转换为单词列表，然后从列表中随机选择 K 个负样本。在这种情况下，选择单词 king 的概率等于语料库中出现 king 的次数，除以语料库中的单词总数。这可以用以下公式表示：

$$P\left(w_i\right) = \frac{f\left(w_i\right)}{\sum_j \left(f\left(w_j\right)\right)} \tag{8-4}$$

其中，$P\left(w_i\right)$ 为选择单词 w_i 的概率，$f\left(w_i\right)$ 为语料中出现 w_i 的次数。

Mikolov 在论文中尝试了上述等式的一些变体，其中最有效的是将单词次数改为单词次数的 3/4 幂，即

$$P\left(w_i\right) = \frac{f\left(w_i\right)^{3/4}}{\sum_j \left(f\left(w_j\right)\right)^{3/4}} \tag{8-5}$$

上述等式有助于增大较小频率词的概率以及降低更大频率词的概率。

论文提供的 Word2Vec C 语言实现的代码中，还采用二次抽样来降低诸如 the、this、a 等频繁出现的停用词的影响。其方法是，按式(8-6)计算保留单词 w_i 的概率 $P\left(w_i\right)$。

$$P\left(w_i\right) = \left(\sqrt{\frac{z\left(w_i\right)}{0.001}} + 1\right) \cdot \frac{0.001}{z\left(w_i\right)} \tag{8-6}$$

其中，$z(w_i)$ 为标准化的单词频数。例如，如果单词 "king" 在 10 亿单词的语料库中出现 1 千次，则 $z("king") = \dfrac{1000}{1000000000} = 1e-6$。C 代码中名称为 sample 的参数控制二次抽样的频率，默认值为公式中的 0.001，该值越小意味着越不可能保留。

如下三个关键点有助于理解二次抽样的用途。

(1) 当 $z(w_i) \leqslant 0.0026$ 时，$P(w_i) = 1.0$，100% 地保留单词。这意味着只有 $z(w_i)$ 大于 0.0026 才有可能二次抽样。

(2) 当 $z(w_i) = 0.00746$ 时，$P(w_i) = 0.5$，50% 的可能性保留单词。

(3) 当 $z(w_i) = 1.0$ 时，$P(w_i) = 0.033$，3.3% 的可能性保留单词。如果语料全部由单词 w_i 构成，这本身就很怪异。

总体来说，实现完整的负采样算法有很多细节问题需要考虑。

8.2.5 GloVe 算法

GloVe 算法的全称是 Global Vectors for Word Representation(词表征的全局向量)，它是由 Jeffrey Pennington 等于 2014 年在 *Empirical Methods in Natural Language Processing* (EMNLP) 上发表的一篇论文[①]中提出的，是一个基于全局词频统计的词嵌入算法，将一个单词表示为与一个 Word2Vec 类似的实数向量。GloVe 算法根据语料库构建单词的共现矩阵，然后学习词嵌入。

假设用 X 来表示共现矩阵(Co-ocurrence Matrix)，元素 X_{ij} 表示在一个特定大小的上下文窗口中单词 i 和单词 j 共同出现的次数。

论文经过一系列公式推导，构建词嵌入与共现矩阵之间的关系如下。详细公式推导请参见原论文，为了不陷入数学公式中，这里只叙述结论。

$$w_i^{\mathrm{T}} \widetilde{w}_j + b_i + \tilde{b}_j = \log(X_{ij}) \tag{8-7}$$

其中，w_i^{T} 和 $\widetilde{w}_j$ 分别是单词 i 和单词 j 的词嵌入，b_i 和 $\tilde{b}_j$ 分别是这两个词嵌入的偏置项。

注意，优化后的 w^{T} 和 $\widetilde{w}$ 是要学习的词嵌入，从原理上说二者应该等价，但随机初始化会导致最终的实际值可能不一样，因此选择将二者之和 $w^{\mathrm{T}} + \widetilde{w}$ 作为最终的词嵌入。

有了上述关系，容易构建损失函数如下。

$$J = \sum_{i,j=1}^{V} f(X_{ij}) \left(w_i^{\mathrm{T}} \widetilde{w}_j + b_i + \tilde{b}_j - \log(X_{ij}) \right)^2 \tag{8-8}$$

---

① Jeffrey Pennington, Richard Socher, Christopher D. Manning. GloVe: Global Vectors forWord Representation. https://www.aclweb.org/anthology/D14-1162

其中，V 为字典大小，$\left(w_i^{\mathrm{T}}\tilde{w}_j+b_i+\tilde{b}_j-\log\left(X_{ij}\right)\right)^2$ 项为普通的均方损失；$f\left(X_{ij}\right)$ 项为权重函数，其作用是对损失进行分段加权。

权重函数应满足以下要求：

(1) $f\left(0\right)=0$。如果单词 i 和单词 j 没有在一起出现，即 $X_{ij}=0$，就不应参与损失函数的计算。

(2) $f\left(x\right)$ 应为非递减函数，很少在一起出现的单词的权重不能过大。

(3) $f\left(x\right)$ 应在 x 值较大时取相对小的值，频繁在一起出现的单词的权重也不能过大。

满足上述要求的函数很多，GloVe 采用如下分段函数：

$$f\left(x\right)=\begin{cases}\left(x/x_{\max}\right)^\alpha & \text{当}x<x_{\max}\text{时}\\ 1 & \text{其他}\end{cases}\tag{8-9}$$

图 8.7 展示了权重函数在 $\alpha=3/4$ 时的图像。

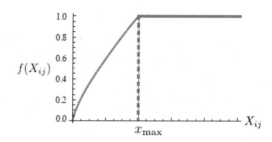

图 8.7　权重函数 f 在 α=3/4 时的图像

与 Word2Vec 模型相比，GloVe 充分利用语料库的全局统计信息，提高了词向量在大型语料上的训练速度。

8.3　Word2Vec 算法实现

本节使用 TensorFlow 实现了 Skip-Gram 和 CBOW 算法。为了能够快速训练完成，采用一个非常小的语料，来源于维基百科(Wikipedia)关于 NLP 的介绍。

8.3.1　Skip-Gram 算法实现

Skip-Gram 算法实现的完整源代码请参见 skipgram.py。

代码 8.6 导入模块和设置模型超参数。其中,超参数 EMB_DIMS 是词嵌入向量的长度,MU 和 SIGMA 分别为初始化权重参数的均值和方差,其他超参数含义自明。

代码 8.6　导入模块和设置模型超参数

```
import numpy as np
import tensorflow as tf
from sklearn.manifold import TSNE
import matplotlib.pyplot as plt
import re

# 模型超参数
EMB_DIMS = 100
LEARNING_RATE = 0.01
EPOCHS = 80
BATCH_SIZE = 10
MU = 0.0
SIGMA = 0.02
```

代码 8.7 定义一个将字符索引转换为独热码向量的函数。参数 idx 为要转换的字符索引,参数 vocab_size 为字典大小。

代码 8.7　转换为独热码的函数

```
def one_hot(idx, vocab_size):
    """ 将字符索引转换为独热码向量 """
    result = np.zeros(vocab_size)
    result[idx] = 1
    return result
```

代码 8.8 定义一个由原始语料生成训练数据的函数。第一步是生成一个字典,首先调用 split 函数将原始语料分隔为句子,去除标点,然后将句子分隔为单词,添加到单词列表 words_list,最后去除重复单词得到字典。下一步是构建词转换为索引的字典和索引转换为词的字典,用一个 for 循环就可以构建这两个字典。再下一步是遍历语料,得到窗口范围内的中心词 c 和附近词 o 组成的数据对,每一个数据对为一个样本。然后将单词转换为独热码,中心词 c 对应的独热码存放到训练数据 x_train 中,附近词 o 对应的独热码存放到训练标签 y_train 中。最后对训练集数据和标签进行随机置乱,再返回训练数据、训练标签、两个字典和字典大小。

⌨ 代码 8.8　生成训练数据的函数

```python
def generate_training_data(corpus_raw, WINDOW_SIZE = 2):
    """ 由语料生成训练数据 """
    re_str = "[\s+\.\!\/_,$%^*()+\"\']+|[+——！，。？、~@#￥%……&*()]+"
    words_list = []

    for sent in corpus_raw.split('.'):
        # 去除标点符号
        sent = re.sub(re_str, " ", sent)
        for w in sent.split():
            words_list.append(w)

    # 去除重复单词
    words_list = set(words_list)
    # 字典大小
    vocab_size = len(words_list)

    word2idx = {}      # 词转换为索引的字典
    idx2word = {}      # 索引转换为词的字典

    # 构建两个字典
    for i, w in enumerate(words_list):
        word2idx[w] = i
        idx2word[i] = w

     # 按句子分隔，去除英文句号
    sentences_list = corpus_raw.split('.')
    sentences = []   # 用于保存句子中的单词数组

    for sent in sentences_list:
        # 去除标点符号
        sent = re.sub(re_str, " ", sent)
        sent_array = sent.split()
        sentences.append(sent_array)

    # 输入输出记录
    data_recs = []

     # 遍历语料，得到窗口范围内的中心词 c 和附近词 o 组成的数据对
    for sent in sentences:
        for idx, c in enumerate(sent):
            for o in (sent[max(idx - WINDOW_SIZE, 0) : min(idx + WINDOW_SIZE,
len(sent)) + 1]):
                if o != c:
                    data_recs.append([c, o])
```

```
# 构建训练数据
x_train = []
y_train = []

 # 将单词转换为独热码
for rec in data_recs:
    x_train.append(one_hot(word2idx[rec[0]], vocab_size))
    y_train.append(one_hot(word2idx[rec[1]], vocab_size))

# 随机置乱
x_train = np.array(x_train)
y_train = np.array(y_train)
index = [i for i in range(len(x_train))]
np.random.seed(1234)
np.random.shuffle(index)
x_train = x_train[index]
y_train = y_train[index]

return x_train, y_train, word2idx, idx2word, vocab_size
```

代码 8.9 为程序主函数。首先打开文件读取训练语料，然后调用 generate_training_data 函数创建训练数据，再初始化嵌入矩阵和输出矩阵的权重和偏置参数，构建一个两层的训练模型，迭代训练模型，最后可视化训练结果。

代码 8.9 主函数

```
if __name__ == '__main__':
    # 读取训练语料
    with open("wikipedia_nlp.txt", "r") as f:
        corpus_raw = f.read()
    corpus_raw = (corpus_raw).lower()
    # 创建训练数据
    x_train, y_train, word2idx, idx2word, vocab_size =
generate_training_data(corpus_raw, 2)
    print('训练数据长度: ', len(x_train))

    x = tf.placeholder(tf.float32, [None, vocab_size])
    y = tf.placeholder(tf.float32, [None, vocab_size])

    # 初始化嵌入矩阵的权重和偏置
    W = tf.Variable(tf.random_normal([vocab_size, EMB_DIMS], mean = MU, stddev
= SIGMA, dtype = tf.float32))
    b = tf.Variable(tf.random_normal([EMB_DIMS], mean = MU, stddev = SIGMA, dtype
= tf.float32))
```

```
    # 初始化输出矩阵的权重和偏置
    W_outer = tf.Variable(tf.random_normal([EMB_DIMS, vocab_size], mean = MU,
stddev = SIGMA, dtype = tf.float32))
    b_outer = tf.Variable(tf.random_normal([vocab_size], mean = MU, stddev =
SIGMA, dtype = tf.float32))

    # 模型
    hidden = tf.add(tf.matmul(x, W), b)
    logits = tf.add(tf.matmul(hidden, W_outer), b_outer)
    cost = tf.reduce_mean(tf.nn.softmax_cross_entropy_with_logits_v2(logits =
logits, labels = y))
    optimizer = tf.train.AdamOptimizer(learning_rate =
LEARNING_RATE).minimize(cost)

    # 每轮数据的批数。为了简单，扔掉剩余样本
    batchs = len(x_train) // BATCH_SIZE

    # 迭代训练
    with tf.Session() as sess:
        sess.run(tf.global_variables_initializer())
        for epoch in range(EPOCHS):
            for batch_num in range(batchs):
                batch_index = int(batch_num * BATCH_SIZE)
                x_batch = x_train[batch_index : batch_index + BATCH_SIZE]
                y_batch = y_train[batch_index : batch_index + BATCH_SIZE]
                sess.run(optimizer, feed_dict = {x : x_batch, y : y_batch})
                print("轮: ", epoch, "\t 批: ", batch_num, "\t 损失: ", sess.run(cost,
feed_dict = {x : x_batch, y : y_batch}))
        W_embed_trained = sess.run(W)

    # 可视化
    def plot_with_labels(low_dim_embs, labels):
        """ 可视化词向量 """
        plt.figure(figsize = (18, 18))  # 单位为英寸
        for i, label in enumerate(labels):
            x, y = low_dim_embs[i, :]
            plt.scatter(x, y)
            plt.annotate(label, xy = (x, y), xytext = (5, 2),
                    textcoords = 'offset points',
                    ha = 'right',
                    va = 'bottom')
```

```
tsne = TSNE(perplexity = 30, n_components = 2, init = 'pca', n_iter = 5000,
method = 'exact')
plot_only = len(W_embed_trained)
low_dim_embs = tsne.fit_transform(W_embed_trained[ : plot_only, :])
labels = [idx2word[i] for i in range(plot_only)]
plot_with_labels(low_dim_embs, labels)
```

训练得到的词嵌入可视化结果如图 8.8 所示。

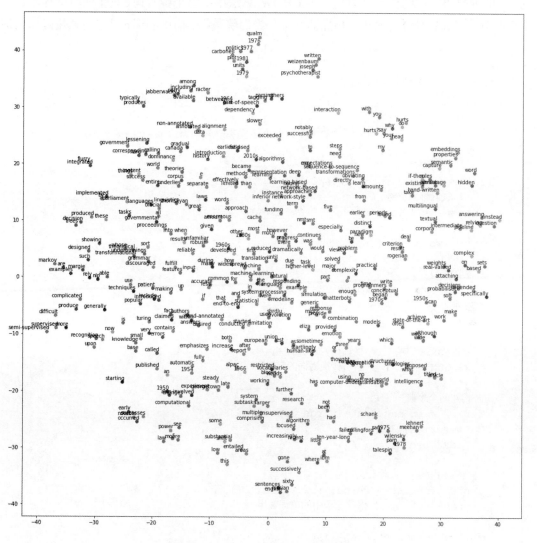

图 8.8　Skip-Gram 算法生成的词嵌入

8.3.2 CBOW 算法实现

CBOW 算法实现的完整源代码请参见 cbow.py。

CBOW 算法与 Skip-Gram 算法大部分都相同，区别主要在于生成训练数据的方式不同，如代码 8.10 所示。在 Skip-Gram 算法中，有多少个附近词 o，就会生成多少个中心词 c 和附近词 o 的独热码组成的样本。但是，在 CBOW 算法中，每个中心词 c 只生成一个样本，只是将多个附近词 o 对应的独热码相加的结果作为训练数据，而中心词 c 对应的独热码作为训练标签。

代码 8.10　生成训练数据的函数

```python
def generate_training_data(corpus_raw, WINDOW_SIZE = 2):
    """ 由语料生成训练数据 """
    re_str = "[\s+\.\!\/_,$%^*()+\"\']+|[+——！，。？、~@#￥%……&*()]+"
    words_list = []

    for sent in corpus_raw.split('.'):
        # 去除标点符号
        sent = re.sub(re_str, " ", sent)
        for w in sent.split():
            words_list.append(w)

    # 去除重复单词
    words_list = set(words_list)
    # 字典大小
    vocab_size = len(words_list)

    word2idx = {}    # 词转换为索引的字典
    idx2word = {}    # 索引转换为词的字典

    # 构建两个字典
    for i, w in enumerate(words_list):
        word2idx[w] = i
        idx2word[i] = w

    # 按句子分隔，去除英文句号
    sentences_list = corpus_raw.split('.')
    sentences = []   # 保存句子中的单词数组

    for sent in sentences_list:
        # 去除标点符号
```

```
        sent = re.sub(re_str, " ", sent)
        sent_array = sent.split()
        sentences.append(sent_array)

    # 输入输出记录
    data_recs = []

    # 遍历语料，得到窗口范围内的附近词 o 和中心词 c 组成的数据对
    for sent in sentences:
        for idx, c in enumerate(sent):
            rec = []
            for o in sent[max(idx - WINDOW_SIZE, 0) : min(idx + WINDOW_SIZE,
len(sent)) + 1] :
                if o != c:
                    rec.append(o)
            data_recs.append([rec, c])

    # 构建训练数据
    x_train = []
    y_train = []

    # 将单词转换为独热码
    for rec in data_recs:
        temp = np.zeros(vocab_size)
        for i in range(len(rec[0])):
            temp += one_hot(word2idx[rec[0][i]], vocab_size)
        x_train.append(temp)
        y_train.append(one_hot(word2idx[rec[1]], vocab_size))

    # 随机置乱
    x_train = np.array(x_train)
    y_train = np.array(y_train)
    index = [i for i in range(len(x_train))]
    np.random.seed(1234)
    np.random.shuffle(index)
    x_train = x_train[index]
    y_train = y_train[index]

    return x_train, y_train, word2idx, idx2word, vocab_size
```

cbow.py 程序训练得到的词嵌入可视化结果如图 8.9 所示。

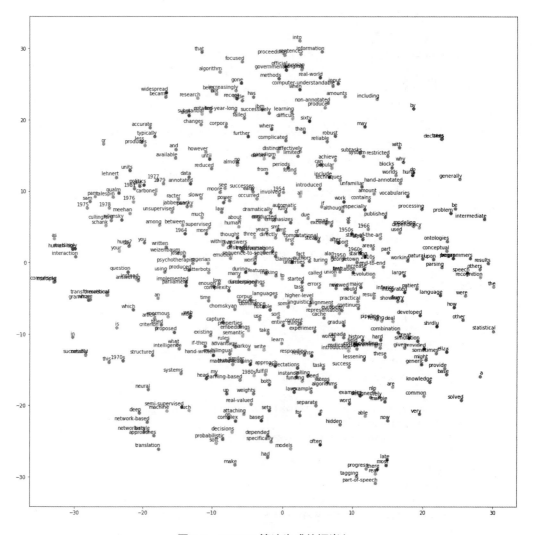

图 8.9　CBOW 算法生成的词嵌入

8.3.3　负采样 Skip-Gram 算法实现

word2vec_negative_sampling.py 实现了负采样的 Skip-Gram 算法。程序借鉴了 TensorFlow 官方教程"字词的向量表示法"的示例代码，原示例代码的网址为 https://github. com/tensorflow/tensorflow/blob/r1.10/tensorflow/examples/tutorials/word2vec/word2vec_basic.py。本程序修改部分语句，使用莎士比亚的十四行诗作为训练语料。

代码 8.11 设置超参数,并且设置 TensorBoard 总结的目录。其中,VOCAB_SIZE 为字典长度,EMB_DIMS 为词嵌入维度,NUM_SKIPS 为用输入生成标签的重用次数,NUM_NEGATIVE_SAMPLES 为负采样的样本数。

代码 8.11　超参数设置

```
VOCAB_SIZE = 3000
BATCH_SIZE = 128
EMB_DIMS = 128
WINDOW_SIZE = 1
NUM_SKIPS = 2  # 用输入生成标签的重用次数
NUM_NEGATIVE_SAMPLES = 64  # 负采样的样本数
NUM_STEPS = 100001       # 训练步数


# 保存 TensorBoard 总结的目录
log_dir = "./log"
if not os.path.exists(log_dir):
    os.makedirs(log_dir)
```

代码 8.12 加载莎士比亚诗作为训练数据。read_data 函数读入指定文件的字符串内容,去除标点后转换为单词列表。

代码 8.12　加载数据

```
#%% 加载数据

filename = '../datasets/shakespeare.txt'

def read_data(filename):
    """ 读指定文件字符串,去除标点并转换为单词列表 """
    with open(filename, "r") as f:
        data = f.read().lower()
        # 去除英文标点符号
        data = re.sub("[\s+\.\!\/_,$%^*()+\"\'\]+", " ", data)
    return data.split()


corpus = read_data(filename)
print('数据长度: ', len(corpus))
```

代码 8.13 生成训练数据。其中,data 为训练数据的整数表示,取值范围为 0~字典长度减 1;count 为单词出现的次数列表;word2idx 和 idx2word 分别为单词转换为索引和索引转换为单词的列表。

⌨ **代码 8.13　生成训练数据**

```
#%% 构建字典，用<UNK>标记替换极少出现的词

def generate_training_data(corpus, n_words):
    """ 处理原始语料为数据集 """
    # 单词-出现次数 对
    count = [['<UNK>', -1]]     # 索引为 0 的字符为<UNK>未知
    # 对语料中的单词计数
    count.extend(collections.Counter(corpus).most_common(n_words - 1))
    word2idx = dict()
    for word, _ in count:
        word2idx[word] = len(word2idx)
    data = list()    # 将原始语料一一替换为索引的数据
    unk_count = 0
    for word in corpus:
        index = word2idx.get(word, 0)
        if index == 0:  # <UNK>字符
            unk_count += 1
        data.append(index)
    count[0][1] = unk_count
    idx2word = dict(zip(word2idx.values(), word2idx.keys()))
    return data, count, word2idx, idx2word

# 构建数据集
data, count, word2idx, idx2word = generate_training_data(corpus, VOCAB_SIZE)
del corpus  # 减少内存消耗
print('出现最多的单词(加上未知词)：', count[: 5])
print('语料中前几个字符索引和对应字符：', data[: 10], [idx2word[i] for i in data
[: 10]])
```

代码 8.14 首先定义一个生成训练批次的函数 generate_batch，参数 batch_size 为批大小，参数 num_skips 为用输入生成标签的重用次数，参数 skip_window 为要跳过的窗口大小。然后调用 generate_batch 函数生成训练批次。

⌨ **代码 8.14　生成训练批次**

```
#%% 生成训练批次

# 索引
data_index = 0

def generate_batch(batch_size, num_skips, skip_window):
    """ 生成训练批次 """
    global data_index
    assert batch_size % num_skips == 0
```

```
assert num_skips <= 2 * skip_window
batch = np.ndarray(shape = (batch_size), dtype = np.int32)
labels = np.ndarray(shape = (batch_size, 1), dtype = np.int32)
span = 2 * skip_window + 1  # 1个目标词加两边的窗口
# 双边队列(double-ended queue)
buffer = collections.deque(maxlen = span)
# 检查是否越界
if data_index + span > len(data):
    data_index = 0
buffer.extend(data[data_index : data_index + span])
data_index += span

for i in range(batch_size // num_skips):
    context_words = [w for w in range(span) if w != skip_window]
    words_to_use = random.sample(context_words, num_skips)
    for j, context_word in enumerate(words_to_use):
        batch[i * num_skips + j] = buffer[skip_window]
        labels[i * num_skips + j, 0] = buffer[context_word]
    # 刚好用完最后一条数据
    if data_index == len(data):
        buffer.extend(data[0 : span])
        data_index = span
    else:
        buffer.append(data[data_index])
        data_index += 1
# 后退一点以避免在批次尾部跳过单词
data_index = (data_index + len(data) - span) % len(data)
return batch, labels


batch, labels = generate_batch(batch_size = 8, num_skips = NUM_SKIPS,
skip_window = WINDOW_SIZE)
for i in range(8):
    print(batch[i], idx2word[batch[i]], '->', labels[i, 0], idx2word[labels[i, 0]])
```

代码 8.15 构建和训练 Skip-Gram 模型。Embeddings 定义一个很大的嵌入矩阵，初始化为-1.0～1.0 范围内均匀分布的随机值。由于 NCE 损失是基于逻辑回归模型定义的，因此需要定义输出层的权重 nce_weights 和偏置 nce_biases。然后，计算本批次的平均 NCE 损失，使用随机梯度下降来优化网络参数。

代码 8.15　构建和训练 Skip-Gram 模型

```
#%% 构建和训练 Skip-Gram 模型

# 选择一个随机验证集来采样最近邻
# 这里将验证样本限制在数字 ID 较小的单词上, 这也是最常见的单词
# 下面三个变量仅用于展示模型的精度, 不影响计算
valid_size = 16     # 用于评估相似度的随机单词集合
valid_window = 100  # 仅在分布的开头选择验证样本
valid_examples = np.random.choice(valid_window, valid_size, replace = False)

graph = tf.Graph()

with graph.as_default():

    # 输入数据
    with tf.name_scope('inputs'):
        train_inputs = tf.placeholder(tf.int32, shape = [BATCH_SIZE])
        train_labels = tf.placeholder(tf.int32, shape = [BATCH_SIZE, 1])
        valid_dataset = tf.constant(valid_examples, dtype = tf.int32)

    # 查找输入的词嵌入
    with tf.name_scope('embeddings'):
        embeddings = tf.Variable(
            tf.random_uniform([VOCAB_SIZE, EMB_DIMS], -1.0, 1.0))
        embed = tf.nn.embedding_lookup(embeddings, train_inputs)

    # 构建 NCE(noise-contrastive estimation)损失的变量
    with tf.name_scope('weights'):
        nce_weights = tf.Variable(
            tf.truncated_normal([VOCAB_SIZE, EMB_DIMS], stddev = 1.0 /
math.sqrt(EMB_DIMS)))
    with tf.name_scope('biases'):
        nce_biases = tf.Variable(tf.zeros([VOCAB_SIZE]))

    # 计算本批次的平均 NCE 损失
    with tf.name_scope('loss'):
        loss = tf.reduce_mean(
            tf.nn.nce_loss(
                    weights = nce_weights,
                    biases = nce_biases,
                    labels = train_labels,
                    inputs = embed,
                    num_sampled = NUM_NEGATIVE_SAMPLES,
```

```
                    num_classes = VOCAB_SIZE))

    # 将损失值作为标量添加到汇总中
    tf.summary.scalar('loss', loss)

    # 构建 SGD 优化器
    with tf.name_scope('optimizer'):
        optimizer = tf.train.GradientDescentOptimizer(1.0).minimize(loss)

    # 计算小批量样本与所有词嵌入之间的余弦相似度
    norm = tf.sqrt(tf.reduce_sum(tf.square(embeddings), 1, keepdims = True))
    normalized_embeddings = embeddings / norm
    valid_embeddings = tf.nn.embedding_lookup(normalized_embeddings,
valid_dataset)
    similarity = tf.matmul(valid_embeddings, normalized_embeddings,
transpose_b = True)

    # 合并全部汇总
    merged = tf.summary.merge_all()

    init = tf.global_variables_initializer()
    # 保存器
    saver = tf.train.Saver()
```

代码 8.16 训练定义好的 Skip-Gram 模型，使用 feed_dict 将数据馈入占位符，循环调用 session.run 来进行优化，总共训练 NUM_STEPS 步。

⌨ **代码 8.16　模型训练**

```
#%% 开始训练
with tf.Session(graph = graph) as session:
    # 汇总文件 writer
    writer = tf.summary.FileWriter(log_dir, session.graph)

    # 初始化全部变量
    init.run()
    print('初始化完成')

    average_loss = 0
    for step in range(NUM_STEPS):
        batch_inputs, batch_labels = generate_batch(BATCH_SIZE, NUM_SKIPS,
WINDOW_SIZE)
        feed_dict = {train_inputs: batch_inputs, train_labels: batch_labels}

        # 元数据变量
```

```
run_metadata = tf.RunMetadata()

# 通过优化器操作来执行更新步骤
_, summary, loss_val = session.run(
        [optimizer, merged, loss],
        feed_dict = feed_dict,
        run_metadata = run_metadata)
average_loss += loss_val

# 添加每个步骤的返回汇总
writer.add_summary(summary, step)
# 添加元数据
if step == (NUM_STEPS - 1):
    writer.add_run_metadata(run_metadata, '步骤: %d' % step)

if step % 2000 == 0:
    if step > 0:
        average_loss /= 2000
    # 平均损失是对最后 2000 批次损失的估计
    print('在步骤', step, '的评价损失为: ', average_loss)
    average_loss = 0

# 每 10000 个步骤打印一次验证集，看训练效果
if step % 10000 == 0:
    sim = similarity.eval()
    for i in range(valid_size):
        valid_word = idx2word[valid_examples[i]]
        top_k = 8  # 最近邻数量
        nearest = (-sim[i, :]).argsort()[1 : top_k + 1]
        log_str = '最近邻为: %s:' % valid_word
        for k in range(top_k):
            close_word = idx2word[nearest[k]]
            log_str = '%s %s,' % (log_str, close_word)
        print(log_str)
final_embeddings = normalized_embeddings.eval()

# 写词嵌入对应标签到文件
with open(log_dir + '/metadata.tsv', 'w') as f:
    for i in range(VOCAB_SIZE):
        f.write(idx2word[i] + '\n')

# 保存检查点模型
saver.save(session, os.path.join(log_dir, 'model.ckpt'))

# 创建 TensorBoard 可视化词嵌入的配置
```

```
config = projector.ProjectorConfig()
embedding_conf = config.embeddings.add()
embedding_conf.tensor_name = embeddings.name
embedding_conf.metadata_path = os.path.join(log_dir, 'metadata.tsv')
projector.visualize_embeddings(writer, config)

writer.close()
```

代码 8.17 实现了词嵌入可视化，与 8.3.1 节完全一样。

代码 8.17　词嵌入可视化

```
#%% 词嵌入可视化

def plot_with_labels(low_dim_embs, labels):
    """ 可视化词向量 """
    plt.figure(figsize = (18, 18))  # 单位为英寸
    for i, label in enumerate(labels):
        x, y = low_dim_embs[i, :]
        plt.scatter(x, y)
        plt.annotate(label, xy = (x, y), xytext = (5, 2),
                textcoords = 'offset points',
                ha = 'right',
                va = 'bottom')


tsne = TSNE(perplexity = 30, n_components = 2, init = 'pca', n_iter = 5000, method =
'exact')
plot_only = 500
low_dim_embs = tsne.fit_transform(final_embeddings[ : plot_only, :])
labels = [idx2word[i] for i in range(plot_only)]
plot_with_labels(low_dim_embs, labels)
```

word2vec_negative_sampling.py 程序训练得到的词嵌入可视化结果如图 8.10 所示。

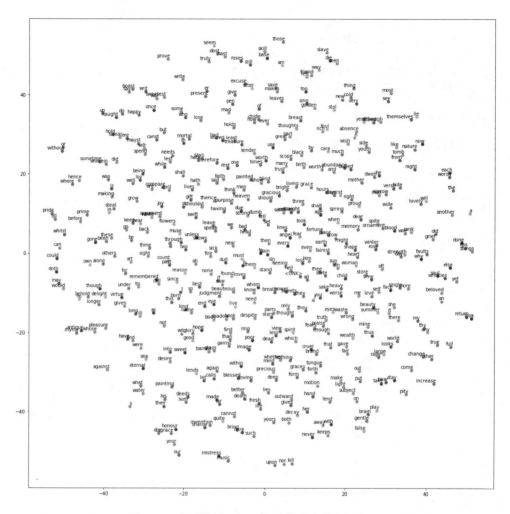

图 8.10　负采样的 Skip-Gram 算法生成的词嵌入

第 9 章

循环神经网络原理

　　循环神经网络(Recurrent Neural Network，RNN)是一种序列模型，它主要用于自然语言处理、语音识别、音乐生成等领域。RNN 的特色就在于它能够实现某种形式的"记忆"功能，特别适合时间序列分析。

　　本章介绍 RNN 的基本概念以及 RNN 的用途，然后介绍基本的 RNN 模型原理和示例，最后介绍 LSTM、GRU 的原理和示例。

9.1 RNN 介绍

RNN 主要用于处理序列数据。在 NLP 语言模型中，下一个单词的预测往往与前面的单词有关联，因为一个句子中的前后单词并非独立。例如，英语有一条简单的语法规则，一般现在时在主语为第三人称单数时，句子里的谓语动词要加 s 或 es。预测谓语动词时，就要查看前面的主语是否为第三人称单数，再决定动词是否变化。

RNN 网络记忆以前的输入信息并应用于计算当前的输出，也就是说，当前的输出不仅与当前的输入有关，而且和记忆的信息有关，RNN 就是有记忆的神经网络。

9.1.1 有记忆的神经网络

RNN 的本质是有记忆的神经网络，假设我们有一个两层的循环神经网络，输入层的节点数为 d_x，隐藏层的节点数为 d_h，输出层的节点数为 d_y，如图 9.1 所示。RNN 中的隐藏层通常叫作循环层(Recurrent)。显然，图中的左边是普通的神经网络，右边是记忆部分，记忆功能使得 RNN 有别于普通的神经网络，输出 $\hat{y}$ 不只是取决于当前的输入 x，还与 $t-1$ 时刻的状态 h 有关。时刻通常又称为时间步，因此本书混用这两个术语，不再赘述。

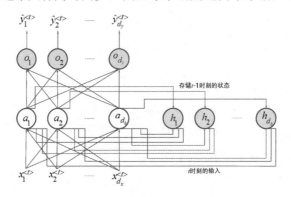

图 9.1 有记忆的神经网络原理

先看图的左半部分，输入 x 是长度为 T_x 的序列，$x^{<t>}$ 为 t 时刻的输入。假如 x 为一个自然语言的句子，$x^{<t>}$ 就是该句子中第 t 个单词的 d_x 维词向量。$x^{<t>}$ 经过循环层再到输出层，如果没有右边的记忆部分，这就是标准的全连接神经网络。然后再看图的右半部分，在 $t-1$ 时刻，$h_1 h_2 \cdots h_{d_h}$ 存储循环层的状态，并在 t 时刻，$h_1 h_2 \cdots h_{d_h}$ 和 $x_1^{<t>} x_2^{<t>} \cdots x_{d_x}^{<t>}$ 一起作为循环层的输入，循环层的输出作为输出层的输入，输出结果为 $\hat{y}_1^{<t>}\hat{y}_2^{<t>}\cdots\hat{y}_{d_y}^{<t>}$，同时 $h_1h_2\cdots h_{d_h}$ 存储循环层的输出。

最开始时，在 0 时刻 $h_1h_2\cdots h_{d_h}$ 需要存储一个初值 $\boldsymbol{a}^{<0>}$，一般设为零向量。

由于图 9.1 有些过于注重细节，不容易描述清楚整个序列的处理过程，因此我们经常将图 9.1 简化为图 9.2。其中，$\boldsymbol{x}^{<t>}$ 表示 t 时刻的输入向量；ⓐ表示循环层的全部神经元；ⓞ表示输出层的全部神经元；■表示记忆层的全部单元，它会延迟一个时间步输出。另外，按照习惯，用大写字母 $\boldsymbol{W}$ 表示权重矩阵，用下标区分不同层的 $\boldsymbol{W}$，例如，$\boldsymbol{W}_{ax}$ 为输入层到循环层的权重矩阵，$\boldsymbol{W}_{ya}$ 为循环层到输出层的权重矩阵，$\boldsymbol{W}_{aa}$ 为记忆层到循环层的权重矩阵。权重矩阵有两个下标，遵循如下的符号约定：第二个下标表示权重矩阵要乘以的变量类型，第一个下标表示要得到的目标变量类型，例如，$\boldsymbol{W}_{ax}$ 表示要乘以一个 x 类型的变量，计算得到一个 a 类型的变量。图中一般不画出截距项。

图 9.2 表示了 t 时刻的网络结构，由于输入不只是序列中的第 t 个元素而是整个序列，为了清楚地表示每个时间步的输入和输出，通常将图 9.2 展开，如图 9.3 所示。可以看到，时间步从左到右递增，在 $t=1$ 时刻，循环层的输入有 $\boldsymbol{a}^{<0>}$ 和 $\boldsymbol{x}^{<1>}$，输出为 $\hat{y}^{<1>}$；在 $t=2$ 时刻，循环层的输入有 $\boldsymbol{a}^{<1>}$ 和 $\boldsymbol{x}^{<2>}$，输出为 $\hat{y}^{<2>}$；以此类推。

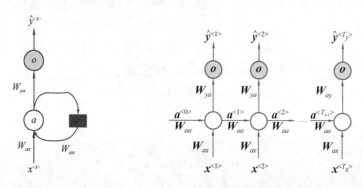

图 9.2　简化的 RNN 表示　　　　图 9.3　展开的 RNN

注意，用图 9.2 简化的 RNN 表示图 9.3 只是为了说明在每一个时间步的输入和输出，并不存在若干个 RNN，由于有且仅有一个网络，因此每个时间步的参数是共享的，都是同样的 $\boldsymbol{W}_{ax}$、$\boldsymbol{W}_{ya}$ 和 $\boldsymbol{W}_{aa}$。

以上介绍的只是基本的 RNN，由此衍生出效果更好的 LSTM 和 GRU 网络，其原理详见后文。如果将 LSTM 或 GRU 视为一个部件，可以直接用 LSTM 或 GRU 单元来替换图 9.3 中的循环层单元〇。

图 9.3 所示网络记忆的是循环层在上一个时间步的隐藏状态，称为 Elman 网络。另一种称为 Jordan 网络，是记忆网络的最终输出，如图 9.4 所示。由于 Elman 网络的循环层相对独立，使用起来方便一点，因此成为 RNN 的主流。

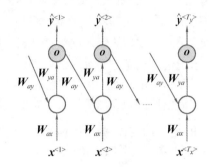

图 9.4　Jordan 网络

如果我们不太关心 RNN 网络结构的细节，既不关心循环层采用基本 RNN 还是 LSTM 或 GRU 单元，也不关心到底是 Elman 网络还是 Jordan 网络，可以把 RNN 进一步简化为如图 9.5 所示的结构。

上述 RNN 网络都是单向的，单向 RNN 只能记忆以前时间步的信息，不能记忆后面时间步的信息。有时候，为了能够更好地理解上下文，可能需要记忆两个方向的信息，这就是双向 RNN。双向 RNN 的循环模块可以是基本 RNN、LSTM 或 GRU，其结构如图 9.6 所示(在图 9.5 的基础上进一步简化)。其中，前向的循环单元使用 $\vec{a}^{<t>}$ 来表示，后向的循环单元使用 $\overleftarrow{a}^{<t>}$ 来表示。输出 $\hat{y}^{<t>}$ 由 $\vec{a}^{<t>}$ 和 $\overleftarrow{a}^{<t>}$ 共同决定，即 $\hat{y}^{<t>} = g_y\left(W_y\left[\vec{a}^{<t>}, \overleftarrow{a}^{<t>}\right] + b_y\right)$。

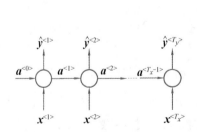

图 9.5　进一步简化的 RNN

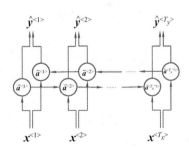

图 9.6　双向 RNN

只要有完整的序列，双向 RNN 能够预测任意位置的输出。对于很多使用自然语言处理的应用，完整序列这个条件很容易满足，一般都能获取整个句子，因此双向 RNN 在 NLP 中应用广泛。

前述的单向和双向 RNN 都是单层的版本，显然单层 RNN 的功能有限。如果要学习非常复杂的函数，就需要把多个 RNN 堆叠在一起，构成更深的模型，这就称为深层循环神经网络。图 9.7 所示的就是一个三层的深度 RNN 网络。

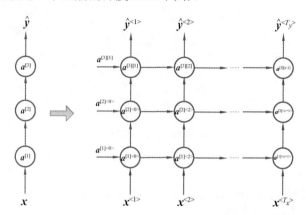

图 9.7 深度 RNN

图 9.7 中，左图为简化的深度 RNN 表示，右图为展开的深度 RNN 表示。由于深度 RNN 是由多个循环层堆叠起来的，这里使用符号 $a^{[l]<t>}$ 来表示第 l 层第 t 个时间步的隐藏状态，例如，$a^{[1]<0>}$ 用来表示第一层隐藏状态的初值。

深度 RNN 的循环层没有必要一定是基本 RNN 单元，也可以是 GRU 单元或者 LSTM 单元，并且也可以构建深度双向 RNN 网络。由于深度 RNN 训练需要消耗很多计算资源，花费很长的时间，而且很难训练，因此很少使用很深的深度 RNN，一般很少用到 6 层以上，大多数都在 3 层左右。

9.1.2 RNN 的用途

RNN 序列模型会记忆处理过的信息，适合为如下的应用建模。

1. 情感分析

给定一段带有情感色彩的主观性文本 x，情感分析(Sentiment Analysis)系统输出倾向性分析的结果 y，如影评文本的情感倾向性分析、商品评论的极性分析等。

图 9.8 为影评的情感分析 RNN 模型。输入文本 x 为文本序列，输出结果 y 可能是 1 到 5 之间的数字，表示电影的星级，或者是表示正面评价和负面评价的 0 或 1。不同于前面已经见过的 RNN 模型，本模型不会在每一个时间步都有输出，而是让 RNN 读入整个句子或

段落，在最后的时间步上得到一个输出。由于是输入多个单词后系统仅在最后时刻才输出一个数字，因此称为"多对一"网络结构。

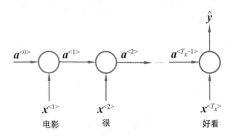

图 9.8 影评的 RNN 模型

2. 文本生成

文本生成(Text Generation)的输入 x 是一句或一段上文，然后生成下一个单词，递归可以生成整个句子、段落甚至篇章 y。

图 9.9 为文本生成的 RNN 模型，也是在自然语言处理中最基础的语言模型，它确定某个句子出现的概率，这需要用 RNN 来构建单词序列的概率模型。在 $t=1$ 时刻，循环层的输入有 $a^{<0>}$ 和 $x^{<1>}$，这两个一般都设为零向量，循环层会计算循环层的状态 $a^{<1>}$，再通过 softmax 来计算第一个单词可能是什么，其结果就是 $\hat{y}^{<1>}$。$\hat{y}^{<1>}$ 实际就是字典中每个单词的概率分布。在下一个时间步 $t=2$ 时刻，循环层的输入有 $a^{<1>}$ 和真实的第一个单词 $y^{<1>}$，循环层计算 $a^{<2>}$ 通过 softmax 函数来计算第二个单词在字典中的概率分布，得到 $\hat{y}^{<2>}$，以此类推。因此，RNN 在每一个时间步都会通过前面的已知单词，来计算下一个单词的概率分布，这样一次次按顺序学习预测得到每一个单词。

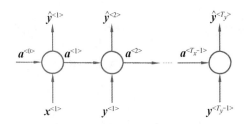

图 9.9 文本生成的 RNN 模型

注意到 $\hat{y}^{<t>}$ 和 $y^{<t>}$ 不同，前者为 t 时刻预测的概率分布，后者为真实的单词。

10.2.1 节将展示一个向莎士比亚学写诗的例子，让 RNN 网络学习莎士比亚十四行诗中跨越很多字符的长期依赖关系，然后自动生成文本序列。

3. 音乐生成

音乐生成(Music Generation)的输入 x 可以是空集或短序列，输出数据 y 是长序列。可以这样来设计音乐生成 RNN 模型，如果 x 为空，则任意输出音乐系列；如果 x 为一个整数，则代表想要生成的音乐风格；如果 x 是头几个音符，则要按照音符继续生成音乐。

图 9.10 是一段音乐生成的 RNN 模型，这是"一对多"的结构。输入 x，RNN 计算输出第一个音符 $\hat{y}^{<1>}$，然后就不再有输入了，而是将上一个时间步合成的音符 $\hat{y}^{<1>}$ 作为下一个时间步的输入，再将 $\hat{y}^{<2>}$ 作为第三个时间步的输入，以此类推。

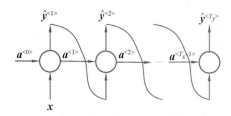

图 9.10　音乐生成的 RNN 模型

4. 机器翻译

神经机器翻译(Neural Machine Translation，NMT)系统给定源语言的一个输入句子或段落 x，要求输出目标语言的翻译结果 y。

图 9.11 所示的机器翻译应用中，首先读入某种要翻译的源语言的句子，这是一个单词组成的序列，全部读入完成以后，网络就会输出所翻译的目标语言的句子，这也是一个单词组成的序列。这显然是"多对多"结构，输入序列长度 T_x 与输出序列长度 T_y 在大部分时候都不相等。机器翻译 RNN 模型分为编码器和解码器两个部分，编码器负责获取输入，读取整个句子，解码器负责输出翻译为目标语言的句子。

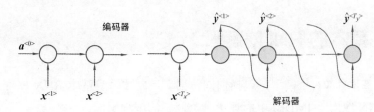

图 9.11　神经机器翻译的 RNN 模型

5. 命名实体识别

命名实体识别(Named Entity Recognition，NER)用于查找文本中具有特定意义的实体，包括人名、时间、地名、机构名、专有名词等。输入 x 为一段文本，输出 y 为单词对应的实体类型。

图 9.12 是命名实体识别的一种 RNN 模型，输入单词序列 $x^{<1>}$、$x^{<2>}$、$\cdots$、$x^{<T_x>}$，RNN 模型计算对应的实体类型 $y^{<1>}$、$y^{<2>}$、$\cdots$、$y^{<T_y>}$。这里的输入序列长度 T_x 与输出序列长度 T_y 相等，由于输入序列有多个单词，对应输出序列的多个实体类型，因此本例是 "多对多" 结构的另一种形式。

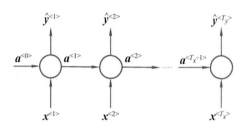

图 9.12　命名实体识别的 RNN 模型

总结以上不同应用的 RNN 结构：① "一对多" 结构适合文本生成和音乐生成。② "多对一" 结构适合情感分析。③ "多对多" 结构有两种，第一种的 T_x 可以不等于 T_y，适合机器翻译应用；第二种要求 T_x 等于 T_y，适合命名实体识别。此外还有很多有趣的应用，比如语音识别、DNA 序列分析、Image Caption(图像理解)等，限于篇幅，就不展开讨论了。

在前面所举的例子中，我们忽略了一个细节，序列长度是有限的，一般不使用固定的长度。因此，输入序列往往会设置一个特殊的向量来表示序列的结束，输出序列也设置一个特殊的向量来表示序列的结束。另外，如果使用小批量训练样本一起计算时，可能会遇到一个小批量中的多个训练样本长度不同的情况，这时可能需要进行填充(padding)，将短句子用一个特殊符号来填充为和最长句子一样。

9.2　**基本的** RNN **模型**

本节介绍基本的 RNN 模型，包括前向传播、反向传播等基本 RNN 原理，最后介绍一个将 SimpleRNN 应用于 IMDB 电影评论分类问题的编程示例。

9.2.1　基本 RNN 的原理

前面我们只是大概了解基本的 RNN，本小节将介绍基本 RNN 的前向传播和反向传播原理，给出数学公式，并讨论 RNN 的序列采样和梯度消失问题。

1. 前向传播

假设我们已经训练好了网络参数，容易使用前向传播算法计算每一个时间步的隐藏状态和输出。首先设置隐藏状态的初值 $a^{<0>}$ 为零向量，按下面两个公式分别计算 $a^{<1>}$ 和 $\hat{y}^{<1>}$。

$$a^{<1>} = g_a\left(W_{aa}a^{<0>} + W_{ax}x^{<1>} + b_a\right) \tag{9-1}$$

$$\hat{y}^{<1>} = g_y\left(W_{ya}a^{<1>} + b_y\right) \tag{9-2}$$

其中，g_a 和 g_y 为 RNN 的激活函数，b_a 和 b_y 为偏置向量。g_a 激活函数通常会选 Tanh 或 ReLU；g_y 激活函数取决于 RNN 的输出，如果是二元分类通常选择 Sigmoid 函数，多元分类则通常选择 Softmax 函数。

公式(9-1)和公式(9-2)可以推广到更一般的形式，在任意 t 时刻，有

$$a^{<t>} = g_a\left(W_{aa}a^{<t-1>} + W_{ax}x^{<t>} + b_a\right) \tag{9-3}$$

$$\hat{y}^{<t>} = g_y\left(W_{ya}a^{<t>} + b_y\right) \tag{9-4}$$

公式(9-3)说明，任意 t 时刻的状态 $a^{<t>}$ 不但与当时的输入 $x^{<t>}$ 有关，还与前一时刻的 $a^{<t-1>}$ 有关，$a^{<t-1>}$ 又与 $a^{<t-2>}$ 有关，……，直到 $a^{<1>}$。可以想象，即便 t 很大，也仍然会受到 $a^{<1>}$ 的影响，这就是长期依赖问题。

有了上述两个公式，容易将简化的 RNN 表示重新绘制为如图 9.13 所示的 RNN 计算示意图，图的右半部分也称为基本 RNN 单元。

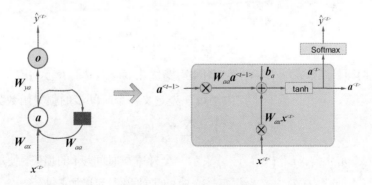

图 9.13 RNN 计算示意图

可以简化公式(9-3)和公式(9-4)。使用 W_a 来表示 $\begin{bmatrix} W_{aa} & W_{ax} \end{bmatrix}$，使用 $\begin{bmatrix} a^{<t-1>}, & x^{<t>} \end{bmatrix}$ 来表示 $\begin{bmatrix} a^{<t-1>} \\ x^{<t>} \end{bmatrix}$，使用 W_y 来表示 W_{ya}，公式(9-3)和公式(9-4)可以简化为

$$a^{<t>} = g_a\left(W_a\left[a^{<t-1>}, \quad x^{<t>}\right] + b_a\right) \qquad (9\text{-}5)$$

$$\hat{y}^{<t>} = g_y\left(W_y a^{<t>} + b_y\right) \qquad (9\text{-}6)$$

其中，W_a 和 b_a 表示这些参数用于计算 a，W_y 和 b_y 表示这些参数用于计算 y。

2. 反向传播

虽然 TensorFlow 能自动处理反向传播，但是，大致了解循环神经网络的反向传播机制还是很有必要的。RNN 反向传播的名称为穿越时间的反向传播(back-propagation through time，BPTT)。

让我们来看看如图 9.14 所示的 BPTT 原理，前向传播从左到右、从下到上地计算输出，直到计算出全部的预测结果。而反向传播的计算方向基本上是前向传播的反方向，从输出计算到输入。

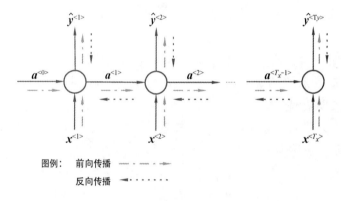

图 9.14　BPTT 原理

由公式(9-3)和公式(9-4)可知，基本 RNN 需要优化的参数 θ 有 W_{aa}、W_{ax}、b_a、W_y 和 b_y。为了反向传播计算，需要设置一个损失函数。先定义一个时间步的损失函数如下。

$$\mathcal{L}^{<t>}\left(\hat{y}^{<t>}, y^{<t>}\right) = -\sum_{j=1}^{k} y_j^{<t>} \log \hat{y}_j^{<t>} \qquad (9\text{-}7)$$

其中，输出 y 为 k 元分类。$\mathcal{L}^{<t>}\left(\hat{y}^{<t>}, y^{<t>}\right)$ 表示一个样本在时间步 t 的损失，使用交叉熵损失。则整个序列的损失函数 $J(\theta)$ 定义为将每一个时间步的损失都累加起来。

$$J(\theta) = \sum_{t=1}^{T_x} \mathcal{L}^{<t>}\left(\hat{y}^{<t>}, y^{<t>}\right) \qquad (9\text{-}8)$$

要优化基本 RNN 的参数 θ，需要对 $J(\theta)$ 求关于 W_y、b_y、W_{aa}、W_{ax} 和 b_a 的偏导数，然后使用梯度下降算法来更新参数。

下面先求 $\boldsymbol{W}_y$ 和 $\boldsymbol{b}_y$ 的偏导数。

$$\frac{\partial J}{\partial \boldsymbol{W}_y} = \sum_{t=1}^{T_y} \frac{\partial \mathcal{L}^{<t>}}{\partial \boldsymbol{W}_y} = \sum_{t=1}^{T_y} \frac{\partial \mathcal{L}^{<t>}}{\partial \hat{\boldsymbol{y}}^{<t>}} \frac{\partial \hat{\boldsymbol{y}}^{<t>}}{\partial \boldsymbol{W}_y} \tag{9-9}$$

$$\frac{\partial J}{\partial \boldsymbol{b}_y} = \sum_{t=1}^{T_y} \frac{\partial \mathcal{L}^{<t>}}{\partial \boldsymbol{b}_y} = \sum_{t=1}^{T_y} \frac{\partial \mathcal{L}^{<t>}}{\partial \hat{\boldsymbol{y}}^{<t>}} \frac{\partial \hat{\boldsymbol{y}}^{<t>}}{\partial \boldsymbol{b}_y} \tag{9-10}$$

然后分别求 $\boldsymbol{W}_{aa}$、$\boldsymbol{W}_{ax}$ 和 $\boldsymbol{b}_a$ 的偏导数。

$$\frac{\partial J}{\partial \boldsymbol{W}_{aa}} = \sum_{t=1}^{T_y} \frac{\partial \mathcal{L}^{<t>}}{\partial \boldsymbol{W}_{aa}} = \sum_{t=1}^{T_y} \frac{\partial \mathcal{L}^{<t>}}{\partial \hat{\boldsymbol{y}}^{<t>}} \frac{\partial \hat{\boldsymbol{y}}^{<t>}}{\partial \boldsymbol{a}^{<t>}} \frac{\partial \boldsymbol{a}^{<t>}}{\partial \boldsymbol{W}_{aa}} \tag{9-11}$$

由公式 $\boldsymbol{a}^{<t>} = \tanh\left(\boldsymbol{W}_{aa}\boldsymbol{a}^{<t-1>} + \boldsymbol{W}_{ax}\boldsymbol{x}^{<t>} + \boldsymbol{b}_a\right)$ 可知，$\boldsymbol{a}^{<t>}$ 的计算要用到 $\boldsymbol{a}^{<t-1>}$，且 $\boldsymbol{a}^{<t-1>}$ 的计算也要使用 $\boldsymbol{W}_{aa}$；同样 $\boldsymbol{a}^{<t-1>}$ 的计算要用到 $\boldsymbol{a}^{<t-2>}$，且 $\boldsymbol{a}^{<t-2>}$ 的计算也要使用 $\boldsymbol{W}_{aa}$，以此类推，因此 $\boldsymbol{a}^{<t>}$ 的计算需要回溯到 $1\sim t$ 的所有时刻，使用求导的链式法则，可以将 $\frac{\partial \boldsymbol{a}^{<t>}}{\partial \boldsymbol{W}_{aa}}$ 项展开如下。

$$\frac{\partial \boldsymbol{a}^{<t>}}{\partial \boldsymbol{W}_{aa}} = \sum_{j=1}^{t} \frac{\partial \boldsymbol{a}^{<t>}}{\partial \boldsymbol{a}^{<j>}} \frac{\partial \boldsymbol{a}^{<j>}}{\partial \boldsymbol{W}_{aa}} \tag{9-12}$$

由于 $\frac{\partial \boldsymbol{a}^{<t>}}{\partial \boldsymbol{a}^{<j>}}$ 可以计算如下。

$$\frac{\partial \boldsymbol{a}^{<t>}}{\partial \boldsymbol{a}^{<j>}} = \frac{\partial \boldsymbol{a}^{<t>}}{\partial \boldsymbol{a}^{<t-1>}} \frac{\partial \boldsymbol{a}^{<t-1>}}{\partial \boldsymbol{a}^{<t-2>}} \cdots \frac{\partial \boldsymbol{a}^{<j+1>}}{\partial \boldsymbol{a}^{<j>}} = \prod_{k=j+1}^{t} \frac{\partial \boldsymbol{a}^{<k>}}{\partial \boldsymbol{a}^{<k-1>}} \tag{9-13}$$

将公式(9-13)代入公式(9-12)，有

$$\frac{\partial \boldsymbol{a}^{<t>}}{\partial \boldsymbol{W}_{aa}} = \sum_{j=1}^{t} \left(\prod_{k=j+1}^{t} \frac{\partial \boldsymbol{a}^{<k>}}{\partial \boldsymbol{a}^{<k-1>}} \right) \frac{\partial \boldsymbol{a}^{<j>}}{\partial \boldsymbol{W}_{aa}} \tag{9-14}$$

最后将公式(9-14)代入公式(9-11)，得

$$\begin{aligned}
\frac{\partial J}{\partial \boldsymbol{W}_{aa}} &= \sum_{t=1}^{T_y} \frac{\partial \mathcal{L}^{<t>}}{\partial \hat{\boldsymbol{y}}^{<t>}} \frac{\partial \hat{\boldsymbol{y}}^{<t>}}{\partial \boldsymbol{a}^{<t>}} \sum_{j=1}^{t} \left(\prod_{k=j+1}^{t} \frac{\partial \boldsymbol{a}^{<k>}}{\partial \boldsymbol{a}^{<k-1>}} \right) \frac{\partial \boldsymbol{a}^{<j>}}{\partial \boldsymbol{W}_{aa}} \\
&= \sum_{t=1}^{T_y} \sum_{j=1}^{t} \frac{\partial \mathcal{L}^{<t>}}{\partial \hat{\boldsymbol{y}}^{<t>}} \frac{\partial \hat{\boldsymbol{y}}^{<t>}}{\partial \boldsymbol{a}^{<t>}} \left(\prod_{k=j+1}^{t} \frac{\partial \boldsymbol{a}^{<k>}}{\partial \boldsymbol{a}^{<k-1>}} \right) \frac{\partial \boldsymbol{a}^{<j>}}{\partial \boldsymbol{W}_{aa}}
\end{aligned} \tag{9-15}$$

同理，可得

$$\frac{\partial J}{\partial \boldsymbol{W}_{ax}} = \sum_{t=1}^{T_y} \sum_{j=1}^{t} \frac{\partial \mathcal{L}^{<t>}}{\partial \hat{\boldsymbol{y}}^{<t>}} \frac{\partial \hat{\boldsymbol{y}}^{<t>}}{\partial \boldsymbol{a}^{<t>}} \left(\prod_{k=j+1}^{t} \frac{\partial \boldsymbol{a}^{<k>}}{\partial \boldsymbol{a}^{<k-1>}} \right) \frac{\partial \boldsymbol{a}^{<j>}}{\partial \boldsymbol{W}_{ax}} \tag{9-16}$$

$$\frac{\partial J}{\partial \boldsymbol{b}_a} = \sum_{t=1}^{T_y} \sum_{j=1}^{t} \frac{\partial \mathcal{L}^{<t>}}{\partial \hat{\boldsymbol{y}}^{<t>}} \frac{\partial \hat{\boldsymbol{y}}^{<t>}}{\partial \boldsymbol{a}^{<t>}} \left(\prod_{k=j+1}^{t} \frac{\partial \boldsymbol{a}^{<k>}}{\partial \boldsymbol{a}^{<k-1>}} \right) \frac{\partial \boldsymbol{a}^{<j>}}{\partial \boldsymbol{b}_a} \tag{9-17}$$

通过以上计算得到基本 RNN 各个参数的偏导数，容易使用梯度下降算法来对网络参数进行优化。

3. 序列采样

序列采样主要用于文本生成应用。假设我们已经训练好了一个文本生成序列模型，该模型能够根据前文预测后一个单词的概率，我们需要对这些概率分布进行采样以生成新单词的序列。

序列采样原理如图 9.15 所示。第一个时间步 $t=1$，对模型生成的第一个单词进行采样，循环层的初值 $a^{<0>}$ 为零向量，输入 $x^{<1>}$ 也为零向量，模型得到输出 $\hat{y}^{<1>}$，这是经过 softmax 层后得到的预测词在词典中的概率分布，即预测词是词典的第一个词的概率是多少，是第二个词的概率是多少，……，是<UNK>(词典未收录的未知词)的概率是多少，是<EOS>(句子结束)的概率是多少。然后需要根据这个概率分布进行采样，以确定第一个词 $\hat{y}^{<1>}$ 到底该是哪一个词。

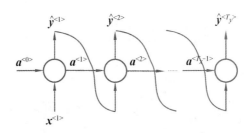

图 9.15　从已训练的 RNN 中进行序列采样

下一个时间步 $t=2$，需要将刚才采样得到的 $\hat{y}^{<1>}$ 作为这时的输入，预测 $\hat{y}^{<2>}$ 应该是什么词，然后下一个时间步 $t=3$，……，以此类推。在某一个特定时间步采样得到一个词，除非是代表句子结束的<EOS>标记，否则都要传递到下一个时间步作为输入，softmax 层会预测下一个词，这样模型就会得到预测的整个句子。

上述采样方法称为随机采样(Random Sampling)策略，它基于概率分布来随机采样，能够兼顾输出结果的多样性和准确度。此外还有两种采样策略——贪婪搜索(Greedy Search)和集束搜索(Beam Search)，前者直接取 softmax 的最大概率所对应的结果，这种策略的缺点是不具备结果的多样性；后者是一种启发式的搜索算法，为了减少搜索所占用的空间和时间，在每一步深度扩展的时候，只保留一些较大概率的结果，缺点是可能会丢弃潜在的最佳方案。

以上是基于单词的 RNN 序列采样，另一种语言模型是基于字符的，字典会包含字母数字和空格符等。不同点在于这种模型的输出序列 $\hat{y}^{<1>}$、$\hat{y}^{<2>}$、$\hat{y}^{<3>}$ 等将是字符而非单词。

9.2.2 基本 RNN 的训练问题

训练基本 RNN 有一些技巧，不像训练全连接神经网络那样简单，这些技巧有可能无法训练出 RNN 模型。

1. 训练问题

Razvan Pascanu 等人在论文 *On the difficulty of training recurrent neural networks* 中，详细阐述了 RNN 难训练的问题。该论文使用单个循环层节点，给出如图 9.16 所示的误差平面。

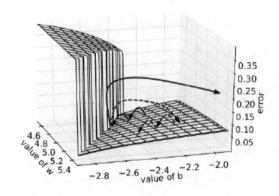

图 9.16   单个 RNN 节点的误差平面[①]

可以看到，在误差平面上，一部分非常平缓，而另一部分非常陡峭，一旦梯度下降算法碰到陡峭的误差平面，马上会飞离最优区域，导致算法难以寻找到参数最优点。

RNN 训练的梯度爆炸问题可以使用梯度修剪(Gradient Clipping)来解决，当梯度向量大于某个阈值时，直接将梯度向量修剪到某一个固定值，以避免优化算法难以收敛的问题。

RNN 训练的另一个问题是下面将讲述的梯度消失。

2. 梯度消失

基本 RNN 存在一个很大的问题，那就是梯度消失问题。

自然语言中，往往存在句子中单词的长期依赖。例如，如下两句英文：

[①] 来源：http://jmlr.org/proceedings/papers/v28/pascanu13.pdf

The **cat**, which already ate a bunch of food, **was** full.

The **cats**, which already ate a bunch of food, **were** full.

后面的动词 was 和 were 的选择与前面的主语是单数(cat)还是复数(cats)密切相关，对于基本 RNN，由于主语和动词相距较远，很难解决这类长期依赖问题，让我们来探讨这个问题。

基本 RNN 的反向传播很困难，后面时间步的输出误差很难影响到前面时间步的参数优化，因而前面时间步的信息也很难影响到后面时间步的计算。对于前面英语单复数例子，就是很难让基本 RNN 记住前面看到的主语到底是单数还是复数，然后在序列后面生成对应形式的 was 或 were。在英语中，主语和动词间的距离可能非常长，这就要求 RNN 网络长时间记住前面的信息，后面使用到这些信息才能构造正确的英语句子。由于基本 RNN 容易受到局部影响，时间步 t 的输出 $\hat{\boldsymbol{y}}^{<t>}$ 主要受附近输入值的影响，很难受到距离远的输入值的影响。一句话，基本 RNN 不擅长处理长期依赖问题。

让我们用数学方法来探讨梯度消失问题。公式(9-15)到公式(9-17)都含有 $\dfrac{\partial \boldsymbol{a}^{<k>}}{\partial \boldsymbol{a}^{<k-1>}}$ 的连乘项，该项的取值大小决定 $\dfrac{\partial J}{\partial \boldsymbol{W}_{aa}}$、$\dfrac{\partial J}{\partial \boldsymbol{W}_{ax}}$ 和 $\dfrac{\partial J}{\partial b_a}$ 的大小，从而影响网络的参数学习。

假设 g_a 为循环层常用的 Tanh 激活函数，由于 $\boldsymbol{a}^{<k>} = \tanh\left(\boldsymbol{W}_{aa}\boldsymbol{a}^{<k-1>} + \boldsymbol{W}_{ax}\boldsymbol{x}^{<k>} + b_a\right)$，且 $\dfrac{\partial \tanh(x)}{\partial x} = 1 - \tanh(x)^2$，可以推导如下公式。

$$\frac{\partial \boldsymbol{a}^{<k>}}{\partial \boldsymbol{a}^{<k-1>}} = \boldsymbol{W}_{aa}{}^{\mathrm{T}}\left(1 - \tanh\left(\boldsymbol{W}_{aa}\boldsymbol{a}^{<k-1>} + \boldsymbol{W}_{ax}\boldsymbol{x}^{<k>} + b_a\right)^2\right)\boldsymbol{a}^{<k-1>\mathrm{T}} \tag{9-18}$$

式(9-18)第二项 $\left(1 - \tanh\left(\boldsymbol{W}_{aa}\boldsymbol{a}^{<k-1>} + \boldsymbol{W}_{ax}\boldsymbol{x}^{<k>} + b_a\right)^2\right)$ 就是 $\tanh\left(\boldsymbol{W}_{aa}\boldsymbol{a}^{<k-1>} + \boldsymbol{W}_{ax}\boldsymbol{x}^{<k>} + b_a\right)$ 的导数。

Tanh 及导数图像如图 9.17 所示，该图由 plot_tanh_derivative.py 绘制。从图中可以看到，Tanh 的导数只有在输入为 0 时等于 1，其他情况下都在 0～1 范围内，且大部分情况下都接近 0。

这样就会使得 $\dfrac{\partial \boldsymbol{a}^{<k>}}{\partial \boldsymbol{a}^{<k-1>}}$ 的值在绝大部分情况下都小于 1，其连乘项过多时容易导致计算结果趋近 0 或等于 0，这样产生梯度消失，其结果是无法学习网络参数。

正是由于存在梯度消失问题，基本 RNN 难以学习到间隔很长时间步所保持的信息，这是其主要缺点，而 LSTM 和 GRU 就是为了解决梯度消失问题而提出的改进模型。

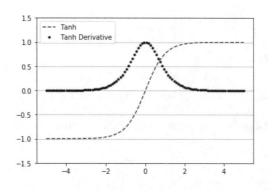

图 9.17　Tanh 及导数图像

9.2.3　基本 RNN 示例

下面将 SimpleRNN 应用于 IMDB 电影评论分类问题,完整代码请参见 simple_rnn.py。

首先是导入模块和设置超参数,如代码 9.1 所示。其中,MAX_FEATURES 为特征的最大单词数,单词按在训练集中出现的频率降序排列,只保留最频繁的 MAX_FEATURES 个单词;MAX_LEN 为文本的最大长度,超过该长度的文本将被截断;UNITS 为模型中隐藏单元的数目。

代码 9.1　设置超参数

```
from tensorflow.keras.datasets import imdb
from tensorflow.keras.preprocessing import sequence
from tensorflow.keras.layers import Dense, Embedding, SimpleRNN
from tensorflow.keras.models import Sequential
import matplotlib.pyplot as plt
import matplotlib as mpl


MAX_FEATURES = 10000        # 特征的最大单词数
MAX_LEN = 500              # 文本的最大长度
BATCH_SIZE = 128
EPOCHS = 10
UNITS = 32

# 防止plt汉字乱码
mpl.rcParams[u'font.sans-serif'] = ['simhei']
mpl.rcParams['axes.unicode_minus'] = False
```

然后调用 imdb 模块的 load_data 函数加载数据并填充样本,如代码 9.2 所示。sequence 模块的 pad_sequences 函数用于对序列进行填充,该函数的第一个参数指定要处理的序列,第二个参数 maxlen 指定序列的最大长度。

代码 9.2　加载数据

```
# 加载数据
(x_train, y_train), (x_test, y_test) = imdb.load_data(num_words = MAX_FEATURES)
# 填充样本长度到MAX_LEN
x_train = sequence.pad_sequences(x_train, maxlen = MAX_LEN)
x_test = sequence.pad_sequences(x_test, maxlen = MAX_LEN)
print('训练样本数: ', len(x_train))
print('测试样本数: ', len(x_test))
print('训练样本形状: ', x_train.shape)
print('测试样本形状: ', x_test.shape)
```

输出结果如下。可以看到，训练样本和测试样本的数量都是 25000，且文本都填充为统一的长度 500。

```
训练样本数:　25000
测试样本数:　25000
训练样本形状:　(25000, 500)
测试样本形状:　(25000, 500)
```

用一个 Embedding 层和一个 SimpleRNN 层来构建一个简单的循环神经网络，如代码 9.3 所示。

代码 9.3　构建简单的 RNN 模型

```
# 构建简单的 RNN 模型
model = Sequential()
model.add(Embedding(MAX_FEATURES, UNITS))
model.add(SimpleRNN(UNITS))
model.add(Dense(1, activation='sigmoid'))
```

下一步是对模型进行训练，使用 RMSProp 优化器和 binary_crossentropy 交叉熵，validation_split 指定 80%的样本作为训练集，20%样本作为验证集，如代码 9.4 所示。

代码 9.4　模型训练

```
# 模型训练
model.compile(optimizer = 'rmsprop', loss = 'binary_crossentropy', metrics =
['acc'])
history = model.fit(x_train, y_train, epochs = EPOCHS,
               batch_size = BATCH_SIZE, validation_split = 0.2)
```

然后绘制性能指标图表，如代码 9.5 所示。

代码9.5　绘制性能指标图表

```
# 性能指标
acc = history.history['acc']
val_acc = history.history['val_acc']
loss = history.history['loss']
val_loss = history.history['val_loss']

epochs = range(len(acc))

# 绘图
plt.plot(epochs, acc, color = 'green', marker = 'o', linestyle = 'solid', label
= u'训练准确率')
plt.plot(epochs, val_acc, color = 'red', label = u'验证准确率')
plt.title(u'训练和验证准确率')
plt.legend()

plt.figure()

plt.plot(epochs, loss, color = 'green', marker = 'o', linestyle = 'solid', label
= u'训练损失')
plt.plot(epochs, val_loss, color = 'red', label = u'验证损失')
plt.title(u'训练和验证损失')
plt.legend()

plt.show()
```

绘制的训练和验证准确率如图9.18所示。可以看到，训练准确率随轮次的增加而上升，但验证准确率只是在第0～第3轮呈上升趋势，以后开始下降，说明模型有些过拟合。

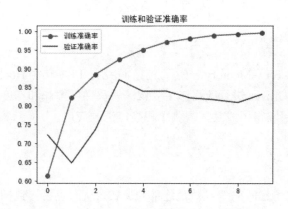

图9.18　基本RNN示例的训练和验证准确率

训练和验证损失如图9.19所示。

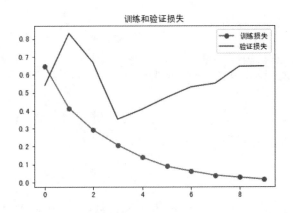

图 9.19　基本 RNN 示例的训练和验证损失

最后，代码 9.6 打印在测试集上的准确率指标。

代码 9.6　评估

```
# 在测试集上评估
test_loss, test_acc = model.evaluate(x_test, y_test)
# 打印测试准确率
print("测试准确率：", test_acc)
```

运行结果如下，可见这个循环网络的表现很一般。可能原因有，只考虑输入的前 500 个单词，网络获得的信息量较少，另外，SimpleRNN 并不擅长处理长序列。

测试准确率：　0.82568

9.3　LSTM

LSTM(Long Short-Term Memory，长短时记忆)网络是 1997 年由 Hochreiter 和 Schmidhuber 提出的，后来由 Alex Graves 进行改良，主要试图解决梯度爆炸和梯度消失问题。LSTM 在解决很多应用问题上都取得了成功，得到了相当广泛的应用。

9.3.1　LSTM 原理

基本 RNN 在反向传播时的偏导数是连乘的形式，从而容易导致梯度消失问题。为了解决这个问题，LSTM 采用了累加的形式，让偏导数从连乘变为累加，以避免产生梯度消失。

1. 理解 LSTM

LSTM 重复网络模块的结构较复杂，核心部分是存储网络状态的记忆单元 Cell，可以将 LSTM 视为一个拥有四个输入和一个输出的神经元部件，如图 9.20 所示。

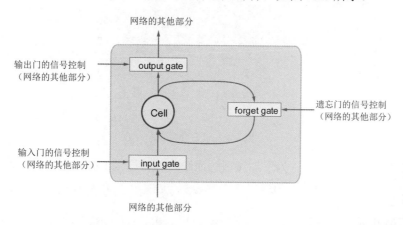

图 9.20　理解 LSTM

LSTM 实现三个门计算，分别是输入门(input gate)、遗忘门(forget gate)和输出门(output gate)。每个门的职责不同，输入门决定保留多少当前时间步的输入到记忆单元，遗忘门决定保留多少前一时间步的记忆单元状态到当前时间步的记忆单元，输出门决定输出多少当前时间步记忆单元状态。

三个门分别由不同信号进行控制，门控信号一般采用 Sigmoid 激活函数进行变换，其输出值为 0~1，这样可以模拟门的开和关。注意到门的控制信号是一个向量，而不是一个标量，它控制一组门的开和关。

为了更好地理解 LSTM 的工作原理，将图 9.20 重新画为图 9.21，图中的 tanh 和 σ 分别表示 Tanh 函数和 Sigmoid 函数。

其中，Z、Z_i、Z_f 和 Z_o 都是由 $h^{<t-1>}$ 和 $x^{<t>}$ 连接而成的向量经过线性变换得到的向量，隐藏状态 $h^{<t-1>}$ 为 LSTM 单元在上一个时间步的输出，$x^{<t>}$ 为当前时间步的输入。Z 经过 Tanh 函数变换为 $\tilde{c}^{<t>}$，再与输入门 $i^{<t>}$ 进行元素积运算得到 $i^{<t>} \circ \tilde{c}^{<t>}$；记忆单元 Cell 上一个时间步的状态为 $c^{<t-1>}$，与 Z_f 经 Sigmoid 函数得到的遗忘门 $f^{<t>}$ 进行元素积运算，得到 $f^{<t>} \circ c^{<t-1>}$，再与前面得到的 $i^{<t>} \circ \tilde{c}^{<t>}$ 相加，然后将结果 $c^{<t>}$ 存到记忆单元中，即 $c^{<t>} = f^{<t>} \circ c^{<t-1>} + i^{<t>} \circ \tilde{c}^{<t>}$；$c^{<t>}$ 经过 Tanh 函数，并与 Z_o 经 Sigmoid 函数得到的输出门 $o^{<t>}$ 进行元素积运算，即 $o^{<t>} \circ \tanh(c^{<t>})$，得到结果 $h^{<t>}$，这就是 LSTM 单元在当前时间步的输出。

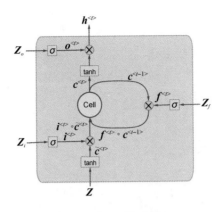

图 9.21　LSTM 原理

要说明的是，图 9.21 只是为了加深理解而绘制的，通常 LSTM 是另外一种画法，详见后文。

2. LSTM 单元

我们已经知道，LSTM 有两个状态，即隐藏状态 $h^{<t>}$ 和内部状态 $c^{<t>}$，用于循环信息的传递。LSTM 引入门控机制来控制信息传递的路径，改善了隐藏层捕捉深层次连接的能力。LSTM 的三个门分别为输入门 $i^{<t>}$、遗忘门 $f^{<t>}$ 和输出门 $o^{<t>}$。LSTM 门的取值范围为 0～1：取值为 0，表示不许信息通过；取值为 1，表示允许信息通过；取值为 0～1，表示允许一定比例的信息通过。

通常 $c^{<t>}$ 是由 $c^{<t-1>}$ 加上一些数据构成的，改变较慢，但 $h^{<t>}$ 变化较大，$h^{<t>}$ 和 $h^{<t-1>}$ 可能会有较大差别。

相关资料一般将 LSTM 单元绘制为图 9.22。图中，tanh 表示双曲正切 Tanh 函数，σ 表示遗忘门、输入门和输出门的 Sigmoid 函数，⊗ 和 ⊕ 分别表示按位的乘法和加法。

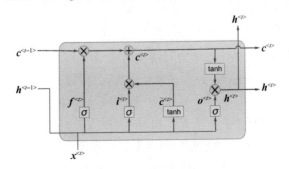

图 9.22　LSTM 单元

图 9.12 中的 $h^{<t-1>}$ 和 $x^{<t>}$ 连接在一起，因此使用 $\left[h^{<t-1>}, x^{<t>}\right]$ 来表示这两个向量合并在一起，形成一个向量。

遗忘门用于计算哪些信息需要忘记，计算公式如下。

$$f^{<t>} = \sigma\left(W_f\left[h^{<t-1>}, x^{<t>}\right] + b_f\right) \tag{9-19}$$

其中，W_f 为遗忘门的权重矩阵，b_f 为遗忘门的偏置项。σ 表示 Sigmoid 运算，不再赘述。

注意，虽然常说遗忘门，但由于 $f^{<t>}$ 在取值为 1 时，表示允许以前的记忆信息通过，即不遗忘，因此称为"不"遗忘门似乎更为恰当。

输入门用于计算哪些输入信息将保存到记忆单元中，分为两个部分，第一部分 $i^{<t>}$ 按照式(9-20)计算。

$$i^{<t>} = \sigma\left(W_i\left[h^{<t-1>}, x^{<t>}\right] + b_i\right) \tag{9-20}$$

其中，W_i 和 b_i 分别为输入门的权重矩阵和偏置项。可以将 $i^{<t>}$ 视为当前时间步的输入有多少需要保存到记忆单元。

第二部分 $\tilde{c}^{<t>}$ 按照式(9-21)计算。

$$\tilde{c}^{<t>} = \tanh\left(W_c\left[h^{<t-1>}, x^{<t>}\right] + b_c\right) \tag{9-21}$$

其中，W_c 和 b_c 分别为权重矩阵和偏置项。可以将 $\tilde{c}^{<t>}$ 视为当前时间步的输入通过变换产生的要保存到记忆单元的新信息。

当前时间步的记忆状态由遗忘门输入 $f^{<t>}$ 与上一时间步记忆状态 $c^{<t-1>}$ 的积再加上输入门两个部分 $i^{<t>}$ 和 $\tilde{c}^{<t>}$ 的积，计算公式如下。

$$c^{<t>} = f^{<t>} \circ c^{<t-1>} + i^{<t>} \circ \tilde{c}^{<t>} \tag{9-22}$$

其中，运算符号 $\circ$ 表示元素积或哈达玛积。

输出门用于计算有多少状态信息需要输出，计算公式如下。

$$o^{<t>} = \sigma\left(W_o\left[h^{<t-1>}, x^{<t>}\right] + b_o\right) \tag{9-23}$$

其中，W_o 和 b_o 分别为输出门的权重矩阵和偏置项。

当前时间步的输出结果为输出门 $o^{<t>}$ 与当前记忆状态经过 Tanh 函数的值的乘积，计算公式如下。

$$h^{<t>} = o^{<t>} \circ \tanh\left(c^{<t>}\right) \tag{9-24}$$

以上就是 LSTM 单元的工作原理和计算公式。在实际应用中，常常将 LSTM 单元作为一个能取代基本 RNN 单元的部件，TensorFlow 封装了 LSTM 类，可直接使用。

LSTM 的记忆状态和输入都是累加的，除非遗忘门关闭，否则记忆和输入的影响都不会消失，因此 LSTM 不会导致梯度消失，但无法避免梯度爆炸。

由于 LSTM 使用门控机制来控制信息的传递，能够记住需要长时间记忆的信息，而忘记不太重要的信息，比基本 RNN 的记忆叠加方式优越，因此得到广泛的应用。

9.3.2 LSTM 示例

lstm.py 将 LSTM 应用于解决 IMDB 电影评论分类问题。与 9.23 节的基本 RNN 示例的唯一区别是，lstm.py 使用 tf.keras.layers.LSTM 对象来替换 tf.keras.layers.SimpleRNN 对象，如代码 9.7 所示。

代码 9.7　构建 LSTM 模型

```
# 构建LSTM模型
model = Sequential()
model.add(Embedding(MAX_FEATURES, UNITS))
model.add(LSTM(UNITS))
model.add(Dense(1, activation = 'sigmoid'))
```

LSTM 示例绘制的训练和验证准确率如图 9.23 所示，可以看到，训练准确率随轮次的增加而上升，但验证准确率在第 0～第 3 轮呈现上升趋势，在第 3～第 6 轮走平，以后开始下降，说明模型有些过拟合，可以使用早停技术在第 6 轮停止训练。

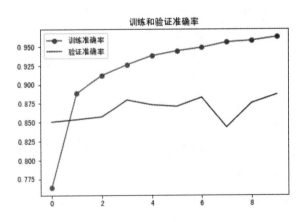

图 9.23　LSTM 示例的训练和验证准确率

训练和验证损失如图 9.24 所示。

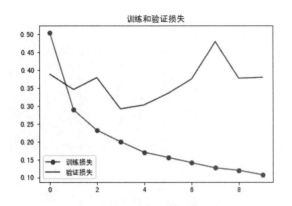

图 9.24　LSTM 示例的训练和验证损失

最终的测试准确率输出如下，结果比基本 RNN 好一些。

测试准确率：0.86648

9.4　GRU

GRU 是英文 Gated Recurrent Unit(门控循环单元)的字首缩写，它是由 Kyunghyun Cho 等人于 2014 年提出的，是 LSTM 的变体。GRU 将遗忘门和输入门合成了一个单独的更新门，并且合并了隐藏状态 h 和内部状态 c，还有一些小的改动。最终形成的 GRU 模型比 LSTM 模型简单，实验效果与 LSTM 近似，由于参数较少，因而能够提高模型的训练效率，在构建较大的模型上具有一定的优势。

9.4.1　GRU 原理

与 LSTM 一样，GRU 也采用门控机制来控制信息更新，只是在 LSTM 的基础上做了一些改进。由于 LSTM 的遗忘门和输入门是互补关系，显得冗余，因此 GRU 把这两个门合并为一个更新门。另外，GRU 放弃了额外的内部状态记忆单元 c，直接在当前时间步隐藏状态 $h^{<t>}$ 和前一个时间步隐藏状态 $h^{<t-1>}$ 之间建立依赖关系。

GRU 单元的内部结构如图 9.25 所示。图中，$\boxed{\text{tanh}}$ 表示双曲正切 Tanh 函数；$\boxed{\text{reset gate}}$ 和 $\boxed{\text{update gate}}$ 分别为重置门和更新门，这两个门实际都是一个 Sigmoid 函数运算；$\otimes$ 和 $\oplus$ 分别表示按位的乘法和加法；$\boxed{\text{1-}}$ 表示"1-"运算。

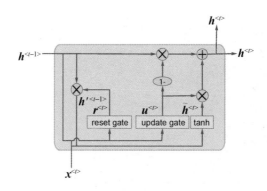

图 9.25　GRU 单元

图 9.25 中的 $h^{<t-1>}$ 和 $x^{<t>}$ 连接在一起，因此使用 $\left[h^{<t-1>},x^{<t>}\right]$ 来表示这两个向量合并在一起，形成一个向量。

重置门用于计算前一个时间步隐藏状态 $h^{<t-1>}$ 有多少需要重置，计算公式如下。

$$r^{<t>}=\sigma\left(W_r\left[h^{<t-1>},x^{<t>}\right]+b_r\right) \tag{9-25}$$

其中，W_r 为重置门的权重矩阵，b_r 为重置门的偏置项。

更新门用于计算更新的比例，计算公式如下。

$$u^{<t>}=\sigma\left(W_u\left[h^{<t-1>},x^{<t>}\right]+b_u\right) \tag{9-26}$$

其中，W_u 为更新门的权重矩阵，b_u 为更新门的偏置项。

得到重置门控信号 $r^{<t>}$ 以后，使用如下公式得到重置以后的隐藏状态 $h'^{<t-1>}$。

$$h'^{<t-1>}=r^{<t>}\circ h^{<t-1>} \tag{9-27}$$

然后，将 $h'^{<t-1>}$ 和 $x^{<t>}$ 连接在一起，使用 $\left[h'^{<t-1>},x^{<t>}\right]$ 来表示连接而成的向量。再通过一个线性变换和 Tanh 激活函数，将数据缩放至 $-1\sim1$ 范围，公式如下。

$$\tilde{h}^{<t>}=\tanh\left(W_h\left[h'^{<t-1>},x^{<t>}\right]+b_h\right) \tag{9-28}$$

这里的 $\tilde{h}^{<t>}$ 包含了当前的输入 $x^{<t>}$ 和经过变换后的 $h'^{<t-1>}$，代表了当前时间步的状态。

最后，对隐藏状态 h 进行更新操作，公式如下。

$$h^{<t>}=\left(1-u^{<t>}\right)\circ h^{<t-1>}+u^{<t>}\circ\tilde{h}^{<t>} \tag{9-29}$$

式(9-29)的更新门 $u^{<t>}$ 的取值范围为 $0\sim1$，因此，$\left(1-u^{<t>}\right)$ 和 $u^{<t>}$ 分别表示旧的隐藏状态 $h^{<t-1>}$ 和新的更新状态 $\tilde{h}^{<t>}$ 各自占的比例。显然，$u^{<t>}$ 越接近 1，表示记忆过去信息越多；而越接近 0，表示遗忘得越多。

GRU 的独特之处在于，只使用同一个门控信号 $u^{<t>}$ 就同时选择遗忘和记忆的比例，不像 LSTM 需要更多门控来控制。由于 GRU 的参数比 LSTM 少，但功能并不比 LSTM 差多少，如果考虑硬件的计算能力和时间开销，可以选择 GRU 来替代 LSTM 以构建更大的模型。

9.4.2　GRU 示例

gru.py 将 GRU 应用于解决 IMDB 电影评论分类问题。与 9.23 节的基本 RNN 示例的唯一区别是，gru.py 使用 tf.keras.layers.GRU 对象来替换 tf.keras.layers.SimpleRNN 对象，如代码 9.8 所示。

代码 9.8　构建 GRU 模型

```
# 构建 GRU 模型
model = Sequential()
model.add(Embedding(MAX_FEATURES, UNITS))
model.add(GRU(UNITS))
model.add(Dense(1, activation = 'sigmoid'))
```

GRU 示例绘制的训练和验证准确率如图 9.26 所示，可以看到，训练准确率随轮次的增加而上升，但验证准确率在第 0～2 轮呈现小幅上升，在第 2～3 轮下降，在第 3～7 轮呈现上升趋势，以后开始下降，可以使用早停技术在第 7 轮停止训练。

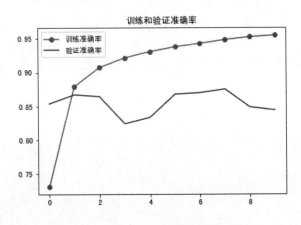

图 9.26　GRU 示例的训练和验证准确率

训练和验证损失如图 9.27 所示。

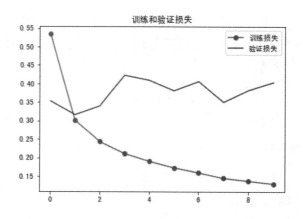

图 9.27 GRU 示例的训练和验证损失

最终的测试准确率输出如下，结果比基本的 RNN 示例要好些，但不如 LSTM 示例。

测试准确率：0.84164

```
         mirror_mod.use_y = True
         mirror_mod.use_z = False
elif _operation == "MIRROR_Z":
         mirror_mod.use_x = False
         mirror_mod.use_y = False
         mirror_mod.use_z = True

         #selection at the end add back the deselected mirror modifier object
mirror_ob.select= 1
modifier_ob.select=1
bpy.context.scene.objects.active = modifier
print("Selected" + str(modifier_ob)) # m
    #mirror_ob.
```

第 **10** 章

循环神经网络示例

　　循环神经网络的应用丰富多彩。其中,情感分析是对带有情感色彩的主观性文本进行倾向性分析的过程;文本生成是根据一句或一段上文来生成下一个单词,递归下去可以生成整个句子、段落甚至篇章,可用于生成某种风格的文本;机器翻译是利用计算机将一种自然语言(源语言)转换为另一种自然语言(目标语言)的过程。

　　本章介绍循环神经网络的三个典型应用:第一个是基于 Kaggle 竞赛 Quora Insincere Questions Classification 的情感分析示例;第二个是生成特定风格的文本——向莎士比亚学写诗;第三个是神经机器翻译,实现将汉语翻译为英语。

10.1 情感分析

Quora 网站类似于国内的知乎，有很多问题和解答，有的问题存在色情、种族歧视等非真诚情感倾向。本例使用 Kaggle 竞赛数据集 Quora Insincere Questions Classification，目标是预测 Quora 网站的不真诚问题。本示例是一个简单的实现，演示了如何使用 LSTM 解决情感分析问题，完整程序请参见 qiqc.py。

代码 10.1 导入必要的模块，然后设置一些超参数。为了简化编程，本例使用 Keras 构建网络模型，使用 scikit-learn 来计算性能指标，使用 pandas 来读取和写入文件。超参数的后面都有注释，含义自明。

代码 10.1 导入模块和设置超参数

```python
from tensorflow.keras.preprocessing.text import Tokenizer
from tensorflow.keras.preprocessing.sequence import pad_sequences
from tensorflow.keras.layers import Embedding, Dense, LSTM
from tensorflow.keras.models import Sequential
from sklearn.model_selection import train_test_split
from sklearn import metrics
import numpy as np
import pandas as pd
import os

# 超参数
PATH = "../datasets/qiqc"
EMBEDDING_FILE = "../datasets/glove.6B.300d.txt"
MAX_LEN = 100           # 句子最大长度
MAX_WORDS = 50000       # 词表最大长度
EMBED_SIZE = 300        # 词向量维数
BATCH_SIZE = 512        # 批大小
EPOCHS = 2              # 训练轮次
```

代码 10.2 实现加载数据集和简单预处理功能。read_csv_files 函数调用 pandas 的 read_csv 方法来读取 CSV 格式的训练集和测试集。load_data_sets 函数首先调用 read_csv_files 函数读取数据集，然后从原始训练集中划分一部分出来作为验证集，随后分离数据集的文本部分和标签部分，对文本分词并填充到最大长度，最后返回预处理后的数据集。

代码 10.2 加载数据集和预处理

```
#%% 数据预处理
def read_csv_files(path):
    """ 读取数据集 """
    data_train = pd.read_csv(os.path.join(path, "train.csv"))
    data_test = pd.read_csv(os.path.join(path, "test.csv"))
    return data_train, data_test

def load_data_sets(val_split = 0.1):
    """ 加载数据集并进行简单预处理 """
    data_train, data_test = read_csv_files(PATH)
    # 从训练集中划分一部分出来作为验证集
    data_train, data_val = train_test_split(data_train, test_size = val_split,
random_state = 1234)

    # 获取训练集、验证集和测试集的文本部分
    x_train = data_train["question_text"].values
    x_val = data_val["question_text"].values
    x_test = data_test["question_text"].values
    # 获取训练集和验证集的标签部分
    y_train = data_train["target"].values
    y_val = data_val["target"].values

    # 分词
    tokenizer = Tokenizer(num_words = MAX_WORDS)
    tokenizer.fit_on_texts(list(x_train))
    x_train = tokenizer.texts_to_sequences(x_train)
    x_val = tokenizer.texts_to_sequences(x_val)
    x_test = tokenizer.texts_to_sequences(x_test)

    # 填充到最大长度
    x_train = pad_sequences(x_train, maxlen = MAX_LEN)
    x_val = pad_sequences(x_val, maxlen = MAX_LEN)
    x_test = pad_sequences(x_test, maxlen = MAX_LEN)

    return x_train, y_train, x_val, y_val, x_test, tokenizer.word_index
```

    QIQC 竞赛提供了 4 种词向量，其中之一是 glove.840B.300d[①]，由于本例只是一个简单示例，因此采用更小的 glove.6B.300d。代码 10.3 首先打开 GloVe 词向量文件并读入到 embedding_idx 字典中，后面是关键一步——将 GloVe 词向量填入到定制的词向量矩阵。由

---

① 网址：https://nlp.stanford.edu/projects/glove/

于 GloVe 词向量收录的单词数量远大于定制词向量，并且定制词向量中可能有少量单词并没有被 GloVe 词向量收录。因此，本例使用一个小技巧，先计算 GloVe 词向量的均值和方差，然后用均值和方差随机初始化定制的嵌入矩阵。这样，GloVe 未收录的单词就会以正态分布随机初始化，而不是初始化为全零值或其他固定值。最后循环将 GloVe 收录的词向量填入到定制的词向量矩阵。

⌨ **代码 10.3　加载 GloVe 词向量**

```python
def load_glove(word_idx, max_words):
    """ 加载 Glove 词向量 """

    def get_coefs(word, *arr):
        # 定义参数传入为元组，则转换为字典
        return word, np.asarray(arr, dtype = "float32")

    embedding_idx = dict(get_coefs(*o.split(" ")) for o in open(EMBEDDING_FILE,
"r", encoding = "utf-8"))

    # 求词嵌入的均值和方差
    all_embs = np.stack(embedding_idx.values())
    emb_mean, emb_std = all_embs.mean(), all_embs.std()
    embed_size = all_embs.shape[1]
    # 用均值和方差随机初始化嵌入矩阵
    embedding_matrix = np.random.normal(emb_mean, emb_std, (max_words,
embed_size))

    # 填入词向量矩阵
    for word, i in word_idx.items():
        if i >= max_words:
            continue        # 丢弃超出词表最大长度的单词
        embedding_vector = embedding_idx.get(word)
        if embedding_vector is not None:
            embedding_matrix[i] = embedding_vector
    return embedding_matrix
```

代码 10.4 使用 Sequential 创建一个 LSTM 模型。首先是根据嵌入矩阵 embedding_matrix 的值来设置嵌入层，代码设置了两种方案：第一种是在训练模型时同时训练嵌入矩阵；第二种是直接使用 GloVe 词向量填充的定制词向量矩阵，并且将 trainable 设置为 False，不再对词向量矩阵参数进行训练。然后添加一个含有 64 个神经元的 LSTM 层，最后添加一个含有 16 个神经元的 Dense 层和一个含有 1 个神经元的 Dense 层。按照通常的做法，LSTM 层采用 Tanh 激活函数，第一个 Dense 层采用 ReLU 激活函数，由于第二个 Dense 层要进行二元分类，因此采用 Sigmoid 激活函数。

代码 10.4　创建模型

```
#%% 创建模型
def create_lstm_model(max_features, embed_size, embedding_matrix = None):
    """ 创建LSTM 模型 """
    model = Sequential()
    if embedding_matrix is None:
        model.add(Embedding(max_features, embed_size))
    else:
        model.add(Embedding(max_features, embed_size, weights =
[embedding_matrix], trainable = False))
    model.add(LSTM(64, activation = "tanh", return_sequences = False))
    model.add(Dense(16, activation = "relu"))
    model.add(Dense(1, activation = "sigmoid"))
    return model
```

　　QIQC 竞赛的评估指标是 F1 score，不是准确率。因此阈值不是默认的 0.5，而是需要寻找一个最佳阈值 best_threshold，当预测输出 y_pred 的值大于该阈值时，判断为正例，否则判断为负例。代码中，使用网格搜索迭代寻找最佳阈值并返回，如代码 10.5 所示。

代码 10.5　寻找最佳阈值

```
#%% 寻找最佳阈值
def find_best_threshold(model, x_val, y_val, batch_size = BATCH_SIZE):
    """ 计算最佳阈值 """
    y_pred = model.predict([x_val], batch_size = batch_size, verbose = 1)
    best_f1 = 0
    best_threshold = 0
    for threshold in np.arange(0.1, 0.501, 0.01):
        threshold = np.round(threshold, 2)
        f1 = metrics.f1_score(y_val, (y_pred > threshold).astype(int))
        if f1 > best_f1:
            best_f1 = f1
            best_threshold = threshold
        print("阈值为{0}时的 F1 值为: {1}".format(threshold, f1))
    print("最佳阈值: {0}\tF1: {1}".format(best_threshold, best_f1))
    return best_threshold
```

　　代码 10.6 为主函数。首先获取训练集、验证集和测试集，然后构建模型并训练，随后寻找最佳阈值，最后使用最佳阈值进行预测，将预测结果写入 submission.csv 文件。

```
#%% 主函数
if __name__ == "__main__":
    # 获取训练集、验证集和测试集
    x_train, y_train, x_val, y_val, x_test, word_idx = load_data_sets()
    embedding_matrix = load_glove(word_idx, MAX_WORDS)

    # 模型训练
    model = create_lstm_model(MAX_WORDS, EMBED_SIZE, embedding_matrix)
    print(model.summary())
    model.compile(loss = "binary_crossentropy", optimizer = "adam", metrics =
["accuracy"])
    model.fit(x_train, y_train, validation_data = (x_val, y_val), batch_size =
BATCH_SIZE, epochs = EPOCHS, verbose = 1)

    # 得到最佳阈值
    best_threshold = find_best_threshold(model, x_val, y_val, batch_size =
BATCH_SIZE)

    # 预测
    y_pred = model.predict(x_test)
    submission = pd.read_csv(os.path.join(PATH, "sample_submission.csv"))
    submission.prediction = (y_pred > best_threshold).astype(int)
    submission.to_csv("submission.csv", index = False)
```

本例使用的简单模型总结如下。

Layer (type)	Output Shape	Param #
embedding (Embedding)	(None, None, 300)	15000000
lstm (LSTM)	(None, 64)	93440
dense (Dense)	(None, 16)	1040
dense_1 (Dense)	(None, 1)	17

```
Total params: 15,094,497
Trainable params: 94,497
Non-trainable params: 15,000,000
```

模型一共训练两轮，寻找最佳阈值的中间输出如下。

```
Epoch 1/2
1175509/1175509 [==============================] - 297s 253us/sample - loss:
0.1275 - acc: 0.9512 - val_loss: 0.1126 - val_acc: 0.9557
```

```
Epoch 2/2
1175509/1175509 [==============================] - 314s 268us/sample - loss:
0.1085 - acc: 0.9575 - val_loss: 0.1071 - val_acc: 0.9578
130613/130613 [==============================] - 11s 82us/sample
```

阈值为 0.1 时的 F1 值为: 0.5518309204923744
阈值为 0.11 时的 F1 值为: 0.5634901679802563
阈值为 0.12 时的 F1 值为: 0.5729115579532451
阈值为 0.13 时的 F1 值为: 0.5815929351692964
阈值为 0.14 时的 F1 值为: 0.5887734598777308
阈值为 0.15 时的 F1 值为: 0.5960958993842526
阈值为 0.16 时的 F1 值为: 0.6029228301550525
阈值为 0.17 时的 F1 值为: 0.6079578966471576
阈值为 0.18 时的 F1 值为: 0.6129091747349008
阈值为 0.19 时的 F1 值为: 0.6182704933408366
阈值为 0.2 时的 F1 值为: 0.6224149432955304
阈值为 0.21 时的 F1 值为: 0.6268136970400463
阈值为 0.22 时的 F1 值为: 0.6312487747500489
阈值为 0.23 时的 F1 值为: 0.6351022032128114
阈值为 0.24 时的 F1 值为: 0.6378198670159178
阈值为 0.25 时的 F1 值为: 0.6409313725490196
阈值为 0.26 时的 F1 值为: 0.643360265175057
阈值为 0.27 时的 F1 值为: 0.6449279161205766
阈值为 0.28 时的 F1 值为: 0.6455206067999788
阈值为 0.29 时的 F1 值为: 0.6474193548387097
阈值为 0.3 时的 F1 值为: 0.6473240967128497
阈值为 0.31 时的 F1 值为: 0.648966578715919
阈值为 0.32 时的 F1 值为: 0.6486095661846496
阈值为 0.33 时的 F1 值为: 0.647873058744092
阈值为 0.34 时的 F1 值为: 0.6470588235294117
阈值为 0.35 时的 F1 值为: 0.6480523957256118
阈值为 0.36 时的 F1 值为: 0.6491360753970563
阈值为 0.37 时的 F1 值为: 0.6490424156973329
阈值为 0.38 时的 F1 值为: 0.6492121786518186
阈值为 0.39 时的 F1 值为: 0.6490986404743367
阈值为 0.4 时的 F1 值为: 0.6492451342993997
阈值为 0.41 时的 F1 值为: 0.6483045660423552
阈值为 0.42 时的 F1 值为: 0.6474410545207006
阈值为 0.43 时的 F1 值为: 0.6466991139398478
阈值为 0.44 时的 F1 值为: 0.6454993056432269
阈值为 0.45 时的 F1 值为: 0.6438364900197692
阈值为 0.46 时的 F1 值为: 0.6418766514145776
阈值为 0.47 时的 F1 值为: 0.6405568928501724
阈值为 0.48 时的 F1 值为: 0.6376182965299685
阈值为 0.49 时的 F1 值为: 0.6332380129015096

阈值为 0.5 时的 F1 值为：0.6298387096774194
最佳阈值：0.4   F1：0.6492451342993997

最终的 F1 score 约为 0.6492，对于简单模型来说效果较为满意。

10.2　文本序列数据生成

深度学习并不局限于图像分类等被动性任务，还包括一些创造性任务，比如写诗、绘画和音乐创作。本章介绍两个 NLP 的典型应用示例，第一个例子是可用于生成文本(或音乐)的序列数据生成，第二个例子是神经机器翻译。

一般使用循环神经网络来生成包含但不限于文本的序列数据，如音乐生成、图像生成等。生成序列数据的通用方法是，用序列数据来训练一个循环神经网络，使之能够识别序列前后的模式，然后使用部分序列作为输入，让网络来预测序列中后续的一个或多个标记。

10.2.1　向莎士比亚学写诗

循环神经网络的一个有趣应用是自动生成文字，如，莎士比亚的诗。本例使用《莎士比亚十四行诗》(*Shakespeare's Sonnets*)[①]作为语料，训练一个单层 LSTM 网络，让网络学习十四行诗中跨越很多字符的长期依赖关系，例如，某个字符出现在文中某处，可能会影响到文本序列后面很长一段距离的某处的另一个字符。这种依赖关系就是 NLP 领域热门的语言模型(language model)。

完整代码实现请参见 shakespear.py。代码的任务是预测，也就是根据给定的字符序列预测下一个可能的字符。因此，我们需要训练一个循环神经网络模型，该模型的输入为字符序列，模型自动预测输出，也就是每个时间步的下一个字符。由于模型输入为多个字符，输出为单个字符，因此归类为多输入单输出的模型。例如，假设字符长度 Tx 设定为 4，文本为"Hello"，则将"Hell"创建为训练样本，将"o"创建为目标。另一种替代的文本生成模型是多输入多输出，以文本"Hello"为例，则将"Hell"创建为训练样本，将"ello"创建为目标，这种方法可参见 TensorFlow 官网教程。

首先是定义超参数，如代码 10.7 所示。其中，TEMPERATURE_LIST 为后文会讲述的温度参数列表。MY_POEM 为用户自定义的诗的开头，RNN 网络会接着生成由GENERATED_CHAR_LEN 参数指定字符数的诗句。

---

① 网址：http://shakespeare.mit.edu/Poetry/sonnets.html

代码 10.7 定义超参数

```
from tensorflow import keras
import numpy as np
from tensorflow.keras import layers
import sys


Tx = 40      # 提取的字符序列的长度
GENERATED_CHAR_LEN = 400
STRIDE = 3          # 每隔 STRIDE 个字符，提取一段字符序列
LEARNING_RATE = 0.01
BATCH_SIZE = 128
EPOCHS = 300
TEMPERATURE_LIST = [0.2, 0.5, 1.0, 1.2]
PRINT_EVERY = 10
MY_POEM = 'Look in thy glass and tell the face thou'
```

下一步是构建训练数据集，代码 10.8 中的 build_data 函数调用 readtext 函数读取语料库，转换为小写字符，然后对语料进行简单的预处理及向量化，最后构建训练样本和目标。具体的步骤是，每隔 STRIDE 个字符，提取一个长度为 Tx 的序列，然后对序列进行独热编码。独热码的维度为不重复字符的数量，为 1 的那一维指示对应的字符。最后将这些序列的形状转换为(sequences, Tx, one-hot)的三维 Numpy 数组 x，目标 y 的形状为(sequences, one-hot)的二维 Numpy 数组，这就是训练数据集。

代码 10.8 构建训练数据集

```
#%%
def readtext():
    """ 读取文本文件 """
    path = '../datasets/shakespeare.txt'
    return open(path, encoding='utf-8').read().lower()

def build_data():
    """ 预处理及向量化 """

    text = readtext()
    print('语料长度：', len(text))

    sequences = []  # 提取的序列
    next_chars = []  # 提取的序列的后续字符(目标)

    for i in range(0, len(text) - Tx, STRIDE):
        sequences.append(text[i : i + Tx])
        next_chars.append(text[i + Tx])
    print('序列的数量：', len(sequences))
```

```
chars = sorted(list(set(text)))  # 语料中不重复字符的列表
print('不重复字符的数量: ', len(chars))

char_idx = dict((char, chars.index(char)) for char in chars)    # 字符索引

# x 为 sequences 的独热码
x = np.zeros((len(sequences), Tx, len(chars)), dtype = np.bool)
# y 为 next_chars 的独热码
y = np.zeros((len(sequences), len(chars)), dtype = np.bool)
# 设置独热码
for i, sequence in enumerate(sequences):
    for j, char in enumerate(sequence):
        x[i, j, char_idx[char]] = 1
    y[i, char_idx[next_chars[i]]] = 1
return x, y, text, chars, char_idx
```

模型的预测输出往往是一个经过 Softmax 激活函数后的概率分布, 如何在概率分布中选取一个预测字符是一个值得讨论的有趣的数学问题, 一般有贪婪抽样和随机抽样两种方法。贪婪抽样就是始终选取概率最大的字符, 这种方法简单粗暴, 会得到重复的、可预测的字符串。比如, 如果 t 后面的字符为 i 的概率为 35%, 比其他字符的概率大, 贪婪抽样就将 i 的概率设为 1, 将其他字符的概率设为 0, 这样就总是选取 i, 缺乏多样性。随机抽样在预测字符的概率分布中抽样, 增加了随机性。例如, 如果 t 后面接 i 的概率为 35%, 就只会有 35% 的概率选取 i, 1-35% 的概率选取其他字符。

使用 Softmax 温度可以更好地控制随机抽样过程中的随机性。具体方法是, 对模型的 Softmax 输出的原始概率分布进行一个反向运算, 得到 Softmax 输入的 logits, 然后将 logits 除以温度, 再重新进行 Softmax 运算, 得到原始分布重新加权后的结果。由于温度是除数, 温度越高则抽样分布的熵越大, 更容易生成出人意料的结果, 温度低则随机性小, 生成结果可预测性增大。

代码 10.9 所示的抽样函数对模型预测的概率分布重新加权运算, 然后从中按照新的概率分布随机抽取一个字符索引, 从而得到预测字符。其中, multinomial 函数从重新加权后的多样式分布中进行抽样, 第 1 个参数表示抽样次数, 第 2 个参数为概率分布, 第 3 个参数为输出的形状。

代码 10.9　抽样函数

```
def sample(preds, temperature = 1.0):
    """ 抽样 """
    preds = np.asarray(preds).astype('float64')
    preds = np.log(preds) / temperature
```

```
exp_preds = np.exp(preds)
preds = exp_preds / np.sum(exp_preds)
probas = np.random.multinomial(1, preds, 1)
return np.argmax(probas)
```

下面是构建 LSTM 模型，如代码 10.10 所示。模型由一个单向 LSTM 和一个全连接层构成，输出的激活函数为 Softmax，输出预测字母的概率分布。使用 RMSprop 优化器，损失函数为交叉熵 categorical_crossentropy，对应独热编码的目标。

代码 10.10　构建 LSTM 模型

```
#%%
# 构建数据
x, y, text, chars, char_idx = build_data()

# 简单的模型
model = keras.models.Sequential()
model.add(layers.LSTM(128, input_shape = (Tx, len(chars))))
model.add(layers.Dense(len(chars), activation = 'softmax'))

optimizer = keras.optimizers.RMSprop(lr = LEARNING_RATE)
model.compile(loss = 'categorical_crossentropy', optimizer = optimizer)
```

代码 10.11 迭代进行模型训练，每隔 PRINT_EVERY 轮后，循环使用不同温度值来生成文本。这样就能看到，随着模型的不断优化，生成文本如何变化，以及不同温度对结果的影响。

代码 10.11　模型训练并生成文本

```
for epoch in range(1, EPOCHS+1):
    print('第%d轮' % epoch)
    # 训练模型1轮
    model.fit(x, y, batch_size = BATCH_SIZE, epochs = 1)
    generated_text = MY_POEM.lower()

    if epoch % PRINT_EVERY == 0:
        print('生成文本开头: "' + generated_text + '"')
        for temperature in TEMPERATURE_LIST:
            print('当前温度: ', temperature)
            # 循环输出生成的文本
            sys.stdout.write(generated_text)

            # 生成指定长度的序列
            for i in range(GENERATED_CHAR_LEN):
                sampled = np.zeros((1, Tx, len(chars)))
```

```
# 转换为独热码
for j, char in enumerate(generated_text):
    sampled[0, j, char_idx[char]] = 1

# 预测
preds = model.predict(sampled, verbose = 0)[0]
next_idx = sample(preds, temperature)
next_char = chars[next_idx]

generated_text += next_char
generated_text = generated_text[1 : ]

sys.stdout.write(next_char)
sys.stdout.flush()
print()
```

经过 10 轮训练后，生成文本结果如下。这时的结果比较差，模型还没有收敛。

生成文本开头："look in thy glass and tell the face thou"
当前温度：0.2
look in thy glass and tell the face thou marn,
and the carred mine eye he in thee, and beauty,
and theref thee i my love were the sunfellive,
when thou art the summer so that love love,
when thou art brant which thee to my self thee,
that i couns and the thoughts all praise,
when thou there bring will be the fairer be sad.

those in the summer straint works do thee,
that where thee thou theref thee to thee,
for the summer straint work
当前温度：0.5
hee to thee,
for the summer straint works do the fairter.

thish brarn where thou make that wilding flatering,
which i not to have,
to me far my chande my heave but speil upeauty,
that i words and thee i preseive thee might,
and life of thy sunker strains and heart,
where thee that which flower this the fairer,
seem that so this the thoughts all me wrong.

```
thish my disce skilled and heart me he in my seace.
and when thee, and then
```
当前温度： 1.0
```
 he in my seace.
and when thee, and then i demad, when to my heart,
but if flower not the groving hin seed,
that beauty's beiun the ollands, not praise mure,
in my i lovers be:
to tays griend and heave righ self i dir,
could nature ling privike long srow desar.
if then thou paint mine own fole whise in evfry.
so their comenits to have, and i not ter,
hath that their pury thy fielt his rite,
or mard heats am, smallhe all thy shade ages,
```

当前温度： 1.2
```
d heats am, smallhe all thy shade ages,
beauty șifheaving sunhelpe put; do she were debsoar depprape.
blith never rice of he raepet i chance slade
withers that yet so you to the ersed, ly fearen,
in  whe eved standsce's fad i heet tost,
swailen re,hen i do hald delivermett:
the faired wracedids when thee's pable bightllave:
to love abteminctivy lon and mades lyest,
to to hear py sporare ghise theie vere's.
loof, and groa cpence where up
```

经过 250 轮训练后，生成文本结果如下。这时的模型几乎收敛，文本较为连贯。

生成文本开头： "look in thy glass and tell the face thou"
当前温度： 0.2
```
look in thy glass and tell the face thou mare
loving mine when thou dettments to this glass:
but when they heart's white when thou dearest,
the orners and thy sweet self doss bard,
so thou be nor thy fount in every for my self,
fairinging thy winds speing butked of thee,
made that thou mayst my favome, onder stare,
statether stranged when thou doth mane o
but spive thou marn, joy from this glass,
shand make me as thy body doth good prep
```
当前温度： 0.5
```
shand make me as thy body doth good prepast,
when ad by in a giatue thy fraension of set,
you in thee that which docy from thy blused.
```

```
but when you actould thy friend's make me,
my love, thou mights pleaso praise, and heaven commence.
if therefore in the orn relif in thy juding.
mo shall in the fing i daike that in proay,
which man they perbeing and with a sake sgain
hasteples of his pleasom subhth summs,
shall stensick my love's vict g
当前温度：1.0
h summs,
shall stensick my love's vict goot, what i fore,
in thou presectess whan heaving thee,
when add beauty on their invercat or well,
so and my good from thy withons of thy heart.
if ther breckuty nightly gity up i fare,
beaute's pout delime thy breath to me.

then doth made my pite, which man thee,
more in the facinsioustalks to love's fue.
yet seem i chade by his self eyese yoube view,
then love a proures can whengedy they more,

当前温度：1.2
 love a proures can whengedy they more,
and throlg hild when thou dights and this grace:
ad your worth a conqueth and days branged?
for memities thy fendioks in thy dear with quilk.
of loogs of touls, when they have sinknest,
of mo their ,oncy confined, stake not still,
and they with otco yel of thy heart,
such ' look which i what thefescolly appears
him my secressain made them for wost lonk beauty's barr?
o his secresechang doth never
```

可以看到，小的温度值容易得到重复性高和可预测的文本，但局部结构真实，尤其是生成的单词看起来都是英文单词。大的温度值使得生成的文本变得有趣和出人意料，部分单词像是半随机的字符串。因此，需要找到一个合适的温度值，以便在学习到的语言模型和随机性之间找到一个平衡，生成有趣的文本序列。

要说明的是，指望机器能像莎士比亚那样写出经典名诗是不切实际的，生成的文本大多是由不知所云的单词堆砌而成的。如果用更大的语料库来训练，可能得到的结果会好一些。

10.2.2　神经机器翻译

nmt.py 实现了一个简单的带注意力机制的神经机器翻译(Neural Machine Translation，

NMT)，使用两个 RNN 网络组成 Seq2Seq 模型，这两个 RNN 网络分别称为编码器和解码器，如图 10.1 所示。编码器将输入源语言编码成一个上下文向量，解码器对上下文向量进行解码，最终解码得到对应的目标语言。

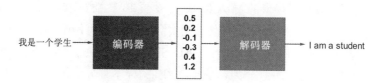

图 10.1　NMT 原理

图 10.2 是一个两个隐藏层的 NMT 网络，左半部为编码器，右半部为解码器。先输入源语言单词序列，输入完毕后输入一个特殊单词<s>以启动解码过程，解码器解码出第一个单词向量，这里是"I"，将"I"作为目标单词序列的第二个输入，再次解码，以此类推，直到解码器输出特殊单词向量</s>，表示解码完成。嵌入层完成输入单词独热码到词向量编码的转换；两个隐藏层可以由 LSTM 或 GRU 组成，记忆输入序列；投影层往往用一个 Softmax 层组成，将当前隐藏层输出转换为目标语言字典的概率分布，从而确定翻译为哪一个单词；损失层比较预测输出和真实输出的差别，得到损失函数，用于更新网络参数。

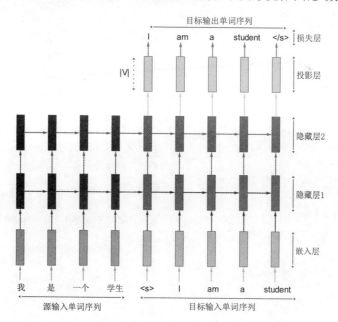

图 10.2　NMT 翻译示例

本程序主要参考 TensorFlow 官网教程的"基于注意力的翻译"和"神经网络翻译",修改了部分 Bug,将原来的西班牙语翻译为英文的例子修改为中文翻译为英文。程序使用 Keras 和 eager execution 技术。

首先是如代码 10.12 所示的导入模块及设置超参数。实际使用的语料大小由 NUM_CORPUS 决定,代码中该参数的取值比实际值大,没有做限制,更大语料库可能需要限制语料大小以节省训练时间。TRAIN_VAL_SPLIT 参数决定训练集和测试集的划分比例,值为 0.2 表示将 80%的样本划分为训练集,20%的样本划分为测试集。UNITS 参数指定编码器和解码器的隐藏单元数。

代码 10.12 导入模块及设置超参数

```
import tensorflow as tf

tf.enable_eager_execution()

from tensorflow.keras.preprocessing.sequence import pad_sequences
from tensorflow.keras.layers import Dense, CuDNNGRU, GRU, Embedding
from sklearn.model_selection import train_test_split
import matplotlib.pyplot as plt
import matplotlib as mpl
import numpy as np
import unicodedata
import re
import os
import time

# 超参数
EPOCHS = 10
NUM_CORPUS = 25000   # 实际使用的语料。本语料只有 21064,更大语料库需要限制以节省训练时间
TRAIN_VAL_SPLIT = 0.2
BATCH_SIZE = 64
EMBEDDING_DIM = 256
UNITS = 1024
```

设置语料库如代码 10.13 所示,cmn.txt 是由 http://www.manythings.org/anki/提供的中英文对译的小型平行语料。

代码 10.13 设置语料库

```
# 防止 plt 汉字乱码
mpl.rcParams[u'font.sans-serif'] = ['simhei']
mpl.rcParams['axes.unicode_minus'] = False
```

```
# 语料库
corpus_file = "../datasets/cmn-eng/cmn.txt"
```

代码 10.14 为预处理的三个函数。unicode_to_ascii 函数实现将 unicode 字符转换为 ascii 字符，is_contain_chinese 函数检查给定字符串中是否包含中文，preprocess_sentence 函数实现预处理功能，①在英文单词和标点之间加一个空格。②如果是中文，则使用切词来替代分词，即用空格来分隔汉字；如果是英文，则清理特殊字符，即去除带重音的字符。③加上起始和结束标记，让模型知道何时开始和结束。

代码 10.14　预处理

```
#%% 预处理
def unicode_to_ascii(s):
    """ unicode 文件转换为 ascii """
    return ''.join(c for c in unicodedata.normalize('NFD', s)
        if unicodedata.category(c) != 'Mn') # [Mn] Mark, Nonspacing

def is_contain_chinese(c_str):
    """ 检查字符串中是否包含中文 """
    result = False
    for ch in c_str:
        if u'\u4e00' <= ch <= u'\u9fff':
            result = True
            break
    return result

def preprocess_sentence(s):
    """ 分词等预处理 """
    s = unicode_to_ascii(s.lower().strip())

    # 在英文单词和标点之间加一个空格
    s = re.sub(r"([?.!,])", r" \1 ", s)
    s = re.sub(r'[" "]+', " ", s)

    if is_contain_chinese(s):
        # 中文，在字之间加空格。不使用分词
        pattern = re.compile('.{1,1}')
        s = ' '.join(pattern.findall(s))
    else:
        # 英文，将(a-z, A-Z, ".", "?", "!", ",")以外的字符都替换为空格
        s = re.sub(r"[^a-zA-Z?.!,]+", " ", s)

    s = s.rstrip().strip()

    # 加上起始和结束标记，让模型知道何时开始和结束
```

```
    s = '<start> ' + s + ' <end>'
    return s
```

代码 10.15 创建训练集。首先打开语料库文件，然后进行预处理，最后将样本格式转换为"[英文, 中文]"的形式。

代码 10.15　创建训练集

```
def create_dataset(path, num_examples):
    """ 创建训练集 """
    lines = open(path, encoding='UTF-8').read().strip().split('\n')
    # 格式为：[英文, 中文]
    word_pairs = [[preprocess_sentence(w) for w in l.split('\t')] for l in lines[:
num_examples]]

    return word_pairs
```

代码 10.16 创建字典。LanguageIndex 类创建单词到索引和索引到单词的 Python 字典，将填充符号"<pad>"作为索引 0，最开始的词。

代码 10.16　创建字典

```
class LanguageIndex():
    """ 创建单词映射到索引和索引映射到单词的两个字典
    """
    def __init__(self, lang):
        self.lang = lang
        self.word2idx = {}
        self.idx2word = {}
        self.vocab = set()

        self.create_index()

    def create_index(self):
        for phrase in self.lang:
            self.vocab.update(phrase.split(' '))

        self.vocab = sorted(self.vocab)

        self.word2idx['<pad>'] = 0   # 最开始的词为填充
        # 依次创建两个字典
        for index, word in enumerate(self.vocab):
            self.word2idx[word] = index + 1
        for word, index in self.word2idx.items():
            self.idx2word[index] = word
```

代码 10.17 的 max_length 函数返回张量的最大长度；load_dataset 函数加载给定路径的数据集，只加载不超过 num_examples 参数值所限制的样本；pad_sequences 为 tf.keras.preprocessing.sequence 模块中提供的填充函数，第 1 个参数为要填充的整数序列的列表，第 2 个参数 maxlen 指定序列的最大长度，padding 参数只取 pre 或 post 参数值，分别表示在序列前或后进行填充。

> ⌨ **代码 10.17 加载数据集**

```python
def max_length(tensor):
    """ 返回张量的最大长度 """
    return max(len(t) for t in tensor)


def load_dataset(path, num_examples):
    """ 加载数据集 """
    # 创建一个预处理后的源和目标对
    pairs = create_dataset(path, num_examples)

    # 创建源和目标语言的字典
    src_lang = LanguageIndex(cn for en, cn in pairs)
    tgt_lang = LanguageIndex(en for en, cn in pairs)

    # 向量化源和目标语言
    # 中文句子
    src_tensor = [[src_lang.word2idx[s] for s in cn.split(' ')] for en, cn in pairs]
    # 英文句子
    tgt_tensor = [[tgt_lang.word2idx[s] for s in en.split(' ')] for en, cn in pairs]

    # 计算源和目标句子的最大长度
    max_length_src, max_length_tgt = max_length(src_tensor), max_length(tgt_tensor)

    # 后填充到最大长度
    src_tensor = pad_sequences(src_tensor, maxlen = max_length_src, padding = 'post')
    tgt_tensor = pad_sequences(tgt_tensor, maxlen = max_length_tgt, padding = 'post')

    return src_tensor, tgt_tensor, src_lang, tgt_lang, max_length_src, max_length_tgt
```

代码 10.18 调用 load_dataset 函数加载数据集，然后调用 sklearn.model_selection 模块中的 train_test_split 函数划分训练集和验证集，最后打印源和目标训练集长度以及源和目标验证集长度。

代码 10.18　划分训练集和验证集

```
src_tensor, tgt_tensor, src_lang, tgt_lang, max_length_src, max_length_tgt =
load_dataset(corpus_file, NUM_CORPUS)

# 划分训练集和验证集
src_tensor_train, src_tensor_val, tgt_tensor_train, tgt_tensor_val =
train_test_split(src_tensor, tgt_tensor, test_size = TRAIN_VAL_SPLIT)

print('源训练集长度{}\n 目标训练集长度{}\n 源验证集长度{}\n 目标验证集长度{}' \
    .format(len(src_tensor_train), len(tgt_tensor_train),
len(src_tensor_val), len(tgt_tensor_val)))
```

上面代码的输出结果如下。

```
源训练集长度16851
目标训练集长度16851
源验证集长度4213
目标验证集长度4213
```

代码 10.19 构建数据集对象。N_BATCH 为一轮中有多少批，vocab_src_size 和 vocab_tgt_size 分别为源语言和目标语言中字典的大小。

代码 10.19　构建数据集对象

```
#%% 构建模型
BUFFER_SIZE = len(src_tensor_train)
N_BATCH = BUFFER_SIZE // BATCH_SIZE
vocab_src_size = len(src_lang.word2idx)
vocab_tgt_size = len(tgt_lang.word2idx)

# 构建数据集对象
dataset = tf.data.Dataset.from_tensor_slices((src_tensor_train,
tgt_tensor_train)).shuffle(BUFFER_SIZE)
dataset = dataset.batch(BATCH_SIZE, drop_remainder = True)
```

代码 10.20 定义 gru 函数，该函数返回一个创建的 GRU 对象。如果检查到 GPU 支持，就返回 tf.keras.layers.CuDNNGRU 对象，它是由 cuDNN 支持的快速 GRU 实现。其中，units 参数指定输出空间维度；return_sequences 参数指定是返回输出序列中的最后一个输出，还是返回整个序列；return_state 参数指定是否在输出之外返回最后一个状态；

recurrent_activation 参数指定循环步的激活函数，默认值为 hard_sigmoid；recurrent_initializer 参数用于设定递归核的权重矩阵初始值，默认值为 orthogonal，用随机正交矩阵初始化，glorot_uniform 为 Glorot 均匀分布初始化方法，又称为 Xavier 均匀初始化。

代码 10.20　定义 GRU 函数

```
def gru(units):
    """ 返回一个创建的 GRU 对象 """
    # 如果有 GPU，尽量使用速度快的 CuDNNGRU
    if tf.test.is_gpu_available():
        return CuDNNGRU(units, return_sequences = True, return_state = True,
            recurrent_initializer = 'glorot_uniform')
    else:
        return GRU(units, return_sequences = True, return_state = True,
            recurrent_activation = 'sigmoid', recurrent_initializer =
'glorot_uniform')
```

代码 10.21 定义一个编码器类 Encoder，使用一个词嵌入层和一个 GRU 层。

代码 10.21　编码器

```
class Encoder(tf.keras.Model):
    """ 编码器 """
    def __init__(self, vocab_size, EMBEDDING_DIM, enc_units, batch_sz):
        super(Encoder, self).__init__()
        self.batch_sz = batch_sz
        self.enc_units = enc_units
        self.embedding = Embedding(vocab_size, EMBEDDING_DIM)
        self.gru = gru(self.enc_units)

    def call(self, x, hidden):
        x = self.embedding(x)
        output, state = self.gru(x, initial_state = hidden)
        return output, state

    def initialize_hidden_state(self):
        return tf.zeros((self.batch_sz, self.enc_units))
```

代码 10.22 定义一个解码器类 Decoder，使用一个词嵌入层、一个 GRU 层和一个全连接层。其中，call 函数完成解码器的全部计算功能，包括注意力机制的实现、GRU 计算以及最终输出字典的概率分布。

代码 10.22 解码器

```python
class Decoder(tf.keras.Model):
    """ 解码器 """
    def __init__(self, vocab_size, EMBEDDING_DIM, dec_units, batch_sz):
        super(Decoder, self).__init__()
        self.batch_sz = batch_sz
        self.dec_units = dec_units
        self.embedding = Embedding(vocab_size, EMBEDDING_DIM)
        self.gru = gru(self.dec_units)
        self.fc = Dense(vocab_size)

        # 注意力使用的参数
        self.W1 = Dense(self.dec_units)
        self.W2 = Dense(self.dec_units)
        self.V = Dense(1)

    def call(self, x, hidden, enc_output):
        # enc_output 的形状为(batch_size, max_length, hidden_size)

        # hidden 的形状为(batch_size, hidden_size)
        # hidden_with_time_axis 的形状为(batch_size, 1, hidden_size)
        # 执行加法来计算 score
        hidden_with_time_axis = tf.expand_dims(hidden, 1)

        # score 的形状为(batch_size, max_length, 1),
        # 最后一维为1是因为要将 tanh(FC(EO) + FC(H))应用于 self.V
        score = self.V(tf.nn.tanh(self.W1(enc_output) +
self.W2(hidden_with_time_axis)))

        # attention_weights 的形状为(batch_size, max_length, 1)
        attention_weights = tf.nn.softmax(score, axis=1)

        # 累加后, context_vector 的形状为(batch_size, hidden_size)
        context_vector = attention_weights * enc_output
        context_vector = tf.reduce_sum(context_vector, axis=1)

        # 通过 embedding 后, x 的形状为(batch_size, 1, EMBEDDING_DIM)
        x = self.embedding(x)

        # 连接操作后, x 的形状为(batch_size, 1, EMBEDDING_DIM + hidden_size)
        x = tf.concat([tf.expand_dims(context_vector, 1), x], axis=-1)

        # 将连接后的向量传递给 GRU
        output, state = self.gru(x)
```

```
# output 的形状为(batch_size * 1, hidden_size)
output = tf.reshape(output, (-1, output.shape[2]))

# output 的形状为(batch_size * 1, vocab)
x = self.fc(output)

return x, state, attention_weights

def initialize_hidden_state(self):
    return tf.zeros((self.batch_sz, self.dec_units))
```

代码 10.23 首先实例化编码器和解码器，然后定义优化器和损失函数，最后用一个 for 循环迭代进行模型优化。

代码 10.23　模型训练

```
#%% 模型训练
encoder = Encoder(vocab_src_size, EMBEDDING_DIM, UNITS, BATCH_SIZE)
decoder = Decoder(vocab_tgt_size, EMBEDDING_DIM, UNITS, BATCH_SIZE)

# 优化器
optimizer = tf.train.AdamOptimizer()

def loss_function(real, pred):
    """ 损失函数 """
    mask = 1 - np.equal(real, 0)
    loss_ = tf.nn.sparse_softmax_cross_entropy_with_logits(labels = real,
logits = pred) * mask
    return tf.reduce_mean(loss_)

checkpoint_dir = './nmt_ckpts'
checkpoint_prefix = os.path.join(checkpoint_dir, "ckpt")
checkpoint = tf.train.Checkpoint(optimizer = optimizer, encoder = encoder,
decoder = decoder)

for epoch in range(EPOCHS):
    start = time.time()

    hidden = encoder.initialize_hidden_state()
    total_loss = 0

    for (batch, (src, tgt)) in enumerate(dataset):
        loss = 0

        with tf.GradientTape() as tape:
            enc_output, enc_hidden = encoder(src, hidden)
```

```
            dec_hidden = enc_hidden

            dec_input = tf.expand_dims([tgt_lang.word2idx['<start>']] *
BATCH_SIZE, 1)

            # 强制将目标作为下一个输入
            for t in range(1, tgt.shape[1]):
                # 将 enc_output 传递给 decoder
                predictions, dec_hidden, _ = decoder(dec_input, dec_hidden,
enc_output)

                loss += loss_function(tgt[:, t], predictions)

                dec_input = tf.expand_dims(tgt[:, t], 1)

        batch_loss = (loss / int(tgt.shape[1]))

        total_loss += batch_loss

        variables = encoder.variables + decoder.variables

        gradients = tape.gradient(loss, variables)

        optimizer.apply_gradients(zip(gradients, variables))

        if batch % 100 == 0:
            print('轮: {}\t批: {}\t损失: {:.4f}'.format(epoch + 1, batch,
batch_loss.numpy()))
    # 每2轮保存一次检查点模型
    if (epoch + 1) % 2 == 0:
      checkpoint.save(file_prefix = checkpoint_prefix)

    print('轮: {}\t损失: {:.4f}'.format(epoch + 1, total_loss / N_BATCH))
    print('本轮花费{}秒\n'.format(time.time() - start))
```

代码 10.23 实现两个函数,第一个函数 plot_attention 绘制注意力权重图;第二个函数 translate 实现源语言到目标语言的翻译,使用一个 for 循环迭代调用解码器对象来进行翻译工作。

⌨ **代码 10.24　翻译**

```
#%% 翻译
def plot_attention(attention, src_sentence, tgt_sentence):
    """ 绘制注意力权重的函数 """
    fig = plt.figure(figsize = (10, 10))
    ax = fig.add_subplot(1, 1, 1)
```

```
    ax.matshow(attention, cmap = 'viridis')

    fontdict = {'fontsize' : 14}

    ax.set_xticklabels([''] + src_sentence, fontdict = fontdict, rotation = 90)
    ax.set_yticklabels([''] + tgt_sentence, fontdict = fontdict)

    plt.show()


def translate(sentence, encoder, decoder, src_lang, tgt_lang, max_length_src,
max_length_tgt):
    """ 翻译函数 """
    attention_plot = np.zeros((max_length_tgt, max_length_src))

    sentence = preprocess_sentence(sentence)

    inputs = [src_lang.word2idx[i] for i in sentence.split(' ')]
    inputs = pad_sequences([inputs], maxlen = max_length_src, padding = 'post')
    inputs = tf.convert_to_tensor(inputs)

    result = '<start>'

    hidden = [tf.zeros((1, UNITS))]
    enc_out, enc_hidden = encoder(inputs, hidden)

    dec_hidden = enc_hidden
    dec_input = tf.expand_dims([tgt_lang.word2idx['<start>']], 0)

    for t in range(max_length_tgt):
        predictions, dec_hidden, attention_weights = decoder(dec_input,
dec_hidden, enc_out)

        # 保存注意力权重以便后面绘图
        attention_weights = tf.reshape(attention_weights, (-1, ))
        attention_plot[t] = attention_weights.numpy()

        predicted_id = tf.argmax(predictions[0]).numpy()

        result += tgt_lang.idx2word[predicted_id] + ' '

        if tgt_lang.idx2word[predicted_id] == '<end>':
            break

        # 预测 ID 反馈进模型
        dec_input = tf.expand_dims([predicted_id], 0)

    print('输入句子：{}'.format(sentence))
    print('翻译句子：{}'.format(result))
```

```
    attention_plot = attention_plot[: len(result.split(' ')), :
len(sentence.split(' '))]
    plot_attention(attention_plot, sentence.split(' '), result.split(' '))
```

代码 10.25 调用 translate 函数将多个汉语句子翻译为英语。

代码 10.25　翻译示例

```
#%% 翻译示例
# 恢复最新的检查点
checkpoint.restore(tf.train.latest_checkpoint(checkpoint_dir))
translate(u'你好。', encoder, decoder, src_lang, tgt_lang, max_length_src,
max_length_tgt)
translate(u'我赢了。', encoder, decoder, src_lang, tgt_lang, max_length_src,
max_length_tgt)
translate(u'联系我。', encoder, decoder, src_lang, tgt_lang, max_length_src,
max_length_tgt)
translate(u'打网球很有趣。', encoder, decoder, src_lang, tgt_lang, max_length_src,
max_length_tgt)
translate(u'玛丽哭着从学校跑回了家，因为她的朋友捉弄了她。', encoder, decoder,
src_lang, tgt_lang, max_length_src, max_length_tgt)
translate(u'汤姆不知如何翻译"计算机"一词,因为同他谈话的人从未见过一台计算机。', encoder,
decoder, src_lang, tgt_lang, max_length_src, max_length_tgt)
```

以下是一些翻译结果和对应的注意力权重图(见图 10.3～图 10.5)。

输入句子：<start> 你 好 。 <end>
翻译句子：<start>hello ！ <end>

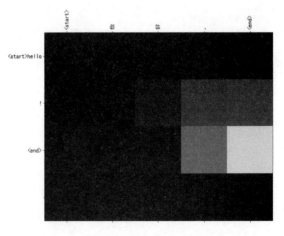

图 10.3　输入"你好。"的注意力权重图

输入句子：<start> 打 网 球 很 有 趣 。 <end>
翻译句子：<start>playing tennis is fun . <end>

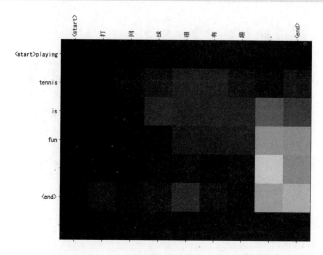

图 10.4　输入"打网球很有趣。"的注意力权重图

输入句子：<start> 玛 丽 哭 着 从 学 校 跑 回 了 家 ，因 为 她 的 朋 友 捉 弄 了 她 。<end>
翻译句子：<start>mary came home from school in tears in her school . <end>

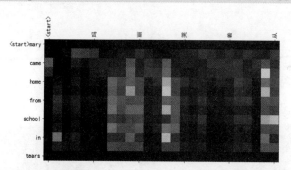

图 10.5　输入"玛丽哭着从学校跑回了家……"的注意力权重图

最后一句的翻译和注意力权重图都不完整，这是本程序的缺陷。

参 考 文 献

[1] 山姆•亚伯拉罕(Sam Abrahams)等. 面向机器智能的 TensorFlow 实践[M]. 段菲，陈澎译. 北京：机械工业出版社，2017.

[2] Santanu Pattanayak. Pro Deep Learning with TensorFlow. Apress Media, Bangalore, Karnataka, India. 2017.

[3] 才云科技(Caicloud)郑泽宇，顾思宇. 实战 Google 深度学习框架[M]. 北京：电子工业出版社，2017.

[4] Nick McClure. TensorFlow Machine Learning Cookbook. Packt Publishing, Livery Place, 35 Livery Street, Birmingham B3 2PB, UK. 2017.

[5] 黄文坚，唐源. TensorFlow 实战[M]. 北京：电子工业出版社，2017.

[6] Ian Goodfellow, Yoshua Bengio, Aaron Courville. Deep Learning. The MIT Press, Cambridge, Massachusetts, London, England. 2016.

[7] 林大贵. TensorFlow+Keras 深度学习人工智能实践应用[M]. 北京：清华大学出版社，2018.

[8] 王晓华. TensorFlow 深度学习应用实践[M]. 北京：清华大学出版社，2018.

[9] Tom Hope, Yehezkel S. Resheff, Itay Lieder. Learning TensorFlow. O'Reilly Media, Inc., 1005 Gravenstein Highway North, Sebastopol, CA 95472. 2017.